Anlagentechnik
für elektrische Verteilungsnetze

Dipl.-Ing., Dipl.-Wirtsch.-Ing., MBA Rolf Rüdiger Cichowski (Jahrgang 1945) hat sich ab 1972 als Mitarbeiter der Vereinigten Elektrizitätswerke Westfalen AG (VEW), Dortmund nach Tätigkeiten in der elektrotechnischen Planung und dem Betrieb im Bereich „Verteilungsnetze" als Leiter der Abteilung Netzanlagen über mehrere Jahre mit der Regelsetzung und den qualitativen Anforderungen aus den verschiedenen Bereichen an elektrischen Anlagen und Betriebsmitteln für das Versorgungsgebiet der VEW beschäftigt. Nach der politischen Wende in Deutschland war er einige Jahre Leiter der „Elektrischen Verteilung" bei der Mitteldeutschen Energieversorgung AG (MEAG) in Halle/Saale. In den Jahren 1994 und 1995 war der Herausgeber Geschäftsführer der Energieversorgung Industriepark Bitterfeld/Wolfen GmbH.

1995 stieg er in die Telekommunikation ein und leitete als Geschäftsführer bis zum Jahr 2000 die VEW TELNET in Dortmund, einen Regional-Carrier und Tochterunternehmen der VEW Energie AG. Danach war er ein Jahr als Leitender Consultant bei der DETECON GmbH, Bonn tätig, einem Tochterunternehmen der Deutschen Telekom. Seit 2001 ist er Geschäftsführer der SSS – Starkstrom- und Signal-Baugesellschaft mbH mit Sitz in Essen, einem Dienstleistungsunternehmen für Strom, Daten, Gas und Wasser mit etwa 600 Mitarbeitern.

Im Rahmen des BDEW Bundesverband der Energie- und Wasserwirtschaft und der Deutschen Elektrotechnischen Kommission im DIN und VDE (DKE) arbeitet er in Ausschüssen und Komitees mit. Als Autor hat Rolf Rüdiger Cichowski in den letzten Jahrzehnten Fachaufsätze und Fachbücher veröffentlicht und sich als Referent in Seminaren und Kongressen betätigt. Darüber hinaus war er über mehrere Jahre Lehrbeauftragter an den Fachhochschulen Dortmund und Berlin. Rolf Rüdiger Cichowski ist außerdem Herausgeber der Buchreihe „Anlagentechnik für elektrische Verteilungsnetze", die bei der EW Medien und Kongresse GmbH und im VDE VERLAG erscheint.

homepage: www.cichowski.de oder www.sss-gruppe.de
Kontakt: rolf@cichowski.de oder rolf.cichowski@sss-gruppe.de

Mario Kliesch / Frank Merschel

Starkstromkabelanlagen

2. Auflage 2010

Herausgeber
Rolf Rüdiger Cichowski

Anlagentechnik für
elektrische Verteilungsnetze

VDE VERLAG GMBH
Berlin | Offenbach

EW Medien und Kongresse GmbH
Frankfurt | Berlin | Bonn | Essen

Die Ratschläge und Empfehlungen dieses Buches wurden von Autoren und Verlag nach bestem Wissen und Gewissen erarbeitet und sorgfältig geprüft. Dennoch kann eine Garantie nicht übernommen werden. Eine Haftung der Autoren, des Verlages oder seiner Beauftragten für Personen-, Sach- oder Vermögensschäden ist ausgeschlossen.

EW Medien und Kongresse GmbH
Kleyerstraße 88
D-60326 Frankfurt am Main
www.ew-online.de

ISBN 978-3-8022-0972-7

VDE VERLAG GMBH
Bismarckstraße 33
D-10625 Berlin
www.vde-verlag.de

ISBN 978-3-8007-3265-4

Geleitwort zur Buchreihe

Die Anlagentechnik in elektrischen Verteilungsnetzen ist seit jeher sehr vielfältig. Anlagen, Betriebsmittel und Bauteile vieler Jahrzehnte mischen sich mit neuen, hochmodernen Komponenten. Historisch gewachsene Kabel-, Freileitungs- und Beleuchtungsnetze unterschiedlichster Bauweisen bedürfen der sachgerechten wirtschaftlichen Erneuerung und Instandhaltung. Verfahren einer systematischen Zustandsbewertung und Dokumentation, eines optimierten Netzbetriebs und einer effizienten Instandhaltung bestimmen die Strategie vieler Netzbetreiber. So ändern sich gerade in den Verteilungsnetzen die technischen Anforderungen und äußeren Rahmenbedingungen rasant. Fundierte Kenntnisse der einzelnen Netzkomponenten und ihres Zusammenwirkens sind unverzichtbar. „Wer aufhört zu lernen, ist alt! Er mag zwanzig oder achtzig sein!“ Mit diesem Ausspruch hat Henry Ford bereits zu seiner Zeit die Notwendigkeit der Weiterbildung unterstrichen und deren Bedeutung für den Einzelnen hervorgehoben. Um wie viel mehr ist beim derzeitigen Tempo des technischen Fortschritts Weiterbildung ein Gebot der Stunde. Wer heute einen technischen Beruf ausübt, sieht sich schnelllebigen Veränderungen mit ständig neuen Anforderungen ausgesetzt. Sein Wissen von heute ist morgen zum Teil schon überholt. Die Bereitschaft, lebenslang Lernender zu sein, ist für den Techniker Voraussetzung zum beruflichen Erfolg und für einen zukunftssicheren Arbeitsplatz.

In den oft sehr praxisnahen Themen der Buchreihe sehe ich eine weitere wichtige Zielsetzung. Die gründliche und fundierte Ausbildung von Technikern und Ingenieuren legt sicher eine gute Basis für das Verständnis technischer Zusammenhänge. Sie liefert aber auch – und dies ist vielleicht noch wichtiger – die Methodenkompetenz, im späteren Berufsleben weitergehende technische Fragestellungen zu vertiefen und sich in Spezialgebiete einzuarbeiten. Neue Themen wie Energieeffizienz und Nutzung regenerativer Energien bestimmen nicht nur die öffentliche Diskussion, sondern schlagen sich auch in neuen und sich ändernden beruflichen Tätigkeiten nieder. So dient die vorliegende Fachbuchreihe sicher nicht nur der Weiterbildung, sie will auch dem Berufseinsteiger die Möglichkeit bieten, sein mehr theoretisches Wissen praxisnah auszurichten.

Für die Autoren der Buchreihe ergibt sich die Forderung nach möglichst effizienter Wissensvermittlung. So ist es ein Qualitätsmaßstab für jede Fachliteratur, dass sie nicht allein vom fachlichen Inhalt her korrekt ist, sondern sich auch durch übersichtliche Gestaltung und flüssigen, leicht verständlichen Stil auszeichnet. Die vorliegende Buchreihe orientiert sich an diesem Anspruch.

Aus- und Weiterbildung ist für alle Unternehmen des Elektro- und Energiebereichs und deren Mitarbeiter eine Voraussetzung für ein erfolgreiches Agieren am Markt, auch unter veränderten energiewirtschaftlichen Rahmenbedingungen. Möge die vorliegende Buchreihe auch zukünftig – so wie schon in den vergangenen zwei Jahrzehnten – ihren Beitrag leisten zum Einstieg und zur Weiterbildung der in den elektrischen Verteilungsnetzen tätigen Praktiker.

Dipl.-Ing. Thomas Niemand
RWE Rheinland Westfalen Netz AG, Essen

Vorwort des Herausgebers der Fachbuchreihe

Sehr geehrter Leser, lieber Fachkollege, Ihnen liegt die Fachbuchreihe „Anlagentechnik für elektrische Verteilungsnetze“ vor. Sie haben sich für den Ihnen vorliegenden Band oder gar für die gesamte Fachbuchreihe entschieden und nutzen diese Bücher zur Unterstützung Ihrer praktischen Arbeit. Dafür gilt Ihnen von mir als Herausgeber dieser Fachbuchreihe mein herzlichster Dank, beweist Ihr Interesse doch, dass das Vorhaben, ein solches Werk für diesen Fachbereich schaffen zu wollen, richtig war.

Die Anforderungen an elektrische Anlagen und Betriebsmittel für Verteilungsnetze nehmen ständig aus verschiedenen Bereichen zu, wie der Gesetzgebung, der Sicherheitstechnik, der Ökonomie, der Zuverlässigkeit des Umweltschutzes, der Raumplanung und der Kundenanforderungen. Die Technik der Verteilungsnetze und damit die Anlagentechnik in öffentlichen Netzen und in Industrienetzen ist schon längst nicht mehr eine statische Angelegenheit, sondern die Fachleute dieser Technik sind gefordert, ständig sich verändernden Gegebenheiten anpassen zu müssen.

Selbstverständlich stehen bereits andere Fachbücher für elektrische Anlagen oder einzelne Betriebsmittel zur Verfügung. Mit dieser Fachbuchreihe möchten die Autoren, die Verlage und ich als Herausgeber Ihnen als Leser jedoch etwas Neues bieten:

- Die Thematik wird zusammenfassend als eine Fachbuchreihe angeboten, in der zum einen die wesentlichen Bestandteile der Anlagentechnik und zum anderen wichtige Tätigkeitsbereiche, wie die Qualitätssicherung, behandelt werden.
- Jeder Band ist für sich abgeschlossen und somit auch für den Leser einzeln anwendbar.
- Die Autoren sind jeweils Spezialisten der einzelnen Themenbereiche und stellen somit kompetent dem Leser ihr Wissen zur Verfügung.
- Die Fachbuchreihe kann dem Leser als Weiterbildungs- bzw. in ihrer Gesamtheit als Nachschlagewerk dienen.
- Auf theoretische Abhandlungen ist möglichst zugunsten von Darlegungen aus bzw. für die Praxis verzichtet worden.
- Es ist jeweils der neueste Stand der Technik berücksichtigt; alte Techniken werden nur erwähnt, wenn es zum Verständnis erforderlich erscheint.

- Zur Unterstützung der verbalen Aussagen ist der Anteil an Fotos, Checklisten, Tabellen, Bildern und Textzusammenfassungen gegenüber anderen Fachbüchern erhöht worden.
- Die äußere Gestaltung als Taschenbuch ist bewusst so gewählt, damit dem Praktiker die Anwendung erleichtert wird. (Benutzen nicht nur am Schreibtisch, sondern u. U. auch in der Werkstatt, an der Baustelle oder im Gespräch mit anderen Fachkollegen.)

Ich darf den Autoren für ihre intensive Arbeit und ihr Bemühen, aus der Praxis für die Praxis zu schreiben, recht herzlich danken.

Mein Dank gilt auch den beiden Verlagen, die es meines Erachtens durch ihre Kooperation für dieses Werk erreicht haben, dass diese Buchreihe einen großen Leserkreis erreicht.

Meinen besonderen Dank möchte ich der Verlagsleitung des VWEW Energieverlages (heute: EW Medien und Kongresse GmbH) aussprechen, die meine Idee zur Schaffung dieses Werkes nicht nur sofort aufgegriffen, sondern auch die praktische Umsetzung initiativ bis zum Erscheinen dieser Bücher betreuend begleitet hat. Für die redaktionelle bzw. organisatorische Bearbeitung sei Frau Jungekrüger, EW Medien und Kongresse GmbH, gedankt.

Rolf Rüdiger Cichowski
Holzwickede

Vorbemerkung zur 2. Auflage

Die 1. Auflage dieses Bandes Starkstromkabelanlagen von 1992 wurde in der hier vorliegenden 2. Auflage in allen Punkten grundsätzlich neu strukturiert und gegliedert. Im Zuge der Überarbeitung wurden viele Erweiterungen eingearbeitet und Neuerungen aufgenommen, z.B. bei den Kabelbauformen, Kabelgarnituren und Kabellegetechniken.

Besonders hinzuweisen ist hier auf folgende Themengebiete:

- Das Kapitel Qualitätssicherung (QS) wurde neu aufgenommen.
- Die in den vergangenen Jahren erfolgten Weiterentwicklungen in der Kabelmess-, -prüf- und -diagnosetechnik werden ausführlich beschrieben.
- Das Thema Arbeitssicherheit gewinnt immer mehr an Bedeutung und wurde an die aktuellen Gesetze und Vorschriften der einschlägigen Gremien angepasst. Weiterhin wird in diesem Zusammenhang der Komplex der Gefährdungsbeurteilung behandelt.
- Vollständig neu ist das Kapitel Zukunftstechnologien. Die dort beschriebenen in der Entwicklung befindlichen Technologien sind vielleicht bei Erscheinen der nächsten Auflage Stand der Technik.
- Der bei Erscheinen der 1. Auflage erkennbare Trend zur Internationalisierung der Gremien- und Normenarbeit ist heute der Regelprozess. Nationale Ausnahmen sind nur noch in wenigen Fällen erlaubt.

Für die Richtigkeit der Angaben und etwaige, bei der Zusammensetzung entstandene Irrtümer wird keine Haftung übernommen.

Die Autoren danken allen Fachkollegen und Unternehmen die mit Informationen, Firmenunterlagen und wertvollen Hinweisen zum Gelingen dieses Buches beigetragen haben.

Essen, im April 2010

Dr. Frank Merschel (frank.merschel@rwe.com)
Mario Kliesch (mario.kliesch@rwe.com)

Inhaltsverzeichnis

1 Einleitung

Kabel dienen der Übertragung elektrischer Energie oder elektrischer Signale.

Mit Energiekabeln wird elektrische Energie übertragen und verteilt. Die Ausführungen in diesem Band beziehen sich auf Energiekabel und deren Garnituren, insgesamt als Energiekabelanlage bezeichnet und im Folgenden auch kurz Kabelanlage genannt. Im deutschsprachigen Raum unterscheidet man zwischen Kabeln und Leitungen. Kabel unterscheiden sich von Leitungen durch die Verwendung und den der Verwendung entsprechenden Aufbau. Kabel sind nur für feste Legung zulässig und dürfen, im Gegensatz zu Leitungen, in Erde gelegt werden. International werden sie durch Bauart, Typ und Legeart unterschieden.

Kabel werden gemäß VDE-Bestimmung nach ihrer Nennspannung unterteilt in:

- Niederspannungskabel mit einer Nennspannung von U_0/U = 0,6/1 kV
- Mittelspannungskabel mit einer Nennspannung von U_0/U = 3,6/6 kV bis 18/30 kV
- Hochspannungskabel mit einer Nennspannung größer U_0/U = 18/30 kV (typisch 64/110 kV)
- Höchstspannungskabel mit einer Nennspannung größer U_0/U = 64/110 kV (typisch 220/380 kV)

Die ersten funktionstüchtigen Starkstromkabel waren die bereits Ende des 19. Jahrhunderts entwickelten papierisolierten Kabel mit Bleimantel und Kupfer als Leitermaterial. Das Konzept dieser Kabel ist so gut, dass heute noch Kabel mit grundsätzlich ähnlichem Aufbau gefertigt und eingebaut werden. In den fünfziger Jahren des 20. Jahrhunderts begann der Einzug der Kunststoffe in die Kabeltechnik, und auch Aluminium als Leitermaterial gewann zunehmend an Bedeutung. Zuerst fand PVC (Polyvinylchlorid) bei den Niederspannungskabeln als Isolier- und Mantelwerkstoff Verwendung. In den sechziger Jahren folgten das PE (Polyethylen) und etwas später das VPE (vernetztes Polyethylen) als Isoliermaterial für Mittelspannungskabel. Als Mantelmaterial wurde für kunststoffisolierte Mittelspannungskabel bis etwa Mitte der achtziger Jahre überwiegend PVC verwendet, danach wurde PE bevorzugt. Ende der sechziger Jahre wurde das erste in Deutschland gefertigte PE-isolierte 110-kV-Kabel eingebaut. Ab Anfang der siebziger Jahre wurden auch erste Hochspannungskabel mit einer VPE-Isolierung gefertigt, und Mitte der neunziger Jahre begann die Produktion VPE-isolierter Höchstspannungskabel.

Die Kunststoffe boten neue und bessere Möglichkeiten in der Konstruktion, Herstellung und Anwendung (Legung, Montage und Betrieb) der Kabel. Sie sollten aber auch das grundsätzliche Problem der papierisolierten Kabel, ihre Empfindlichkeit gegen Feuchtigkeit, minimieren. Bei den kunststoffisolierten Niederspannungskabeln wurde diese Erwartung erfüllt. Bei den PE- und VPE-isolierten Mittelspannungskabeln der ersten Generation zeigte sich jedoch mit einiger Verspätung, dass durch Fertigungseinflüsse und Feuchtigkeit im Betrieb sogenannte water-trees in der Isolierung entstanden, die bei vielen Kabeln zu vorzeitigen Ausfällen führten. Die nach dieser Erkenntnis eingeleiteten Maßnahmen haben zu zahlreichen Verbesserungen geführt, so dass von VPE-isolierten Mittelspannungskabeln eine technische Lebensdauer von mindestens 40 Jahren erwartet werden kann. Bei den erst später in größerem Umfang eingebauten Hoch- und Höchstspannungskabeln wurde durch konstruktive Maßnahmen das Eindringen von Wasser in die Isolierung verhindert und somit sowie durch die Verwendung spezieller Materialien das Phänomen des water-treeing beherrscht.

In den Netzen sind noch viele Anlagen mit Kabeln älterer Bauart vorhanden. Auch diese Kabelanlagen müssen gewartet, repariert und mit neueren Anlagenteilen verbunden werden. Die Technik für diese Arbeiten muss also noch heute und auch für die weitere Zukunft vorgehalten werden.

Die historische Entwicklung der Kabelbauarten spiegelt sich auch in der Garniturentechnik wider. Aber auch umgekehrt haben die Erfordernisse auf der Garniturenseite, wie die Forderung nach Kosten senkenden Montagen und auch neue Schaltanlagenkonzepte, die Anwendung kunststoffisolierter Kabel gefördert.

Kabelanlagen sind kostenintensive und langlebige Investitionsgüter, mit hohen Ansprüchen an die Versorgungssicherheit im Interesse des Kunden unter gleichzeitiger Berücksichtigung betriebswirtschaftlicher Vorgaben. An die Betriebssicherheit sind daher hohe Anforderungen zu stellen. Diese Anforderungen lassen sich durch ein Qualitätsmanagementsystem realisieren, beginnend bereits bei der Materialauswahl und beim Materialeinsatz und festzulegenden Qualitätssicherungsmerkmalen (siehe Kapitel 9).

2 Spannungsebenen und Netzstruktur

2.1 Übersicht

Die Übertragungs- und Verteilungsnetze sind die Bindeglieder zwischen Erzeugung und Verbrauch elektrischer Energie; die einzelnen Netze lassen sich grob durch folgende Charakteristika beschreiben.

Übertragungsnetze (Verbundnetze)

- Höchstspannung 380 kV; 220 kV (wird zurückgebaut)
- großräumiger Energietransport zwischen Erzeugungs- und Verbrauchsschwerpunkten
- Lastausgleich zwischen entfernten Verbrauchsschwerpunkten
- wirtschaftlicher Kraftwerkseinsatz
- gegenseitige Reservestellung

Verteilungsnetze

- Hochspannung 110 kV
- Mittelspannung 10 kV bis 30 kV
- Niederspannung 0,4 kV
- Räumlich begrenzter Energietransport zu Endverbrauchern (bzw. Weiterverteilern)

Die Struktur und das Zusammenwirken der verschiedenen Netze der öffentlichen Stromversorgung in Deutschland ist schematisch in Bild 2.1 dargestellt. Diese Struktur ist auch in anderen europäischen Staaten sehr ähnlich bzw. gleich.

Die nationalen Übertragungsnetze sind Bestandteile des westeuropäischen Verbundnetzes, das eine zuverlässige Versorgung mit elektrischer Energie sicherstellen soll. Die hiermit verbundenen Aufgaben werden von der Union for the Coordination of Transmission of Electricity (UCTE) wahrgenommen. Bild 2.2 gibt einen Eindruck von der Vermaschung des europäischen Übertragungsnetzes.

Die UCTE ist für die Koordinierung des Betriebs und die Erweiterung des europäischen Netzverbunds zuständig. Mitglieder der UCTE sind 34 Netzbetreiber aus 22 Ländern; insgesamt werden über 400 Millionen Kunden versorgt. Neben dem Betrieb der

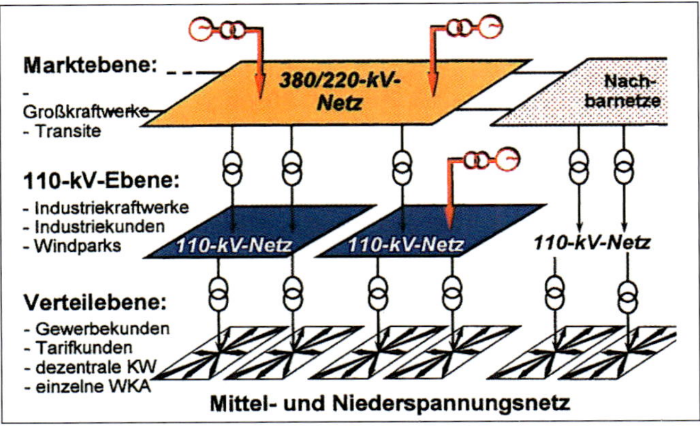

Bild 2.1 Netzstruktur und Spannungsebenen

Bild 2.2 Europäisches Verbundnetz [Quelle: UCTE]

Netze ist die UCTE mit der Weiterentwicklung von Regeln zur Gewährleistung eines sicheren Betriebs der Netze und der Kraftwerke sowie der Planung und Abstimmung von Erweiterungen und Optimierungsmaßnahmen befasst. Da auch die vier deutschen Übertragungsnetzbetreiber (ÜNB) in dieses System einbezogen sind, können sie nicht isoliert planen und agieren [1].

2.2 Stromkreislängen Kabel und Freileitungen in Deutschland

Die deutschen Kabel- und Freileitungsnetze mit einem Wiederbeschaffungswert in der Größenordnung von 100 Milliarden € haben eine Gesamtlänge von knapp 1,7 Millionen km [2]. Die Längen teilen sich gemäß Tabelle 2.1 auf.

Tabelle 2.1 Stromkreislängen in Deutschland 2005 [Quelle: VDN]

Stromkreislängen in km	Freileitungen	Kabel	Kabelanteil
Höchstspannung	35.905	95	0,3%
Hochspannung	70.636	4.564	6,1%
Mittelspannung	175.599	317.401	64,4%
Niederspannung	216.612	850.488	79,7%
Gesamt	498.752	1.172.548	

In der Verteilungsebene dominieren im Nieder- und Mittelspannungsbereich mit insgesamt rund ¾ Anteil ganz eindeutig die Kabelnetze. Dieser „Verkabelungsgrad“ wird tendenziell weiter ansteigen. In städtischen Bereichen werden praktisch keine neuen Nieder- und Mittelspannungsfreileitungen mehr errichtet, sondern eher zurückgebaut, und auch bei Neubaugebieten in ländlichen Gegenden sind Kabelanschlüsse die Regel.

Dramatisch niedriger sind die Verkabelungsgrade in Hochspannungsnetzen (Verteilnetze 110 kV). Hier sind Kabel im Wesentlichen in Städten und Ballungsgebieten in Betrieb, ansonsten überwiegt mit deutlich über 90% der Anteil der Freileitungen.

Kabel im Bereich der Höchstspannung sind statistisch fast vernachlässigbar, da ihre mögliche Übertragungsentfernung gegenüber Freileitungen eingeschränkt ist: ihre Gesamtlänge beträgt in Deutschland derzeit knapp 100 km, entsprechend einem Anteil von deutlich unter 1%. Die wenigen eingesetzten Trassen findet man in Großstädten (z.B. Berlin), bei Kraftwerksausleitungen (Kavernenkraftwerke) oder in speziellen Anwendungsfällen (z.B. Ersatz von Freileitungs- durch Kabeltrassen im Flughafenbereich Frankfurt/Main).

Die unterschiedlichen Verkabelungsgrade in den verschiedenen Spannungsebenen beruhen nicht nur auf wirtschaftlichen Überlegungen, sondern auch auf technischen Grenzen und Anwendungsmöglichkeiten.

Kabel und Freileitungen erfüllen zwar zunächst grundsätzlich den gleichen Zweck – den Transport elektrischer Energie zwischen Erzeugung und Verbrauch –, haben aber nicht nur unterschiedliche Konstruktionsmerkmale; sie weisen auch gravierende unterschiedliche physikalische Eigenschaften auf.

2.3 Verwendung der Kabel und Zuordnung zu den Netzen

Standardkabel gemäß DIN VDE sind für den Einsatz im Drehstromnetz mit Nennspannungen $U_N = \sqrt{3}\ U_0$ ausgelegt. Da die Isolierung der Kabel mit Ausnahme der Gürtelkabel für die Spannung U_0 bemessen ist, sind sie ferner geeignet für den Einsatz:

- in Einphasensystemen, bei denen beide Außenleiter isoliert sind, mit $U_N = 2\ U_0$
- in Einphasensystemen, bei denen ein Außenleiter geerdet ist, mit $U_N = U_0$

Die Kabel dürfen in Wechsel- und Drehstromnetzen verwendet werden:

- deren Sternpunkt niederohmig geerdet ist,
- deren Sternpunkt gelöscht oder isoliert ist.

Dabei sollte der einzelne Erdschluss nicht länger als 8 h anstehen und die Gesamtdauer aller Erdschlüsse im Jahr 125 h nicht überschreiten. Bei längeren Erdschlusszeiten als 125 h angegeben, ist ein Kabel höherer Nennspannung zu wählen.

Die Spannungen werden wie folgt abgekürzt, siehe Tabelle 2.2:

U_0 Spannung zwischen einem Außenleiter und metallener Umhüllung oder Erde

U Spannung zwischen zwei Außenleitern

U_m Höchste, dauernd zulässige Betriebsspannung

U_N Nennspannung eines Netzes

Die Kabel sind für die in Tabelle 2.2 aufgeführten höchsten, dauernd zulässigen Betriebsspannungen und Bemessungs-Blitzstoßspannungen ausgelegt.

Kabel mit U_0/U = 0,6/1 kV dürfen in Gleichstromsystemen verwendet werden, deren höchste Betriebsspannung Leiter/Leiter U_m = 1,8 kV oder Leiter/Erde 1,8 kV nicht überschritten wird.

Tabelle 2.2 Nennspannungen

Nennspannungen[1] des Kabels	Höchste Spannung U_m bei Drehstromsystemen	Nennspannungen des Netzes U_N der Außenleiter in			Bemessungs-Blitzstoßspannung
		Drehstromsystemen	Einphasensystemen		
			beide Außenleiter isoliert	ein Außenleiter geerdet	
U_0/U	U_m	$U_N = \sqrt{3}\, U_0$	$U_N = 2\, U_0$	$U_N = U_0$	U_p
in kV	in kV	in kV	in kV	in kV	in kV
0,6/1	1,2	1	1,2	0,6	20[2]
3,6/6	7,2	6	7,2	3,6	60
6/10	12	10	12	6	75
12/20	24	20	24		125
18/30	36	30	36		170
64/110	123	110	123		550
230/400	420	400	420		1425

1) Auswahl der gängigsten Spannungsebenen, darüber hinaus gibt es noch weitere Spannungsebenen, z.B. U_0 = 5,8; 11,6; 17,3 kV

2) bei Typprüfungen an Kabelgarnituren nach VDE 0278-393 verwendet, bei Leiterquerschnitten < 50 mm^2, jedoch nur 8 kV

3 Kabelaufbau und Kabelfertigung

3.1 Grundsätzlicher Kabelaufbau

Jedes Kabel besteht aus den Grundelementen:

- Leiter
- Isolierung
- Schutzhüllen

Je nach Anwendungsfall und Spannungsebene kommen weitere Aufbauelemente hinzu:

- Leitschichten
- Zwickelfüllung
- Schirmung
- Diffusionssperren
- Aufpolsterelemente (gemeinsame Aderumhüllung)
- Armierung

3.1.1 Leiter

Ein Leiter wird durch Material, Form und Konstruktion sowie Querschnitt charakterisiert. Die Leiter sind in DIN VDE 0295 genormt. Der Leiter, als Träger des Stromes, soll die elektrische Energie möglichst verlustarm übertragen und muss so bemessen sein, dass er die Belastung im ungestörten Betrieb und die maximalen Fehlerströme im gestörten Betrieb ohne Überschreitung der zulässigen Temperatur aufnehmen kann. Der Leiterwerkstoff und der Leiterquerschnitt bestimmen die Stromtragfähigkeit. Als Leiterwerkstoffe werden Elektrolytkupfer oder Aluminium verwendet. Der klassische Leiterwerkstoff ist Kupfer, aber Aluminium wurde schon im Ersten Weltkrieg aus Gründen der Rohstoffversorgung eingeführt, hat sich aber längst vom „Ersatzstoff" zum vollwertigen Leiterwerkstoff entwickelt.

In Nieder- und Mittelspannungsnetzen ist Aluminium seit vielen Jahren der Standardleiterwerkstoff. Unterschiedliche Eigenschaften bei den Werkstoffen zeigt Tabelle 3.1.

Tabelle 3.1 Eigenschaften der Leiterwerkstoffe Kupfer und Aluminium [3]

Leiter-werkstoff	**Leitfähigkeit bei 20 °C** in m/Ω mm²	**Temperatur-koeffizient des el. Widerstandes** in 1/°C	**Dichte** in g/cm³	**Wärme-dehnung** in 10^{-6}/°C	**Schmelz-punkt** in °C
Kupfer (Cu)	58	0,0039	8,9	16,2	1084
Aluminium (Al)	36	0,0040	2,7	23,8	658

Vorteile des Aluminiums gegenüber Kupfer sind das geringere Gewicht (bei gleicher Leitfähigkeit wiegt ein Aluminiumleiter nur etwa die Hälfte eines Kupferleiters) und die geringeren Kosten.

Ein Unterschied zwischen Aluminium und Kupfer ist die Festlegung zur Zugfestigkeit. Bei Kupferleitern wird keine Angabe zu den Zugfestigkeiten festgelegt. Bei Aluminium sind folgende Werte festgelegt:

- Für mehrdrähtige Leiter (RM und SM):
  130 N/mm² bis 200 N/mm² (für unverseilte Einzeldrähte)
- Für mehrdrähtige Leiter (RE und SE):

	25 mm²	100 N/mm² bis 130 N/mm²
	35 mm²	
und	50 mm²	80 N/mm² bis 110 N/mm²
ab	70 mm²	60 N/mm² bis 90 N/mm²

Die Leiterformen werden im Bild 3.1 dargestellt. Sektorförmige Leiter werden für Kabel verwendet, um die Zwickelräume klein und damit den Materialaufwand gering zu halten, und sind nur bis 10 kV Nennspannung aus Gründen der Feldsteuerung (siehe Abschnitt 7.3) verwendbar. Der Basiswinkel a der Sektorleiter beträgt bei Kabeln mit 3 bzw. 4 Adern 120° bzw. 90°. Darüber hinaus gibt es noch Kabel mit 3 ½ Adern mit den Winkeln 100°/60° (reduzierter Nullleiter).

Die Leiter sind ein- oder mehrdrähtig. Eindrähtige Leiter werden auch als Massivleiter bezeichnet. Mehrdrähtige Leiter sind leichter biegbar, aber dafür haben sie einen größeren Durchmesser.

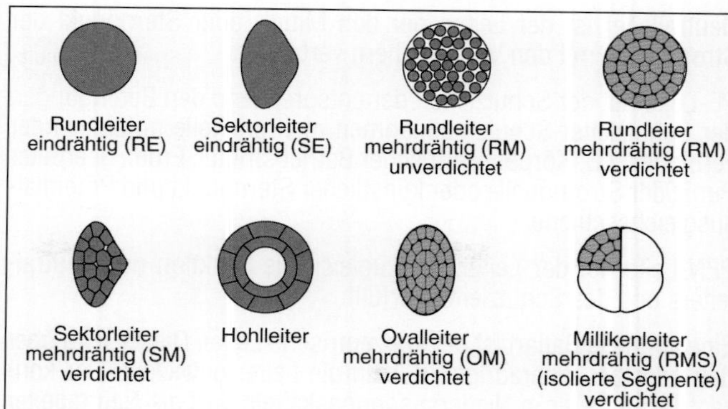

Bild 3.1 Leiterformen [5]

Weitere Festlegungen wie z.B. Verdichten bei mehrdrähtigen Leitern oder Oberflächenbehandlungen (Verzinnen) werden im Kapitel 5 (Kabelbauarten) beschrieben.

Die mehrdrähtigen Leiter werden nach der Verseilung durch Walzen verdichtet, wobei ein Verdichtungsgrad von deutlich mehr als 90% erreicht wird.

Die Leiterquerschnitte sind in einer genormten Zahlenreihe festgelegt. Diese Festlegung erfolgte bereits 1879 in den USA für Drahtabmessungen und lässt sich nach DIN 323 (Normzahlen) nachvollziehen [4]. Der Leiterquerschnitt wird geometrisch benannt, aber durch seinen elektrisch wirksamen Querschnitt, d.h. seinen Widerstand, bestimmt.

Leiter mit kleinerem Querschnitt sind härter, damit sie der Beanspruchung in mechanischen Verbindern besser standhalten. Leiter mit größerem Querschnitt sind weicher, um ihre Biegbarkeit zu erhöhen. Eindrähtige Leiter haben geringere Rückstellkräfte als querschnittsgleiche mehrdrähtige Leiter.

Die Leiter sind in Klassen eingeteilt. Für Kabel (feste Verlegung) gelten die Klassen 1 und 2. Eindrähtige Leiter sind der Klasse 1, mehrdrähtige Leiter der Klasse 2 zugeordnet.

Neutralleiter ist der Leiter, der den Mittel- oder Sternpunkt der Stromquelle mit den Verbrauchern verbindet.

PE-Leiter ist der Schutzleiter, der entsprechend den Bedingungen der Schutzleiter-Schutzmaßnahmen mehrere Teile untereinander verbindet, z.B. Körper elektrischer Betriebsmittel, Erder, geerdeter Punkt der Stromquelle oder künstlicher Sternpunkt und Potentialausgleichsschiene.

PEN-Leiter ist der Leiter, der zugleich die Funktion des Neutralleiters und des Schutzleiters erfüllt.

Eine spezielle Bauart ist der konzentrische Leiter. Dieser wird über den oder bei mehradrigen Kabeln die Leiter gewickelt. Der konzentrische Leiter in Niederspannungskabeln darf als Neutralleiter (N), PE-Leiter oder PEN-Leiter verwendet werden, jedoch nicht als Außenleiter.

3.1.2 Isolierung

3.1.2.1 Anforderungen an die Isolierung

3.1.2.1.1 Elektrische Festigkeit

Die Isolierung muss die Spannungsfestigkeit der Außenleiter untereinander und gegen Erde, bei dauernd anstehender Betriebsspannung sowie bei kurzzeitig auftretenden Überspannungen, wie Schalt- und atmosphärischen Spannungen und Spannungserhöhungen beim Erdschluss, wenn der Sternpunkt nicht niederohmig geerdet ist, sicherstellen. Da der Isolationswiderstand nicht nur vom Isoliermaterial und dessen Dicke, sondern auch von der Kabellänge, der Temperatur, äußeren Einflüssen (Außenisolierung bei Endverschlüssen) und Veränderungen über die Zeit abhängig ist, wird er im Allgemeinen für die Bemessung der elektrischen Festigkeiten nicht herangezogen. Die Bestimmung der elektrischen Festigkeit erfolgt über die Spannungsprüfung. Die Isolierung muss dabei ein Mehrfaches der Betriebsspannung über eine bestimmte Prüfzeit halten. Die Festigkeit gegen Überspannungen wird durch die Stoßspannungsprüfung festgestellt, siehe Kapitel 10 (Prüfung).

3.1.2.1.2 Dielektrische Verluste

Kabel sollten möglichst kleine Verluste haben, da diese zu erhöhten Verlustkosten führen und darüber hinaus die Lebensdauer verringern.

Bei anstehender Wechselspannung treten in der Isolierung dielektrische Verluste auf, die Verlustwärme erzeugen. Diese Verluste entstehen infolge einer geringen Ableitung und durch Dipolverluste. Der durch die Isolierung fließende Strom I weicht dadurch um den Verlustwinkel δ (delta) von dem kapazitiven Blindstrom I_c ab. Dessen Tangens, der tan δ, wird als Verlustfaktor bezeichnet, Bild 3.2.

Der Verlustfaktor tan δ ist materialspezifisch, wird aber auch von der Temperatur, der Spannungshöhe und dem Aufbau der Isolierung einschließlich der Leitschichten beeinflusst.

Die dielektrischen Verluste werden durch $P_v = U^2 \bullet \omega C \bullet \tan\delta$ bestimmt. Die Kapazität C ist der Dielektrizitätszahl ε_r (epsilon relativ) proportional. Beim PVC ist ε_r größer als beim VPE. Im PVC orientieren sich polare Gruppen ständig im Rhythmus des elektrischen Wechselfeldes. PE und VPE sind unpolar, bei ihnen treten keine Dipolverluste auf. Der materialbedingte Einfluss auf die dielektrischen Verluste ist durch die dielektrische Verlustzahl $\varepsilon_r \bullet \tan\delta$ gegeben. Die entsprechenden Werte für die Kabelisolierstoffe sind in Tabelle 3.2 angegeben.

Da die dielektrischen Verluste spannungsabhängig sind, haben sie für Nieder- bzw. Mittelspannungskabel keine bzw. geringe Bedeutung; sie müssen aber bei der Belastbarkeit von Hochspannungskabeln berücksichtigt werden.

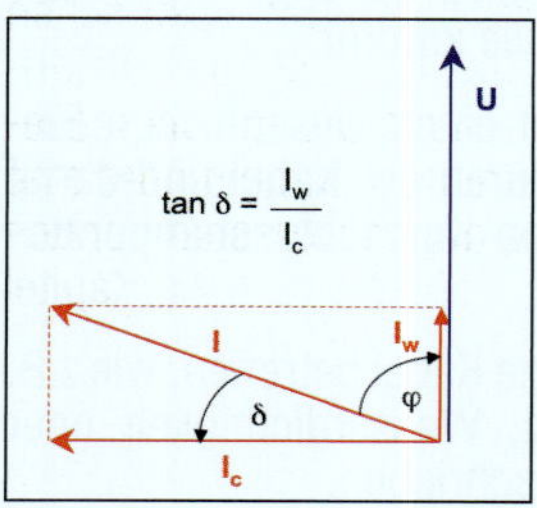

Bild 3.2 Verlustfaktor tan δ

3.1.2.1.3 Teilentladungen

Kabel sollten möglichst keine Teilentladungen haben, da diese einen negativen Einfluss auf die Alterungsbeständigkeit haben.

Wesentliche Zerstörungsmechanismen von festen Isolierstoffen sind die TE. Sie treten in Hohlräumen innerhalb der Isolierung oder in Grenzschichten zwischen Isolierung und Leitschichten auf, wenn die an dem Hohlraum anliegende Zündspannung durchschlägt. Diese Entladungen wiederholen sich in kurzen Zeitabständen und führen zu Erosionen. In Kunststoffisolierungen bleiben Hohlräume bestehen. PE- und VPE-Isolierungen sind aufgrund ihrer Materialeigenschaften gegen TE empfindlich, da in TE-behafteten Hohlräumen als Erosionsprodukt Kohlenstoff entsteht. Die TE-Messung ist daher für Kunststoffkabel, insbesondere für PE- und VPE-isolierte Kabel ein wesentliches Beurteilungskriterium. In Papierisolierungen werden Hohlräume von nachfließender Tränkmasse wieder gefüllt, die TE hat daher keinen wesentlichen Nachteil. Erst wenn in Teilbereichen eine Nachtränkung nicht mehr erfolgt, kann die TE eine beschleunigte Alterung auslösen.

3.1.2.1.4 Mechanische Eigenschaften

Die Isolierung muss den mechanischen Beanspruchungen während der Fertigung, der Legung, der Montage und während des Betriebes standhalten. Die mechanischen Eigenschaften werden in den jeweiligen Kabelnormen definiert und durch zugeordnete Prüfungen nachgewiesen. Wesentliche Prüfungen sind u.a. Zugfestigkeit und Reißdehnung sowie Wärmedehnung und Wärmedruckbeständigkeit. Die Formbeständigkeit der Isolierung muss so beschaffen sein, dass es bei höheren Leitertemperaturen und unter dem Einfluss mechanischer Beanspruchungen nicht zur Verlagerung des Leiters in der Isolierhülle kommt.

Das thermomechanische Verhalten hat einen wesentlichen Einfluss auf die zulässigen Leitertemperaturen der Kabel und damit auf die Belastbarkeit und die zulässigen Kurzschlusstemperaturen.

Weitere Eigenschaften, die das komplette Kabel betreffen, wie z.B. das Brandverhalten, Korrosionsschutz, Wasserdichtigkeit oder Armierung, werden in Abschnitt 5.6 beschrieben.

3.1.2.1.5 Alterungsbeständigkeit

Alterung ist die Änderung anfänglicher Eigenschaften durch unterschiedliche Einwirkungen über die Zeit. Die wesentlichen Einwirkungen auf die Isolierung sind elektrischer, thermischer, chemischer und mechanischer Art sowie deren gegenseitig sich verstärkende Wechselwirkung. Je nach Art des betrachteten Isoliersystems kann es zu unterschiedlichen Alterungsprozessen kommen.

Ein typischer Alterungsprozess bei Papierisolierungen ist die chemische Zersetzung der Tränkmasse infolge von hohen elektrischen Beanspruchungen durch die unterschiedlichen Dielektrizitätszahlen der Komponenten Papier und Tränkmasse. Die Tränkmasse wird wesentlich stärker elektrisch belastet als die Zellulose. Langfristig kann dies zu einer Verharzung des Tränkmittels führen. Anzeichen eines fortschreitenden Alterungsprozesses ist ein höherer Verlustfaktor. Die Verlustfaktormessung ist daher besonders für Papierisolierungen eine aussagefähige Prüfung, siehe Kapitel 10 (Prüfung).

Eine vorzeitige Alterung kann bei PE- und VPE-isolierten Mittelspannungskabeln bei Vorliegen bestimmter Randbedingungen durch das sogenannte „water-treeing“ eintreten. Wasserbäumchen (water-trees), nach ihrem baumähnlichen Erscheinungsbild benannt, sind ein Phänomen, das bei Kabeln der „1. Generation“ (bis ca. Baujahr 1985) erst nach einigen Betriebsjahren auftrat und zu großen Ausfällen und Austauschaktionen führte. VPE-isolierte Mittelspannungskabel heutiger Bauart von Herstellern, die ihre Eignung mit der entsprechenden VDE-Zeichengenehmigung nachgewiesen haben, können ohne Bedenken eingesetzt werden. Die Kabelqualität wird mit der kontinuierlich durchzuführenden Langzeitprüfung, die Teil der Zeichengenehmigung ist, sichergestellt.

Water-trees bilden sich an Störstellen (z.B. Mikrohohlräume, Verunreinigungen) innerhalb der Isolierung oder an den Grenzschichten zwischen Isolierung und Leitschichten unter dem Einfluss des elektrischen Feldes bei Anwesenheit von Wasser. Nach ihrer Form und Lage werden die water-trees nach „bowtie-trees“ und „vented-trees“ unterschieden [5]. Bowtie-trees entstehen innerhalb der Isolierung. Sie wachsen von beiden Seiten einer

Störstelle in Richtung des elektrischen Feldes. Ihr Wachstum ist begrenzt, da der Wassernachschub begrenzt ist; sie gelten daher als weniger gefährlich. Vented-trees wachsen von der äußeren oder inneren Leitschicht aus. Ihr Wachstum muss nicht begrenzt sein, wenn von außen Wasser nachgeliefert wird; sie können bei entsprechender Länge gefährlich sein. In Wasserbäumchen treten keine messbaren Teilentladungen auf. Erst wenn Wasserbäumchen in electrical-trees umschlagen, kommt es in relativ kurzer Zeit zu einem Durchschlag, denn electrical-trees sind mit Teilentladungen behaftet. Fehler dieser Art werden auch als „innere Fehler" bezeichnet, Bild 3.3.

Durch Alterungsprozesse in der Isolierung kommt es im Laufe der Betriebsjahre zu einer kontinuierlichen Abnahme der Spannungsfestigkeit. Die Spannungsfestigkeit darf keinesfalls bis auf den Pegel der höchsten betrieblichen Spannungsbeanspruchungen innerhalb der erwarteten Lebensdauer (mindestens 40 Jahre) absinken.

Eine Möglichkeit zur Abschätzung der Lebensdauer bietet das sog. Lebensdauergesetz: Dieses Gesetz beschreibt den Zusammenhang zwischen Belastungsfeldstärke E und der Zeit t bis zum Durchschlag und ergibt bei doppelt-logarithmischer Darstellung eine Gerade, die Lebensdauerkennlinie. Das Gefälle dieser Linie kennzeichnet die Alterungsgeschwindigkeit und wird durch den Lebensdauerexponenten (N) bestimmt, Bild 3.4 und Bild 3.5.

Bild 3.3
Vented-tree mit Durchschlagkanal, ausgehend von der inneren Leitschicht, in einem VPE-isolierten Mittelspannungskabel

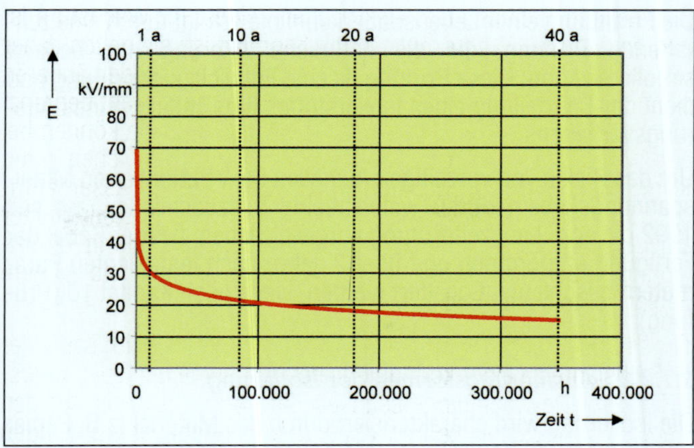

Bild 3.4 Lebensdauerkennlinie

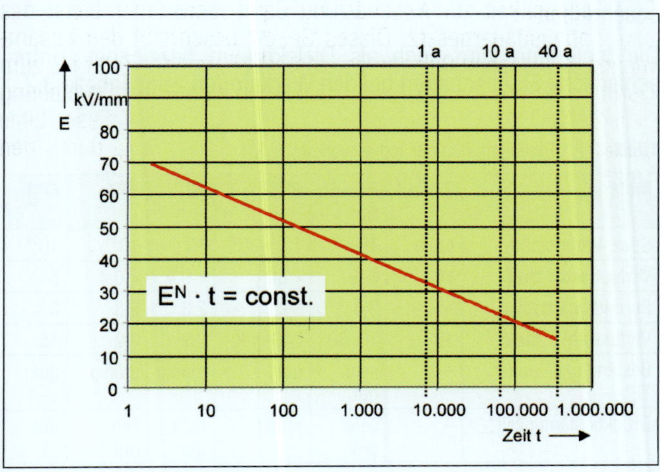

Bild 3.5 Lebensdauergerade

Die Ermittlung einer Lebensdauerkennlinie erfolgt durch eine zeitraffende Prüfung, die die natürliche Alterung nur bedingt simulieren kann. Diese Prüfung ist eine Entwicklungsprüfung und dient der Beurteilung eines Isolierstoffes hinsichtlich seines Alterungsverhaltens.

Um das Risiko von vorzeitigen Ausfällen bei VPE-isolierten Mittelspannungskabeln durch water-treeing auszuschließen, ist seit 1992 die sog. Langzeitprüfung vorgeschrieben, bei der Kabel der Fertigung entnommen und über 2 Jahre nach festgelegten Parametern beschleunigt gealtert werden, siehe auch Kapitel 10 (Prüfung).

3.1.2.2 Ausführungsformen der Isolierung

Die Isolierung wird charakterisiert durch das Material (z.B. Papier oder Kunststoff) sowie Form und Konstruktion (z.B. geschichtete Papierisolierung oder homogene Kunststoffisolierung). In den folgenden Unterabschnitten wird näher darauf eingegangen und beschrieben.

Die Isolierung wird auch als Dielektrikum bezeichnet. Unterschiedliche Eigenschaften bei den Werkstoffen zeigt Tabelle 3.2.

Tabelle 3.2 Eigenschaften der Isolierwerkstoffe [3]

Material	**Einheit**	**Papier/ Öl**	**PVC**	**PE**	**VPE**	**EPR**
Spez. Widerstand	Ωcm	10^{15}	10^{11}–10^{14}	10^{7}	10^{16}	10^{15}
Verlustfaktor tan δ	10^{-3}	3–9	< 80	< 0,4	< 0,4	5
Permittivitätszahl ε_r	–	3,5	3–5	2,3	2,3	3
Verlustzahl ε_r tan δ	10^{-3}	10–30	240–400	0,9	0,9	15
Beständigkeit gegen TE*	–	sehr gut	gut	mäßig	mäßig	gut
Druckbeständigkeit*	–	sehr gut	mäßig	sehr gut	sehr gut	gut

* stark von der Prüfanordnung abhängig

3.1.2.2.1 *Papierisolierung*

Die Papierisolierung ist ein geschichtetes Dielektrikum, bestehend aus Papierbändern und Tränk- bzw. Imprägniermittel, deren Viskosität von der späteren Verwendung der Kabel abhängt:

- Niedrige Viskosität → zähflüssig → Massekabel (Nieder- und Mittelspannung)
- Hohe Viskosität → dünnflüssig → Ölkabel (Hochspannung)

Die Viskosität der Tränkmittel ist so eingestellt, dass eine Massewanderung unterdrückt, aber nicht ganz verhindert wird.

Vorteil einer so geschichteten Isolierung ist die Schottung, d.h., eventuelle Fehlstellen werden von der nächsten Papierlage abgedeckt. Nachteil der Papierisolierung ist ihre Empfindlichkeit gegen Wasser.

3.1.2.2.2 *PVC-Isolierung*

PVC ist ein durch Polymerisation (Bildung von Makromolekülen) hergestellter Kunststoff, dessen Ausgangsstoff, das Vinylchlorid, durch Chlorierung von Ethylen hergestellt wird. Als Werkstoff für Kabelisolierungen ist reines PVC nicht verwendbar, da es auf Grund seiner Eigenschaften weder großtechnisch verarbeitbar noch für den Gebrauch tauglich ist. Daher werden für die unterschiedlichen Einsatzfälle entsprechende Mischungen – sogenannte Compounds – hergestellt. Durch Zugabe von Weichmachern erhält das zunächst spröde PVC die nötige Geschmeidigkeit. Um das Abspalten der Chloratome unter Temperatureinfluss zu verhindern, werden Stabilisatoren beigemischt. Der Verbesserung der mechanischen Eigenschaften und der Reduzierung der Kosten dienen Füllstoffe (z.B. Kreide). Weitere Zuschläge sind Gleitmittel (für die Fertigung) und Farbstoffe. PVC ist demnach ein Gemisch, das durch die Art seiner Zubereitung in seinen Eigenschaften variiert werden kann. In der DIN-VDE-Normreihe 0276 sind die für Kabelisolierungen notwendigen Eigenschaften unterschieden nach Mischungen für die jeweilige Spannungsebene festgelegt. PVC ist ein Thermoplast, d.h. seine zähelastische Eigenschaft verschiebt sich unter Druck mit steigender Temperatur zum plastischen Bereich. Auf Grund der dielektrischen Eigenschaften siehe Tabelle 3.2 in Zeile Verlustzahl ist PVC nur für Spannungen bis 10 kV geeignet. PVC hat eine hohe Alterungsbeständigkeit und ist recyclingfähig. Die bei der Verbrennung von PVC entstehenden Gase enthalten Schadstoffe (Salzsäure, Chlor).

Vorteil ist eine homogene Isolierung, einfache Herstellung und Montage. Nachteil sind die dielektrischen Verluste und somit die Spannungsbegrenzung.

3.1.2.2.3 PE-Isolierung

PE ist ein durch Polymerisation von Ethylen hergestellter Kohlenwasserstoff mit paraffinähnlichem Aufbau. PE enthält keine Weichmacher und Füllstoffe, seine qualitativen Eigenschaften werden durch den Grad seiner Reinheit bestimmt. Auf Grund der besseren Materialeigenschaften (höhere Spannungsfestigkeit und dielektrische Eigenschaften) war PE ab den 60er Jahren eine Alternative zu Papier und PVC.

PE hat eine höhere Unempfindlichkeit gegen Wasser als Papier und PVC.

3.1.2.2.4 VPE-Isolierung

Bei PE handelt es sich um ein sehr reines Material, dem allerdings Peroxide als Katalysatoren für die spätere Vernetzung hinzugefügt sind. Bei der Vernetzung werden die Polymerketten zu einem Raumnetz verknüpft (vernetzt). So entsteht aus dem thermoplastischen PE das thermoelastische VPE. Die Vernetzung kann durch unterschiedliche Verfahren erfolgen. Übliche Verfahren sind die Peroxid- und die Silanvernetzung. Weitere Vernetzungsverfahren sind möglich.

Hinweis: Im internationalen Sprachgebrauch wird diese Isolierung auch als XLPE (cross linked PE) bezeichnet.

3.1.3 Mantel

Der Mantel ist ein Aufbauelement zum Schutz des Kabels gegen äußere Einflüsse, wie z.B. Feuchtigkeit, mechanische, thermische und chemische Einwirkungen. Die klassischen papierisolierten Kabel haben in der Regel Mäntel aus bitumenimprägnierter Jute. Kabel aktueller Bauart haben Kunststoffmäntel. Je nach Bauart wird PVC oder PE als Mantelwerkstoff verwendet.

3.2 Spezielle Kabelaufbauelemente

Je nach Anwendungsfall, Spannungsebene oder besonderen Anwenderanforderungen werden spezielle Aufbauelemente eingesetzt. Diese werden in den nachfolgenden Unterabschnitten beschrieben. Hierzu zählen:

- Zwickelfüllung
- Leitschichten
- Aufpolsterelemente
- Schutzhüllen
- Schirmung
- Diffusionssperren
- Bewehrung

3.2.1 Zwickelfüllung

Als Zwickel bezeichnet man den inneren Bereich bei mehradrigen Kabeln. Dieser Hohlraum kann mit einem sogenannten Beilauf ausgefüllt werden. Bei papierisolierten Kabeln verwendet man ein ölgetränktes Faserseil (Jute oder Papier). Bei Kunststoffkabeln besteht diese Zwickelfüllung aus Kunststoff (z.B. Polypropylen oder unterschiedliche Recyclate). Durch den Einsatz von Zwickelfüllungen soll ein Ausdehnen von eingedrungener Feuchtigkeit zwischen den Adern oder ein Wegfließen von Vergussmassen bei der Garniturenmontage vermieden werden.

3.2.2 Leitschichten

Leitschichten haben die Aufgabe, Unregelmäßigkeiten der Leiteroberfläche und ein definiertes Potential herzustellen. Man unterscheidet in innere und äußere Leitschichten, zwischen denen sich die Isolierung befindet. Leitschichten werden erst ab der Mittelspannung eingesetzt. Leitschichten bestehen, wie der Name schon sagt, aus leitfähigem Material. Je nach Konstruktion aus Rußpapier bei papierisolierten Kabeln und aus leitfähigem rußhaltigem Kunststoff.

3.2.3 *Aufpolsterelemente*

Aufpolsterelemente haben unterschiedliche Funktionen und bestehen je nach Anwendungsfall aus unterschiedlichen Materialien. [6]

3.2.4 *Schutzhüllen*

Schutzhüllen werden zum Schutz der Kabeladern sowie ggf. vorhandener weiterer Aufbauelemente vor äußeren schädlichen Einflüssen bei papierisolierten Kabeln verwendet. Dadurch wird außerdem der Korrosionsschutz verbessert. Man unterscheidet je nach Lage zwischen innerer und äußerer Schutzhülle.

3.2.5 *Schirmung*

Die Schirmung dient als Berührungsschutz und zur Leitung von Ableit- oder Erdschlussströmen im Fehlerfall. Eine Schirmung wird von allen leitfähigen Materialien (z.B. Kupferdraht, metallbedampfte oder rußhaltige Folien) erreicht. Auch eine Kombination aus mehreren Aufbauelementen, wie äußere Leitschicht, leitfähige Bänder und Kupferdrähte, wird bei Mittel- und Hochspannungskabeln als Schirmkonstruktion verwendet.

3.2.6 *Diffusionssperren*

Diffusionssperren dienen dem Schutz der darunterliegenden Aufbauelemente gegen radial eindringende dampfförmige Feuchtigkeit. Sie bestehen aus verschiedenen Metallen, wie Blei, Aluminium oder Kupfer. Zusätzlich können diese Metallumhüllungen die Funktion des Rückleiters oder Schirms übernehmen.

3.2.7 *Bewehrung*

Die Bewehrung – auch als Armierung bezeichnet – wird standardmäßig bei papierisolierten Kabeln eingesetzt. Bei besonders hohen mechanischen Beanspruchungen, zur Erhöhung der Zugfestigkeit und zur Verringerung des Reduktionsfaktors (z.B. Bergbau, Seekabel) wird sie auch bei Kunststoffkabeln eingesetzt. Die Bewehrung besteht aus metallischen Bändern, Flachdraht, Runddraht oder Profildraht. Zusätzlich kann die Bewehrung die Funktion des Rückleiters oder Schirms übernehmen.

3.3 Kabelfertigung

3.3.1 Allgemeines

Bei der Herstellung von Kabeln wird eine Vielzahl komplexer Fertigungsschritte zu einem Gesamtprozess kombiniert. Je nach Kabelbauart, Kabeltyp und Spannungsebene unterscheiden sich die einzelnen Fertigungsschritte sehr stark. Die Beherrschung des Gesamtprozesses erfordert ein umfangreiches Fachwissen und einen sehr speziellen Maschinenpark, der alle Sparten der Verfahrenstechnik einschließt.

3.3.2 Leiter

Die Kabelfertigung beginnt mit der Leiterherstellung aus Rohmaterial, das in verschiedenen Formen, wie z.B. Stangen, Rohdraht oder Bleche, geliefert wird und definierte elektrische und mechanische Vorgaben erfüllen muss. Dieses Rohmaterial wird in mehreren Schritten zu den entsprechenden Leiterformen, wie z.B. Massivleiter oder mehrdrähtig, weitere siehe Kapitel 5 (Kabelbauarten), verarbeitet.

3.3.3 Papierisolierung

Bei der Herstellung papierisolierter Kabeladern wird Kabelisolierpapier genau definierter Breite und Dicke mit speziellen Bandwicklern lagenweise in Form von Schraubenlinien auf den Leiter aufgewickelt. Die Abmessungen der Papiere und die Anzahl der Papierlagen sind u.a. abhängig von der Dimensionierungsspannung. Je nach Kabelbauart kommen unterschiedliche Papiere zum Einsatz (z.B. rußhaltige leitfähige Papiere, aluminiumbedampfte Papiere usw. (siehe Kapitel 5, Kabelbauarten).

Nach der Bewicklung werden die papierisolierten Adern in Trocken- und Imprägnierkessel eingebracht. Dort erfolgt die Tränkung der Papierlagen und die Füllung der Zwischenräume unter Druck und Temperatur mit mineralischer oder synthetischer Isolierflüssigkeit.

Die imprägnierten Kabeladern werden anschließend weiteren Fertigungsschritten zugeführt, wie z.B. Verseilung zu mehradrigen Kabeln auf Verseilmaschinen. Nach Aufbringen von ggf. weiteren Aufbauelementen – je nach Bauart z.B. Schirm, Armierung usw. – wird abschließend der Mantel hergestellt, der bei „klassischen" papierisolierten Kabeln aus bitumengetränkter Jute besteht; üblich sind daneben auch Mäntel aus PVC. Bei Kabeln für höhere Spannungen kommen auch spezielle Konstruktionen (z.B. Metallmäntel, siehe Abschnitt 5, Kabelbauart) zum Einsatz.

3.3.4 PVC-Isolierung

Für die Herstellung von PVC-Isolierung werden vom Kabelhersteller selbst produzierte oder von Vorlieferanten bezogene Compounds verwendet. Siehe auch Abschnitt 3.1.2.2.2

Die Zuführung des Compounds zur Fertigung erfolgt in Granulatform aus Silos oder aus Behältern in der Nähe des Extruders. Mit dem Extruder – grob in etwa vergleichbar mit einem Fleischwolf – und einem Spritzkopf wird das plastifizierte PVC um den Leiter gespritzt. Anschließend wird die isolierte Ader in einer Kühlstrecke definiert auf Umgebungstemperatur heruntergekühlt.

Die isolierten Kabeladern werden anschließend weiteren Fertigungsschritten zugeführt, wie z.B. Verseilung zu mehradrigen Kabeln auf Verseilmaschinen. Nach Aufbringen von ggf. weiteren Aufbauelementen – je nach Bauart z.B. gemeinsame Aderumhüllung, Schirm, Armierung usw. – wird abschließend der Mantel hergestellt, der bei PVC-isolierten Kabeln in der Regel aus PVC besteht. Bei Kabeln für besondere Anwendungen können auch spezielle Konstruktionen (z.B. Metallmäntel, siehe Abschnitt 5, Kabelbauart) zum Einsatz kommen.

3.3.5 *VPE-Isolierung*

Die Herstellung VPE-isolierter Niederspannungskabel erfolgt analog zu PVC-Kabeln. Zusätzlich wird anschließend das Material unter Wasser bzw. Dampf vernetzt (Silanvernetzung).

Die Kabelhersteller beziehen das Material zur Herstellung von Mittelspannungskabeln von wenigen Herstellern, die über die entsprechenden aufwändigen Produktionseinrichtungen und das erforderliche Herstellungs-Know-how verfügen.

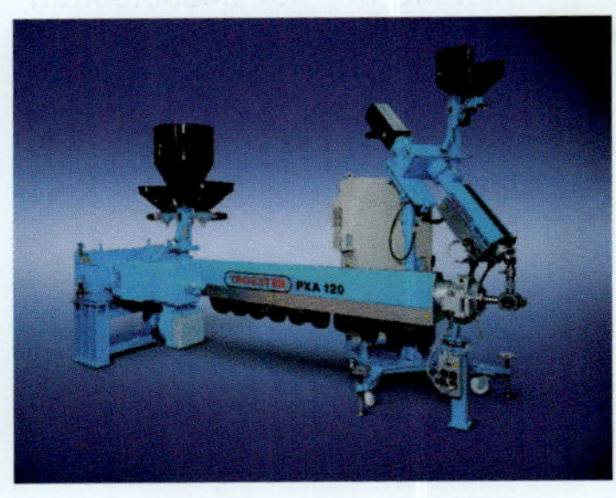

Bild 3.6
Extruder zur Herstellung von Kunststoff-Kabelisolierungen

Das PE-Rohmaterial wird in Granulatform in großen Behältern (1.000 kg) oder in speziellen und nur für diesen Zweck verwendeten LKW-Aufliegern („Van-Box“) angeliefert. Die Zuführung zur Extrusion (siehe Abschnitt 3.3.4, PVC-Isolierung) erfolgt im geschlossenen Rohrsystem. Die hohen Anforderungen an die Materialreinheit werden durch zusätzliche Maßnahmen (Filter, Magnetabscheider, Windsichter) vor der Extrusion unterstützt. Das plastifizierte PE wird um den Leiter gespritzt, wobei das Isoliersystem – also innere Leitschicht, Isolierung und äußere Leitschicht – in einem Arbeitsgang mit drei Extrudern und einem gemeinsamen Spritzkopf hergestellt wird (Bild 3.7). In einem geschlossenen Prozess läuft die isolierte Kabelader anschließend berührungsfrei direkt in das ca. 100 bis 300 m lange Vernetzungsrohr in Form einer Kettenlinie ein (Bild 3.8), das auch als CV-Linie bezeichnet wird (CV: continuous vulcanization; dt.: kontinuierliche Vernetzung). Dort findet unter hohem Druck und hoher Temperatur

Bild 3.7
Extrudergruppe mit Dreifach-Spritzkopf

Bild 3.8
Kettenlinie zur Vernetzung von VPE-Kabeln (Vernetzungsrohr)

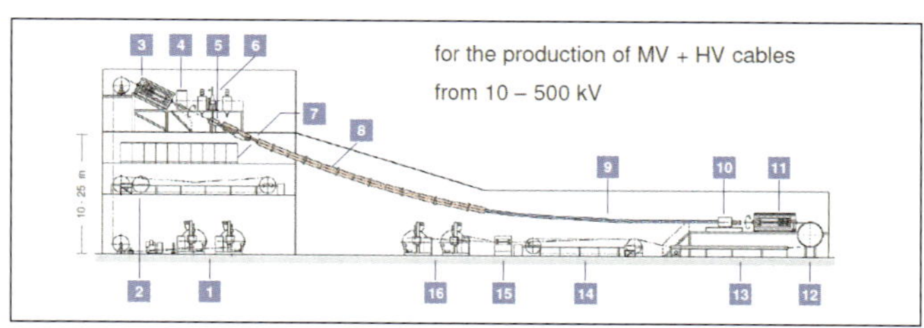

Bild 3.9 Schema einer CV-Linie zur Produktion VPE-isolierter Mittel-, Hoch- und Höchstspannungskabel

sowie weiteren detailliert festgelegten Parametern in einer speziellen Atmosphäre die dreidimensionale Vernetzung der Molekülketten des PE statt, und es entsteht **V**PE. Im weiteren Verlauf des kontinuierlichen Prozesses durchläuft die isolierte Kabelader eine Kühlstrecke, in der sie zur Vermeidung von Schrumpfung und inneren Spannungen langsam auf Umgebungstemperatur heruntergekühlt wird. Bild 3.9 zeigt schematisch einen Überblick über die komplette CV-Linie.

Die isolierten Kabeladern werden anschließend in weiteren Fertigungsschritten mit zusätzlichen Aufbauelementen versehen – je nach Bauart z.B. Schirm, Polsterschichten, Armierung usw.; Bild 3.10 zeigt eine SZ-Verseilmaschine zur Aufbringung des Kupferschirms. Abschließend wird der Mantel hergestellt, der bei VPE-isolierten Kabeln in der Regel aus PE besteht. Bei Kabeln für besondere Anwendungen können auch spezielle Konstruktionen (z.B. Metallmäntel, siehe Abschnitt 5, Kabelbauart) zum Einsatz kommen.

Bild 3.10 SZ-Verseilmaschine

4 Kabelbezeichnung

4.1 Kennzeichnung

Kabel nach DIN VDE müssen nachfolgende Kennzeichnungen (Bild 4.1) aufweisen:

- Herstellerzeichen oder -name bzw. Logo und – bei mehreren Fertigungsstandorten – in codierter Form die Fertigungsstätte
- VDE-Kabel-Kennzeichen
- Kabeltyp, Kurzzeichen gemäß Abschnitt 4.2
- Herstelljahr (JJJJ)
- Längenmarkierung [m], Hinweis: Abweichung bis 1% der tatsächlichen Länge
- ab Mittelspannung Codierung zur Rückverfolgbarkeit

Bei papierisolierten Kabeln erfolgt die Kennzeichnung durch einen Papierkennstreifen oder früher auch ein Textilkennfaden unter dem Metallmantel über der Isolierung. Zu diesen Kennstreifen bzw. Kennfäden gab es auch entsprechende Entschlüsselungstabellen. Bei PVC- und VPE-isolierten Kabeln, deren Außendurchmesser größer als 10 mm ist, erfolgt die Kennzeichnung auf dem Außenmantel. Die Einzelheiten zur Ausführung der Kennzeichnung sind in den jeweiligen DIN-VDE-Kabelnormen festgelegt.

Bild 4.1 Möglichkeiten für die VDE-Kennzeichnung

4.2 Kurzzeichen

Kabel werden durch Kurzzeichen eindeutig benannt. Der Aufbau der Kurzzeichen für die jeweilige Kabelbauart ist in den Normen der Reihe DIN VDE 0276 genormt.

Die Kabelkurzzeichen müssen nachfolgende Angaben in dieser Reihenfolge von innen nach außen in Großbuchstaben enthalten:

- Hinweis auf Normkonformität
- Leitermaterial
- Isoliermaterial
- Je nach Kabelbauart, weitere Aufbauelemente
- Mantel bzw. äußere Schutzhülle
- Bei mehradrigen Kabeln die Anzahl der Adern
- Leiterquerschnitt
- Leiterform
- Schirmquerschnitt, wenn vorhanden
- Nennspannung U_0/U [kV]

Für unterschiedliche Aufbauelemente werden teilweise auch gleiche Buchstaben verwendet, die Zuordnung zu den Aufbauelementen ergibt sich aus der Reihenfolge.

Nicht angegeben werden: Kupferleiter, Papierisolierungen, Leitschichten, gemeinsame Aderumhüllungen, Zwickelfüllungen und innere Schutzhüllen aus Faserstoffen.

Neben der Kabelbezeichnung durch die genormten Kurzzeichen werden die Kabel auch nach wesentlichen Merkmalen ihres Aufbaues benannt, wobei nicht alle Bezeichnungen genormt, sondern auch umgangssprachlich sind, siehe auch Kapitel 5 (Kabelbauarten).

In Tabelle 4.1 sind die wichtigsten Kurzzeichen für Kabel [5] aufgeführt.

Tabelle 4.1 Kabelkurzzeichen

Kurzzeichen	Bedeutung	Bezeichnungsbeispiele	Siehe Bild
A	äußere Schutzhülle aus Faserstoffen	NAKBA	5.1
A	Leiter aus Aluminium	NAKBA	
B	Bewehrung aus Stahlband	NAKBA	5.1
C	konzentrischer Leiter aus Kupfer	NYCY	
CW	wellenförmig aufgebrachter konzentrischer Leiter aus Kupfer (Ceander-Leiter)	NYCWY	
D	Druckschutzbandage	NÖKUDEY	5.3
E	eindrähtiger Leiter	4 x 16 RE	
E	Mehrmantelkabel	NAEKEBA	5.2
E	Schutzhülle je Ader mit eingebetteter Schicht aus Elastomerband oder Kunststofffolien	NAEKEBA	5.2
F	Bewehrung aus Stahlflachdraht	NIVFSt2Y	5.4
(F)	längswasserdicht	NA2XS(F)2Y	
(FL)	längs- und querwasserdicht mit Al-Schichtenmantel	N2XS(FL)2Y	5.9
(FB)	längs- und querwasserdicht mit Cu-Schichtenmantel	N2XS(FB)2Y	
GL	Gleitdrähte aus unmagnetischem Werkstoff	ÖIGLUSt2Y	
H	Schirmung bei Höchstädterkabel	NHKRA	
I	Gasinnendruckkabel	NIVFSt2Y	5.4
-J	Kabel mit grün-gelbem Schutzleiter	NAYY-J	5.7
K	Bleimantel	NAKBA	5.1
KL	gepresster, glatter Aluminiummantel	NAKLEY	
KLD	gepresster, gewellter Aluminiummantel	AÖKLDEY	5.10
M	mehrdrähtiger Leiter	1 x 95 RM	5.8
N	Normkabel nach DIN VDE	NA2XS2Y	5.8
-O	Kabel ohne grün-gelben Schutzleiter	NAYY-O	
Ö	Ölkabel	NÖKUDEY	5.3

Tabelle 4.1 (Fortsetzung)

Kurzzeichen	Bedeutung	Bezeichnungsbeispiele	Siehe Bild
P	Gasaußendruckkabel	NPKDVFSt2Y	5.5
R	Leiter mit kreisförmigem Querschnitt	1 x 95 RM	
R	Bewehrung aus Stahlrunddrähten	NHKRA	
S	Schirm aus Kupfer	NA2XS2Y	5.8
S	Leiter mit sektorförmigem Querschnitt	3 x 50 SM	
St	Stahlrohr	NPAKDVFSt2Y	5.5
U	unmagnetisch	NÖKUDEY	5.3
V	verdichteter Leiter	1 q 500 RM/V	
V	verseilte Adern	NPKDVFSt2Y	5.5
2X	Isolierung aus VPE	NA2XS2Y	5.7
Y	Isolierung aus PVC	NAYY-J	5.7
Y	Mantel oder Schutzhülle aus PVC	NAYY-J	5.7
2Y	Isolierung aus PE	NA2YSY	
2Y	Mantel oder Schutzhülle aus PE	NA2XS2Y	5.8

Beispiel:

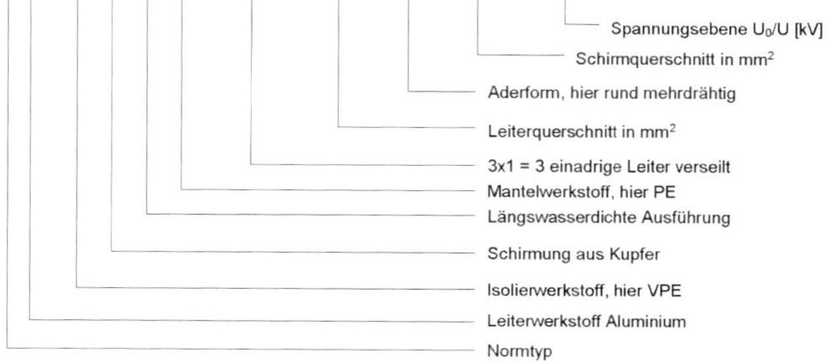

Weitere Beispiele:

- NAYY-J 4 x 35 RE 0,6/1 kV: Normtyp (N), Aluminiumleiter (A), PVC-isoliert (Y), PVC-Mantel (Y), mit grüngelber Ader (J), vieradrig, Nennquerschnitt 35 mm^2; Rundleiter eindrähtig (RE), U_0/U, 0,6/1 kV
- NKBA 3 x 95 SM 6/10 kV: Normtyp (N), Kupferleiter (keine Angabe im Kurzzeichen), Bleimantel (K), Bewehrung, äußere Schutzhülle (A), dreiadrig, Nennquerschnitt 95 mm^2, Sektorleiter mehrdrähtig (SM), U_0/U, 6/10 kV

4.3 Aderkennzeichnung

Für die Aderkennzeichnung von 0,6/1-kV-Kabeln gilt DIN VDE 0293. Danach werden einadrige Kabel schwarz oder grüngelb gekennzeichnet. Für mehr- und vieladrige Kabel gilt Bild 4.2.

Die grüngelbe Farbkennzeichnung ist ausschließlich dem Schutz- oder PEN-Leiter zugeordnet. In EVU-Netzen ist sie auch für den geerdeten Neutralleiter zulässig. Vor dem Inkrafttreten DIN VDE 0293-308: Januar 2003 galten andere Aderfarben, was beim Verbinden von Kabeln mit alter und neuer Farbkennzeichnung, insbesondere beim N-, PE- und PEN-Leiter zu beachten ist.

Bei Mittelspannungskabeln sind die Adern nicht farblich gekennzeichnet.

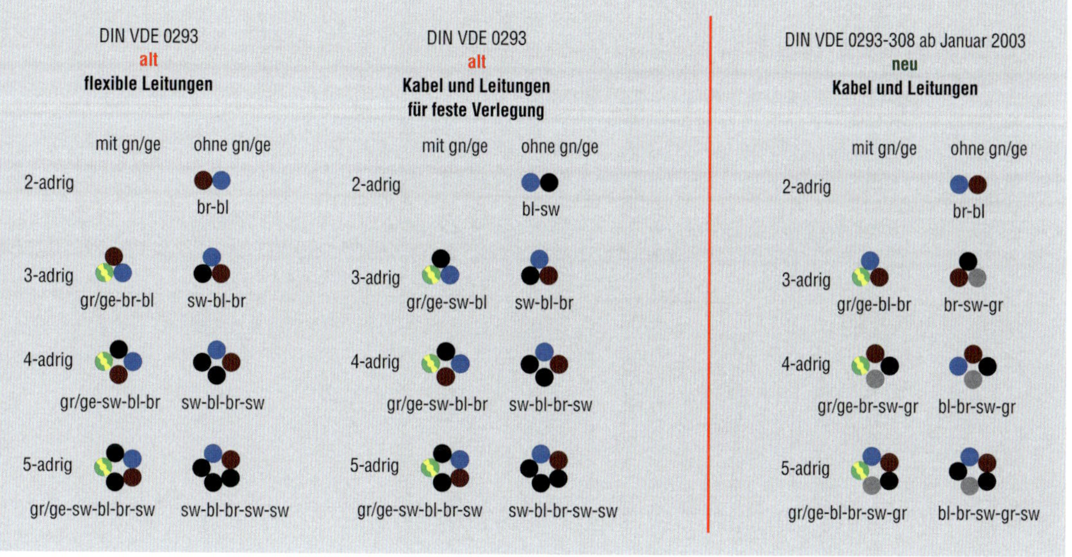

Bild 4.2 Aderfarben

4.4 Farbe der Mäntel

In DIN VDE 0271, 0272 und 0276 sind für PVC- und PE-Mäntel die in Tabelle 4.2 angegebenen Farben festgelegt.

Tabelle 4.2 Mantelfarben

Isolierung	Nennspannung	besonderer Einsatz	PVC-Mantel	PE-Mantel
PVC	0,6/1 kV		schwarz	–
PVC	0,6/1 kV	Bergbau unter Tage (BuT)	gelb	–
PVC	0,6/1 kV	Eigensichere Anlage in explosionsgefährdeten Betriebsstätten	hellblau	–
PVC	> 0,6/1 kV		rot*	–
VPE	0,6/1 kV		schwarz	schwarz
VPE	> 0,6/1 kV		rot*	schwarz

* Rote PVC-Mäntel können sich im Erdreich durch chemische Einflüsse schwarz färben!

5 Kabelbauarten

Die Anzahl an Kabelbauarten kann man nur schätzen, sie liegt deutlich im vierstelligen Bereich (> 1.000). Es ist das Bestreben von Anwendern und Herstellern, diese Typenvielfalt zu reduzieren. Die Gesamtwirtschaftlichkeit der Kabelanlagen steht im Interesse des Anwenders, aber auch beim Hersteller in der Komponentenbevorratung und bei der Lieferzeitverkürzung durch Umrüstzeiten.

In den nachfolgenden Unterabschnitten wird auf die verschiedenen Bauarten eingegangen.

Je nach Anwendungsfall und Spannungsebene sowie ggf. weiteren speziellen Randbedingungen werden die in Abschnitt 4 genannten Aufbauelemente zu einer bestimmten Kabelbauart kombiniert.

5.1 Historische Entwicklungen

Die große Anzahl der Kabeltypen basiert auf der langen Tradition und Entwicklung für einzelne Versorgungsaufgaben und spezieller Anwendungen sowie der unterschiedlichen Technologien. Kabel gibt es nun seit mehr als 150 Jahren, und die Typenvielfalt nahm insbesondere mit der Einführung der Kunststofftechnologie noch einmal deutlich zu.

Die ältesten Bauarten sind die um 1850 entwickelten Guttaperchakabel. Diese wurden benannt nach ihrer Isolierung, die aus einem Naturkautschuk bestand, der wiederum von einem südamerikanischen Gummibaum gewonnen wurde. Die Entwicklung bis 1900 nahm in Deutschland schnell industriellen Charakter an und wurde maßgeblich durch die Fa. Siemens geprägt. Es entstanden die uns heute noch bekannten und z.T. noch im Einsatz befindlichen papierisolierten Massekabel mit Kupferleiter. Bereits zu dieser Zeit waren um die 500 verschiedene Kabeltypen entwickelt worden. Die ersten Kabeltypen hatten auf Grund des eindringenden Wassers in die Isolierung keine hohe Lebenserwartung. Weitere Jahrzehnte vergingen und die papierisolierten Massekabel wurden technisch stark verbessert. Ab 1950 wurden kunststoffisolierte Kabel im großen Umfang gefertigt; heute haben sie praktisch die papierisolierten Kabel im Neubau verdrängt.

In den 150 Jahren Kabeltechnik gab es viele Entwicklungen, die z.T. nur temporär gefertigt wurden. Hierzu zählen u.a. das Kupferwellmantelkabel oder auch das im Wesentlichen in der Niederspannung eingesetzte Aluminiumschichtenmantelkabel (NAKLEY). Darüber hinaus wurden auch Hoch- und Höchstspannungskabel in allen bekannten Technologien entwickelt.

Als Leiterwerkstoff wurde zunächst nur Kupfer eingesetzt. In Energieverteilungsnetzen hat sich seit vielen Jahren Aluminium als Standard-Leiterwerkstoff durchgesetzt.

5.2 Papierisolierte Kabel

Papierisolierte Niederspannungskabel werden heute in Deutschland nicht mehr hergestellt, sind aber noch auf Grund ihrer langen Lebensdauer im Betrieb. Bild 5.1 zeigt eine typische Bauart (NKBA).

Die runden oder sektorförmigen Leiter sind einzeln mit mehreren Lagen Kabelpapier isoliert, miteinander rund verseilt und mit einer Gürtelisolierung aus mehreren Lagen Papierband umgeben. Daher spricht man auch von Gürtelkabeln. Darüber folgen Bleimantel, innere Schutzhülle, Stahlbandbewehrung und äußere Jute-Schutzhülle. Später wurde hier auch PVC als Mantelwerkstoff verwendet.

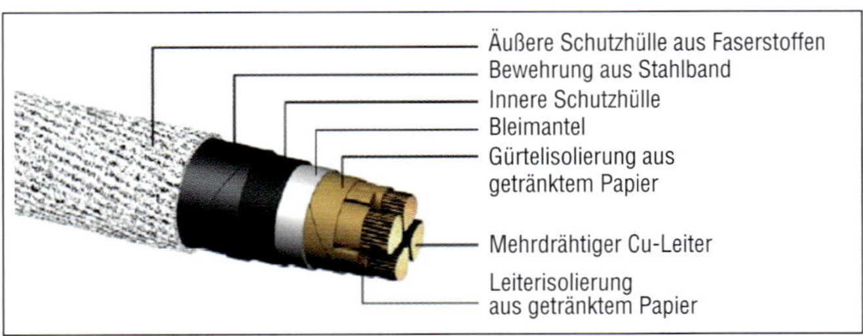

Bild 5.1 NKBA 1-kV-Kabel

Haben sie einen Bleimantel, nennt man sie auch Papierbleikabel, haben sie einen Aluminiummantel, werden sie auch als Aluminiummantelkabel bezeichnet.

Neben dieser Bauart gibt es eine Vielzahl weiterer Konstruktionen.

Papierisolierte Mittelspannungskabel, hier 10-kV-Kabel, entsprechen vom Aufbau her den 1-kV-Kabeln, jedoch haben diese eine höhere Anzahl Papierlagen entsprechend der höheren Feldstärkebelastung.

Bei Kabeln mit höherer Spannung und steigender Feldstärkebelastung sind zusätzliche Aufbauelemente zur Feldsteuerung erforderlich. Daher werden bei 20-kV- und 30-kV-Kabeln auf dem Leiter einige Lagen leitfähiges Papier aufgebracht. Die Leiteroberfläche wird dadurch elektrisch geglättet (Vermeidung der Feldstärkekonzentration an den kleinen Radien der Leiterdrähte). Die leitfähigen Bänder mindern auch die mechanische und thermische Beanspruchung der Isolierung bei Fehlerströmen. Oberhalb der Isolierung wird eine metallische sogenannte Höchstädterfolie (H-Folie) aufgebracht. Diese Folie verhindert eine elektrische Beanspruchung in der Grenzschicht zwischen Isolierung und Metallmantel, wenn sich durch den Temperaturwechsel der Metallmantel weitet. Zwischen den leitfähigen Bändern auf dem Leiter und der H-Folie wird ein radialer Verlauf der elektrischen Feldlinien bewirkt. Kabel mit einem solchen Feldverlauf nennt man (auch bei Kunststoffkabeln) Radialfeldkabel, siehe Bild 5.2 [5].

Tritt bei papierisolierten Kabeln im Falle eines Mantelschadens Tränkmasse aus dem Kabel aus, so kann auf Grund der geringen Menge, der hohen Viskosität im abgekühlten Zustand und der geringen Wasserlöslichkeit eine wasserschädigende Wirkung der Umwelt praktisch ausgeschlossen werden.

Aufbau und Anforderungen an papierisolierte Kabel bis 30 kV sind in DIN VDE 0276-621 genormt.

Bei Kabeln für Steilstrecken kann eine hochviskose (vaselineähnliche) Haftmasse verwendet werden, die nicht wandert.

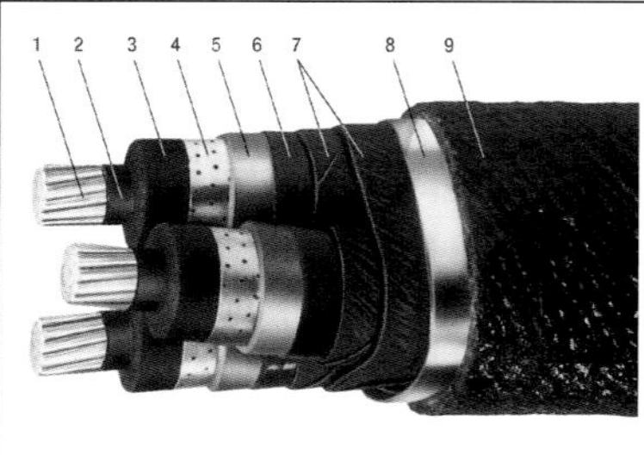

1 mehrdrähtiger Leiter aus Aluminium
2 innere Leitschicht (Rußpapierlage)
3 massegetränkte Papierisolierung
4 äußere Leitschicht (Höchstädterfolie)
5 Bleimantel
6 Korrosionsschutz
7 innere Schutzhüllen
8 Stahlbandbewehrung
9 äußere Schutzhülle aus Faserstoffen

Bild 5.2 Dreibleimantelkabel NAEKEBA, dreiadriges Mittelspannungskabel nach DIN VDE 0276-621

Papierisolierte Hochspannungskabel unterscheiden sich von papierisolierten Mittelspannungskabeln grundsätzlich in ihren physikalischen Eigenschaften. Bei papierisolierten Mittelspannungskabeln kommt es auf Grund der unterschiedlichen Wärmedehnung von der Tränkmasse und dem Papier sowie infolge der Unelastizität des Bleimantels zur Bildung kleiner Hohlräume, in denen praktisch kein Gasdruck besteht. In diesen Hohlräumen kommt es zu Teilentladungen, die aber wegen der relativ geringen Feldstärke von unter 4 kV/mm von geringer TE-Stärke sind. Da weiterhin durch die Tränkmassebewegung die Hohlräume nicht stationär sind, wird die Isolierung nicht nennenswert geschädigt. Bei den Hochspannungskabeln dagegen, die mit Feldstärken ab etwa 8 kV/mm arbeiten, müssen Teilentladungen verhindert werden, weil mit der Teilentladung der Verlustfaktor ansteigen und ein Wärmedurchschlag eintreten würde. Teilentladungen werden verhindert, indem entweder auf die Isolierung ein so hoher Druck ausgeübt wird, dass keine Hohlräume entstehen (Ölkabel und Gasaußendruckkabel) oder innerhalb von Hohlräumen ein Gasdruck erzeugt wird, bei dem keine Teilentladung auftritt, denn mit dem Gasdruck in den Hohlräumen steigt die Glimmeinsatzspannung (Gasinnendruckkabel). Als Druckmedium wird bei den Ölkabeln Isolieröl und bei den Gasdruckkabeln Stickstoff verwendet. Der Druck wird entweder von den Aufbauelementen des Kabels oder von einem Stahlrohr, in dem sich das Kabel befindet, aufgenommen. Kabel, bei denen bei allen zulässigen Belastungen durch Druck das Glimmen und ein Anstieg des Verlustfaktors verhindert wird, werden auch als thermisch stabile Kabel bezeichnet.

Bei den Niederdruck-Ölkabeln wird dünnflüssiges Isolieröl als Druckmedium verwendet. Der Druck wird bei Kabeln mit einem Bleimantel von einer Druckbandage, bei Kabeln mit einem Aluminiummantel von dem Aluminiummantel aufgenommen. Der Betriebsdruck beträgt etwa 1,5 bar bis 6 bar. Die Kabel werden als einadrige oder dreiadrige Kabel ausgeführt. Bei den einadrigen Kabeln ist der Leiter innen hohl und dient als Ölkanal. Bei dreiadrigen Kabeln dienen die offenen Zwickel zwischen den Kabeladern als Ölkanäle.

Hochdruck-Ölkabel werden in ein Druck-Stahlrohr eingezogen. Die Kabel haben keinen Metallmantel, so dass das Druckmedium, dünnflüssiges Isolieröl, direkt auf die Isolierung einwirkt. Hochdruck-Ölkabel werden nur der Vollständigkeit halber erwähnt. Sie haben in Deutschland praktisch keine Bedeutung; es gibt für diese Kabel keine DIN-VDE-Normen.

Einadrige Gasinnendruck-Kabel haben einen Aluminiummantel, der auch der Druckaufnahme dient. Über dem Aluminiummantel befindet sich eine Schutzhülle mit eingebetteter Schicht, darüber ein Kunststoffmantel. Dreiadrige Kabel haben keinen Metallmantel über der Einzelader. Als Druckrohr haben sie entweder einen Aluminiummantel oder sie werden in Stahl-Druckrohre eingezogen. Das Druckmedium ist Stickstoff. Die Adern sind entweder unverseilt und haben je einen Gleitdraht oder sind verseilt und haben eine gemeinsame Bewehrung aus Stahlflachdrähten. Bei beiden Ausführungsarten dringt der (gereinigte) Stickstoff in die Hohlräume und ist damit Bestandteil der Isolierung. Die Anforderungen an Gasinnendruck-Kabelanlagen bis 220 kV sind in DIN VDE 0258 genormt.

Gasaußendruck-Kabel werden in ein Stahl-Druckrohr eingezogen. Die Leiter haben zur besseren Druckaufnahme eine ovale Form. Über jeder Ader befindet sich ein Bleimantel mit darüber liegender (unmagnetischer) Druckschutzbandage, die eine übermäßige Dehnung des Bleimantels bei starken Druckschwankungen verhindert. Die Adern sind entweder verseilt und haben eine gemeinsame Stahl-Flachdrahtbewehrung oder sind unverseilt und haben Gleitdrähte auf jeder Ader. Letztere Ausführung wird bei großen Querschnitten verwendet. Der Gasdruck wirkt auf die Bleimäntel, die den Druck wie eine Membrane auf die Isolierung übertragen.

In den Bildern Bild 5.3 bis 5.5 [5] sind typische 110-kV-Kabelbauarten dargestellt. Bild 5.6 [6] zeigt ein Niederdruck-Ölkabel für 400 kV.

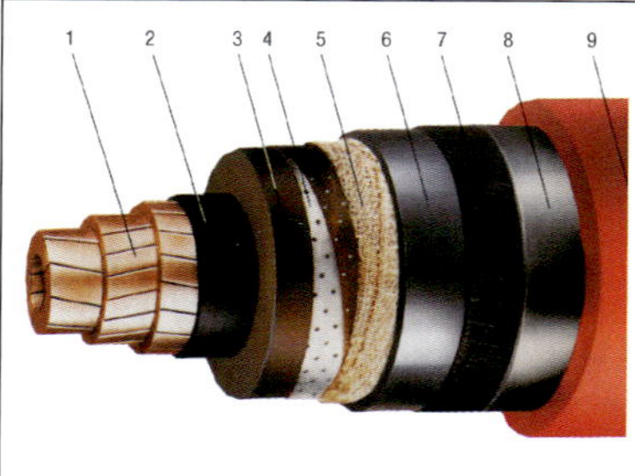

1 Kupfer-Hohlleiter aus Profildrähten
2 innere Leitschicht (Rußpapier)
3 Papierisolierung, getränkt mit dünnflüssigem Isolieröl
4 äußere Leitschicht (Höchstädterfolie)
5 Zwischenschicht (Fertigungshilfsmittel)
6 Bleimantel
7 Polster
8 unmagnetische Druckschutzbandage
9 PVC-Außenmantel

Bild 5.3 Einadriges Niederdruck-Ölkabel NÖKUDEY für 110 kV nach DIN VDE 0276-633

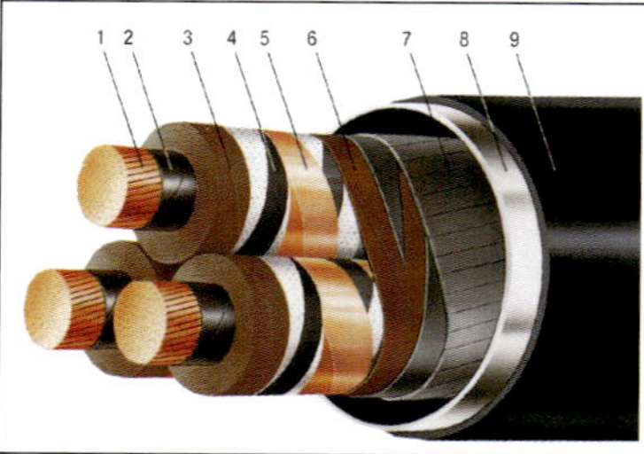

1 mehrdrähtiger Leiter aus Kupfer
2 innere Leitschicht (Rußpapier)
3 massegetränkte Papierisolierung
4 äußere Leitschicht (Höchstädterfolie und Rußpapier)
5 Querleitwendel (Kupferband)
6 Polster
7 Bewehrung (Einziehhilfe)
8 Stahlrohr
9 Schutzhülle (PE)

Bild 5.4 Dreiadriges Gasinnendruckkabel NIVFSt2Y für 110 kV nach DIN VDE 0276-634

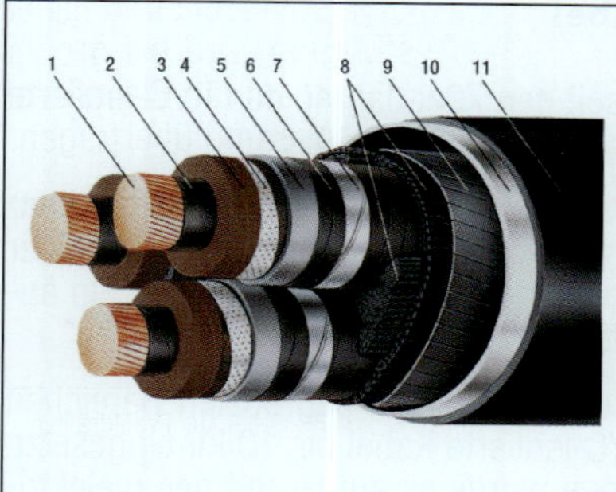

1 mehrdrähtiger Leiter aus Kupfer
2 innere Leitschicht (Rußpapier)
3 massegetränkte Papierisolierung
4 äußere Leitschicht (Höchstädterfolie und Rußpapier)
5 Bleimantel
6 Korrosionsschutz
7 unmagnetische Druckschutzbandage
8 Zwickelfüllung und Polster
9 Bewehrung (Einziehhilfe)
10 Stahlrohr
11 Schutzhülle (PE)

Bild 5.5 Dreiadriges Gasaußendruckkabel NPKDVFSt2Y für 110 kV nach DIN VDE 0276-635

Bild 5.6 Niederdruck-Ölkabel 400 kV

5.3 PVC-isolierte Kabel

In der Niederspannung ist seit den 70er Jahren das PVC-isolierte Kabel (Bild 5.7) die Standard-Kabelbauart.

Die runden oder sektorförmigen Leiter sind einzeln mit einem PVC-Kunststoff isoliert, miteinander verseilt und mit einer Gummi-Füllmasse rund umspritzt. Darüber befindet sich ein äußerer PVC-Kunststoff-Mantel.

In der Mittelspannung wurden in regional begrenzten Bereichen bis Ende der 80er Jahre PVC-isolierte Kabel bis 10 kV eingesetzt. In höheren Spannungsebenen wurde es auf Grund des dielektrischen Verlustfaktors nicht verwendet.

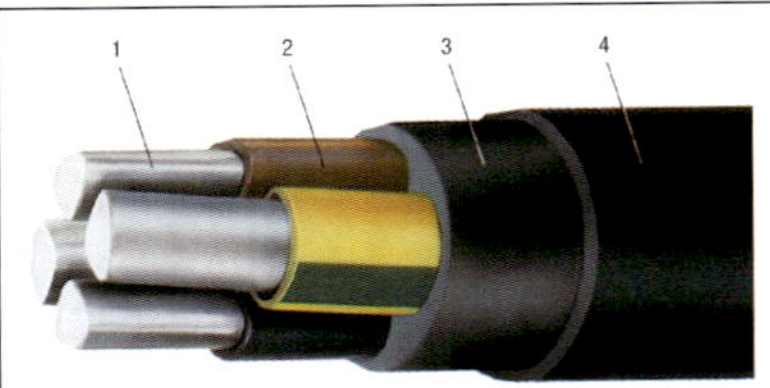

1 eindrähtiger Sektorleiter aus Aluminium
2 PVC-Isolierung
3 gemeinsame Aderumhüllung
4 PVC-Außenmantel

Bild 5.7 1-kV-Kunststoffkabel NAYY-J, vieradriges Kabel nach DIN VDE 0276-603

5.4 PE-isolierte Kabel

In der Niederspannung sind PE-isolierte Kabel nicht üblich.

Etwa ab 1965 wurden PE-isolierte Mittelspannungskabel in Deutschland eingeführt, konnten sich aber nicht in Gesamtdeutschland durchsetzen. Auf Grund von Anfangsschwierigkeiten dieser neuen Fertigungstechnologie wurde in Westdeutschland frühzeitig auf vernetztes Polyethylen umgestellt. In der ehemaligen DDR wurde diese PE-Technologie weiterentwickelt und bis in die neunziger Jahre eingesetzt.

5.5 VPE-isolierte Kabel

In der Niederspannung wurden von einigen Netzbetreibern neben PVC-isolierten Kabeln auch VPE-isolierte Kabel (Bild 5.8) eingesetzt. Der Aufbau ist identisch mit den PVC-isolierten Kabeln. Als Mantelwerkstoff wird sowohl PVC als auch PE verwendet.

Etwa ab 1970 wurden VPE-isolierte Mittelspannungskabel in Deutschland eingeführt. Leitschichtmaterial und das Fertigungsverfahren waren teilweise noch unzulänglich. Auch die Reinheit des Isoliermaterials hatte noch nicht generell den notwendigen Grad erreicht. Diese Unzulänglichkeiten im Zusammenwirken mit der Feuchtigkeit führten zu dem Phänomen water-treeing, das vorzeitige Kabelausfälle zur Folge hatte. Durch umfangreiche und langjährige Forschungs- und Entwicklungsaktivitäten, die zu einer geänderten Konstruktion, aufwändigen Maßnahmen zur Materialreinheit bis zu hin zu strengen Prüfvorschriften führten, wurde das Problem gelöst, so dass VPE-isolierte Mittelspannungskabel aktueller Bauart seit Mitte der achtziger Jahre eine sehr hohe Qualität und ein ausgezeichnetes Langzeitverhalten aufweisen.

Über die runden ein- oder mehrdrähtigen Leiter wird im Dreifachextrusionsverfahren die innere Leitschicht, die Isolierung und die äußere Leitschicht aufgebracht. Danach folgen die leitfähige Polsterung, der Schirm aus Kupfer, eine Trennschicht und der Außenmantel. Standard ist der Mantelwerkstoff PE. In Innenraumanlagen wird auch PVC als Mantelwerkstoff verwendet.

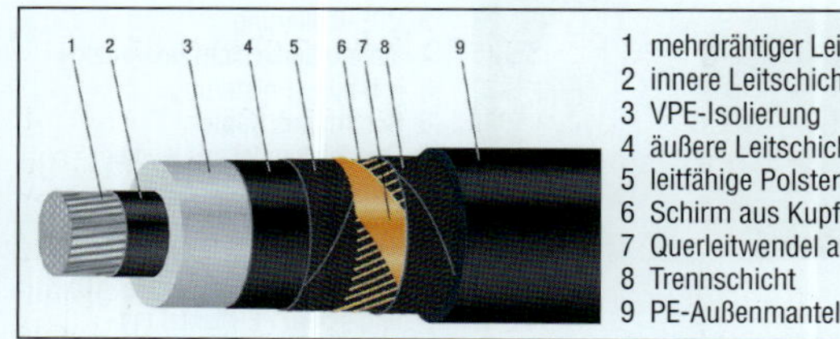

Bild 5.8 Kunststoffkabel NA2XS2Y für Mittelspannung nach DIN VDE 0276-620

In der 110-kV-Ebene dominieren heute bei Neulegungen ebenfalls VPE-isolierte Kabel, die grundsätzlich ähnlich aufgebaut sind wie Mittelspannungskabel, siehe Bild 5.9. Die Isolierwanddicke dieser Kabel nimmt jedoch nicht proportional mit der Betriebsspannung zu, so dass die Isolierungen von Hochspannungskabeln deutlich höheren Feldstärken als Mittelspannungskabel ausgesetzt sind (vgl. Bild 5.8).

Auf Grund der höheren Beanspruchung von Hoch- und Höchstspannungskabel werden neben der Verwendung noch reinerer Materialien zusätzliche Maßnahmen getroffen, um das Eindringen von Wasser in die Isolierung zu verhindern. Daher haben Hoch- und Höchstspannungskabel mit VPE-Isolierung entsprechende Aufbauelemente zur Herstellung der Längs- und Querwasserdichtheit (Quellvlies und Aluminiumfolie); in der Typbezeichnung weist der Bestandteil „(FL)“ hierauf hin. Bild 5.9 zeigt den Aufbau eines 110-kV-Kabels mit VPE-Isolierung und einem Leiterquerschnitt (Kupfer) von 630 mm^2.

Eine spezielle Anwendung der VPE-isolierten 110-kV-Kabel sind die u.a. als „Retrofit-“ oder „Stadtkabel“ bezeichneten Konstruktionen mit verringerter Isolierwandstärke, die in vorhandene Stahlrohre außer Betrieb genommener Gasaußendruckkabel eingezogen werden können.

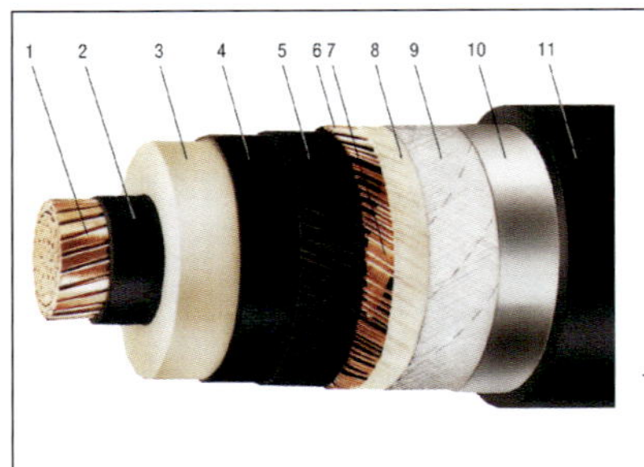

1 mehrdrähtiger Leiter aus Kupfer
2 innere Leitschicht (extrudiert)
3 VPE-Isolierung
4 äußere Leitschicht (extrudiert)
5 leitfähige Polsterung
6 Schirm aus Kupfer
7 Querleitwendel aus Kupfer
8 Quellvlies
9 Polster
10, 11 Schichtenmantel, bestehend aus Aluminiumfolie (10) und einem PE-Mantel (11)

Bild 5.9 Einadriges VPE-Kabel für 110 kV, N2XS(FL)2Y, 1 x 630 RM/35 nach DIN VDE 0276-632

Nach umfangreichen Entwicklungsarbeiten, sehr aufwändigen Präqualifikationstests und entsprechend positiven Betriebserfahrungen konnten sich in der jüngeren Vergangenheit auch in der Höchstspannungsebene VPE-isolierte Kabel etablieren, siehe Bild 5.10 [5]. In Deutschland ist der größte Teil der VPE-isolierten 380-kV-Kabel in Berlin in Betrieb [7].

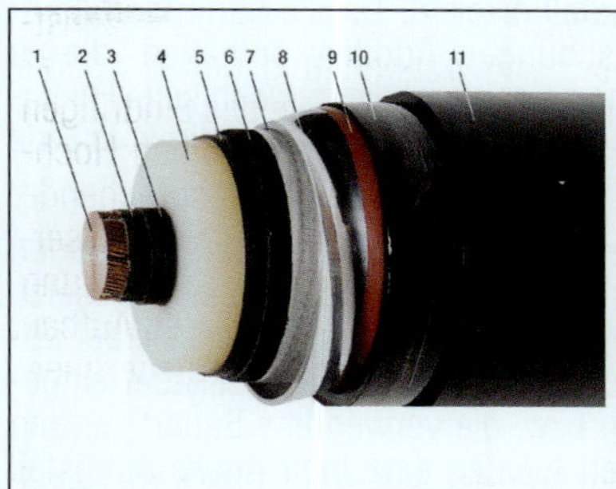

1 mehrdrähtiger Segmentleiter aus Kupfer (Millikenleiter)
2, 3 innere Leitschicht aus Bebänderung (2) und extrudierter Leitschicht (3)
4 VPE-Isolierung
5 äußere Leitschicht (extrudiert)
6 schwachleitendes Polstervlies
7 Gewebeband mit eingewebten Kupferdrähten
8 gewellter Aluminiummantel
9 Haftvermittler
10 Korrosionsschutz
11 PE-Mantel

Bild 5.10 Einadriges VPE-Kabel für 500 kV, 2XKLDE2Y, 1 x 1600 RM/V

5.6 Kabel für besondere Anwendungen

Neben den in den vorangegangenen Unterabschnitten beschriebenen Kabelbauarten für die Legung in Erde sollen hier nun kurz einige spezielle Bauarten beschrieben werden.

In bestimmten Fällen werden besondere Anforderungen an den Brandschutz gestellt, z.B. in Kraftwerken, in Gebäuden mit erhöhten Sicherheitsanforderungen oder auch in Schächten und Kanälen. Hier werden spezielle *Kabel mit verbessertem Verhalten im Brandfall* eingesetzt, an die folgende Anforderungen gestellt werden:

- Verminderte Brandfortleitung, insbesondere bei Kabelhäufung
- Stark verminderte Rauchentwicklung
- Keine korrosiv wirkenden Bestandteile im Rauchgas
- Ggf. zusätzlich Isolationserhalt bzw. Funktionserhalt für eine bestimmte Zeit

Bei den entsprechenden Bauarten spricht man auch von halogenfreien Kabeln; diese sind in DIN VDE 0266 und DIN VDE 0276 genormt (Niederspannungskabel in Teil 604 und Mittelspannungskabel in Teil 622). Durch die Verwendung halogenfreier Werkstoffe und Füllstoffe auf Basis mineralischer Hydrate in Isolierung und Mantel sowie der im Anforderungsprofil geforderten Halogenfreiheit sämtlicher weiterer Aufbauelemente wird das verbesserte Verhalten im Brandfall erreicht. Da die flammhemmenden Isolier- und Mantelmischungen Additive enthalten, die zu vermehrter Wasseraufnahme neigen und die mechanische Festigkeit verringern können, ist eine Legung dieser Kabel direkt in Erde nicht zu empfehlen [5].

Bei Querungen größerer Gewässer, insbesondere Kabellegungen auf dem Meeresboden, werden sogenannte *Seekabel* eingesetzt. Dabei sind sowohl VPE-isolierte Kabel als auch Massekabel üblich; für höhere Spannungen wurden auch Öldruckkabel eingesetzt. Der jeweilige Kabeltyp bzw. die verwendete Bauart werden nach verschiedenen Kriterien für den einzelnen Anwendungsfall ausgewählt. Parameter sind neben der zu übertragenden Leistung und der Länge der Verbindung auch die jeweiligen Verhältnisse auf dem Meeresboden (z.B. Druck entsprechend der Legetiefe, Strömungen usw.). Sehr häufig wird die verwendete Kabelkonstruktion an die Randbedingungen des speziellen Einzelfalls angepasst. Bis zur Höchstspannungsebene sind wegen der relativ einfachen Kabelkonstruktion und der problemlosen Netzeinbindung Drehstromübertragungssysteme im Einsatz. Mit den dafür eingesetzten Seekabeln können in der 400-kV-Spannungsebene Leistungen bis ca. 700 MW übertragen werden.

Bei sehr langen Übertragungsstrecken und sehr hohen zu übertragenden Leistungen, insbesondere im Bereich der Seekabel, aber auch für Landkabel interessant, wird die Hochspannungs-Gleichstrom-Übertragung (HGÜ) eingesetzt. Klassische *HGÜ-Kabel* haben eine massegetränkte Papierisolierung und sind mit speziellen Aufbauelementen zum Schutz gegen die auftretenden hohen Beanspruchungen ausgerüstet (z.B. Stahlbänder als Druckschutzbandage, Stahldrahtbewehrungen, siehe Bild 5.11).

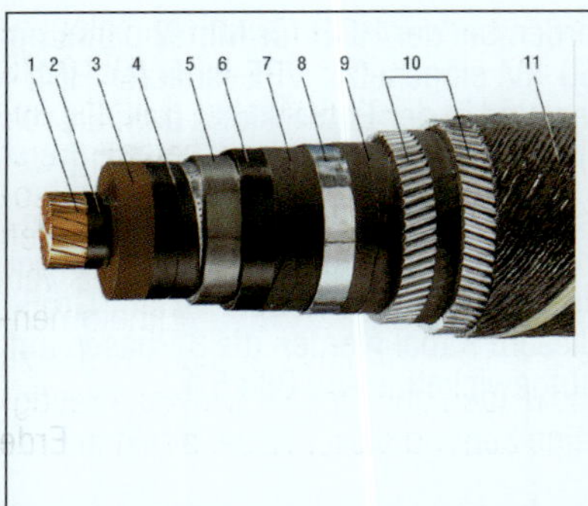

1 Kupferleiter aus Profildrähten
2 innere Leitschicht (Rußpapier)
3 massegetränkte Papierisolierung
4 äußere Leitschicht (Rußpapier und Höchstädterfolie)
5 Bleimantel
6 PE-Innenmantel
7 Polster und Trennschicht
8 Druckschutzbandage aus Stahlbändern
9 Trennschicht
10 zwei gegenläufige Stahldrahtbewehrungen
11 Umflechtung aus PP-Garn

Bild 5.11 450-kV-Seekabel für Gleichstromübertragung [5]

Bild 5.12 Baueinsatzkabel 110 kV

Kunststoffisolierte Kabel werden bei der HGÜ für Mittelspannung und Hochspannung bis 150 kV eingesetzt; VPE-isolierte HGÜ-Kabel für höhere Spannungen sind in der Entwicklung bzw. Erprobung (siehe Abschnitt 13.3).

Baueinsatzkabel werden als Provisorium für den vorübergehenden Ersatz von Hochspannungsleitungen oder Kabeln, z.B. bei Umbaumaßnahmen in Umspannanlagen oder nach Großstörungen, eingesetzt. Bei diesem Kabel werden die 3 Phasen auf einer gemeinsamen Spule aufgewickelt, siehe Bild 5.12.

6 Strombelastbarkeit und Überlastbarkeit

Beim Betrieb eines Kabels entstehen strom- und spannungsabhängige Wärmeverluste, die an die Umgebung abgeführt werden. Weiterhin entstehen in metallenen Umhüllungen (Metallmäntel, Schirme, Bewehrungen) einadriger Kabel induzierte Spannungen; der daraufhin entstehende Strom bewirkt Mantelverluste.

Die Temperaturdifferenz aus erzeugter und abgeführter Wärme muss mit Rücksicht auf die Betriebssicherheit sowie zur Vermeidung einer zu schnellen Alterung auf ein verträgliches Maß begrenzt werden. So wurden für die verschiedenen Kabelbauarten zulässige Betriebs- und Kurzschlusstemperaturen und für Massekabel auch Temperaturerhöhungen (Vermeidung einer Hohlraumbildung) festgelegt. Diese sind in den Normen der Reihe DIN VDE 0276 zu finden, siehe auch Kapitel 15 (Normenverweise und -auszüge).

In Tabelle 6.1 sind einige wichtige Begriffe und deren Bedeutung im Zusammenhang mit der Belastbarkeit aufgelistet.

Spannungsabhängige (dielektrische) Verluste entstehen in der Isolierung beim Betrieb mit Wechselspannung; sie sind bei Nieder- und Mittelspannungskabeln gering und können hier vernachlässigt werden. Die stromabhängigen Verluste entstehen im Leiter, beim Wechsel-/Drehstrombetrieb auch in den metallenen Umhüllungen der Kabel (Metallmäntel, Schirme, Bewehrungen) als Mantelverluste. Da der Leiter die höchste Temperatur annimmt, gilt die Leitertemperatur als Betriebstemperatur. Legt man vereinbarte Betriebsbedingungen, die durch umfangreiche Untersuchungen ermittelt wurden, zugrunde, lassen sich die Stromstärken berechnen, die bei den verschiedenen Kabelbauarten zu den zulässigen Betriebstemperaturen führen. Die so ermittelten Werte sind die Bemessungsströme I_r (rated value).

Tabelle 6.1 Begriffe und Bedeutung

Begriffe	**Bedeutung**
Belastung	durch Betriebsart oder Fehlerfall aufgebürdete Ströme
Belastbarkeit	unter bestimmten Bedingungen höchstzulässige Ströme
Betriebsart	zeitlicher Verlauf des Stromes
Tageslastspiel	Verlauf der Last während 24 h bei ungestörtem Betrieb
Größtlast	Größte Last des Tageslastspiels. Ändert sich die Last in Zeitabständen, die kleiner sind als 15 min, so gilt als Größtlast der Mittelwert der Lastspitze über 15 min.
Durchschnittslast	Mittelwert der Last des Tageslastspiels
Belastungsgrad	Quotient aus Durchschnittslast durch Größtlast
zulässige Betriebstemperatur	Höchste zulässige Temperatur am Leiter bei ungestörtem Betrieb
zulässige Kurzschlusstemperatur	Höchste zulässige Temperatur am Leiter bei Kurzschluss mit einer Kurzschlussdauer bis einschließlich 5 s
EVU-Last	Tageslastspiel mit Größtlast und Belastungsgrad 0,7

Im Zuge der europäischen Normungsharmonisierung wurden von deutscher Seite die technischen Inhalte der für Nieder- und Mittelspannungskabel relevanten VDE-Bestimmungen in die Harmonisierungsdokumente eingebracht, die bei der nationalen Umsetzung in der neuen VDE-Bestimmung 0276 zusammengefasst sind. Die früher in VDE 0298 Teil 2 enthaltenen Aussagen zur Strombelastbarkeit wurden in die für die jeweiligen Kabelkonstruktionen relevanten Teile der VDE 0276 eingearbeitet (mit Ausnahme der Umrechnungsfaktoren: diese finden sich in DIN VDE 0276-1000). Die Belastbarkeitstabellen für VPE-isolierte Mittelspannungskabel sind z.B. in der DIN VDE 0276-620 zu finden, und zwar sowohl für EVU-Last als auch für den Kurzschlussfall. Analog gilt dies für 1-kV-Verteilungskabel (DIN VDE 0276-603).

Neben der Kabelbauart bestimmen einige Randbedingungen die Belastbarkeit der Kabel. Diese sind in Tabelle 6.2 angegeben.

Tabelle 6.2 Randbedingungen für Bemessungswerte der Strombelastbarkeit

	Legung in Luft	**Legung in Erde**
Belastungsgrad	1,0 (Dauerlast)	0,7 (EVU-Last)
Legebedingungen	frei in Luft	Legetiefe 0,7 m
Anordnung	ein mehradriges oder drei einadrige Kabel im Drehstromsystem im Dreieck gebündelt	ein mehradriges oder drei einadrige Kabel im Drehstromsystem im Dreieck gebündelt
Umgebungsbedingungen	Lufttemperatur 30 °C	Erdbodentemperatur 20 °C

Die Bemessungsströme in den Belastbarkeitstabellen gelten jeweils für ein Kabel bei definierten Betriebsbedingungen. Für die mögliche Vielzahl von Betriebsfällen, z.B. Kabelhäufungen, Rohrlegung unterschiedlicher Belastungsgrade sind in DIN VDE 0276-1000 in Tabellen Umrechnungs- und Reduktionsfaktoren angegeben.

Als definierte Betriebsbedingung gilt in DIN VDE 0276 der „EVU-Betrieb", der durch eine Größtlast und den Belastungsgrad von 0,7 definiert ist, siehe Bild 6.1.

Durch die Betriebsart wird der zeitliche Verlauf des Stromes beschrieben. Er ist durch ein Tageslastspiel mit ausgeprägter Größtlast und einem Belastungsgrad gekennzeichnet. Der Belastungsgrad ergibt sich als Quotient aus der Fläche unter der Lastkurve und der Gesamtfläche des Rechteckes (Größtlast mal 24 Stunden), Bild 6.1 zeigt als Beispiel einen Belastungsgrad von 0,73. Die Bemessungsströme für die Belastbarkeit in Erde gelten für die Größtlast und einen Belastungsgrad von 0,7. Dies ist eine für EVU-Netze übliche Betriebsart (EVU-Last).

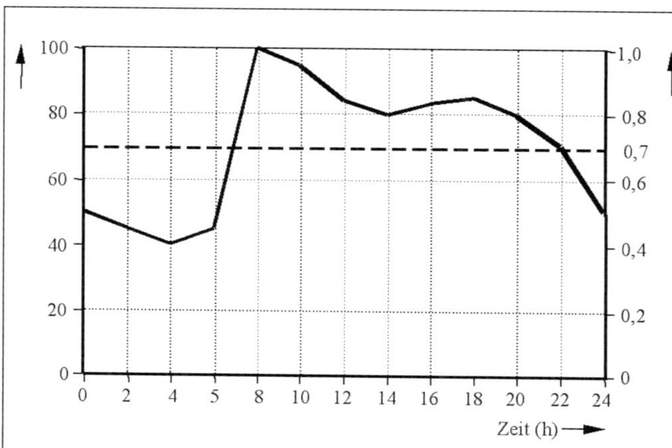

Tageslastspiel und Bestimmung des Belastungsgrades (nach DIN VDE 0276)

—— Verhältnis der Last zur Größtlast in %
---- Verhältnis der Durchschnittslast zur Größtlast

1. Tageslastspiel: Verlauf der Last während 24 Stunden

2. Größtlast : höchste Last des Tageslastspiels, ggf. Mittelwert der Lastspitze über 15 min.

3. Durchschnitts-last: arithmetischer Mittelwert der Last des Tageslastspiels

4. Belastungsgrad: Quotient aus Durchschnittslast und Größtlast

5. Für EVU - Netze Belastungsgrad 0,7 festgelegt (EVU - Last)

Bild 6.1 Typisches Tageslastspiel im EVU-Betrieb

6.1 Betrieb in Erde

Entscheidend für die Wärmeabfuhr des in Erde gelegten Kabels ist der Wärmewiderstand des Erdbodens. Dieser ist von den örtlichen Gegebenheiten abhängig.

Der Wärmewiderstand des Erdbodens ist im Wesentlichen von der Beschaffenheit des Erdbodens (Lehm, Ton, Sand usw.; locker oder verdichtet) und vom Feuchtigkeitsgehalt abhängig. Bei Sand schwankt der spezifische Wärmewiderstand je nach Feuchtigkeitsgehalt praktisch zwischen 0,4 und 3,0 K • m/W.

Bedingt durch die im Betrieb in Kabelnähe erhöhte Temperatur kann der Boden austrocknen. Zur Berechnung der Bemessungsströme wurde deshalb in der Norm zwischen einem die Kabel gegebenenfalls umgebenden Trockenbereich und einem Feuchtebereich unterschieden.

Als spezifischer Erdbodenwärmewiderstand für den Feuchtebereich wurde 1,0 K • m/W und für den Trockenbereich, mit Rücksicht auf die häufig als Bettungsmaterial verwendeten Sandarten, 2,5 K • m/W festgelegt.

Ungünstig für die Wärmeabfuhr ist ein trockener, unverdichteter Boden mit sehr vielen Lufteinschlüssen.

Bei mit Schutt, Schlacke, Asche, organischen Bestandteilen, Müll usw. durchsetzten Böden ist mit sehr hohen spezifischen Erdbodenwärmewiderständen zu rechnen. Hier sind gegebenenfalls Messungen und der Austausch des Bodens in der Umgebung des Kabels erforderlich. Bei Aufschüttungen aus normalen Bodenarten, die schlecht verdichtet sind, oder für Kabel im Wurzelbereich von Hecken oder Bäumen ist ein höherer spezifischer Erdbodenwärmewiderstand des Feuchtebereiches einzusetzen.

Weichen bei der Legung in Erde die tatsächlichen Betriebsbedingungen von den vereinbarten ab, erhält man gemäß DIN VDE 0276-1000 die Belastbarkeit I_z aus dem Bemessungsstrom I_r wie folgt:

$I_z = I_r \bullet f_1 \bullet f_2 \bullet \pi f$

f_1 berücksichtigt die Erdbodentemperatur, den spezifischen Erdbodenwärmewiderstand und den Belastungsgrad (m)

f_2 berücksichtigt die Anordnung und Systemzahl bei der Häufung, den spezifischen Erdbodenwärmewiderstand und den Belastungsgrad (m)

πf ist das Produkt aller weiteren Einflussgrößen, wie z.B. auch der Reduktionsfaktor für Verrohrung (f_R)

Hinweis: Es sind bei der Berechnung stets alle Faktoren zu berücksichtigen.

Bei in Rohren gelegten Kabeln kann die im Betrieb entstehende Wärme nicht direkt an das Erdreich abgegeben werden. Daher ist der Einfluss der wärmedämmenden Luftschicht zwischen Kabel und Rohr-Innenwand zu berücksichtigen. Gemäß DIN VDE 0276-1000 sollte, sofern eine Berechnung im Einzelfall zu aufwändig erscheint, die Belastbarkeit mit dem Faktor 0,85 reduziert werden (Reduktionsfaktor).

Hinsichtlich der Anwendung des Reduktionsfaktors für die Rohrlegung empfiehlt sich eine differenzierte Betrachtungsweise, wie am Beispiel eines VPE-isolierten 10-kV-Kabels gezeigt werden soll, siehe Bild 6.2.

In einem weiteren Beispiel für die Berechnung wird die Belastbarkeit bei abweichenden Betriebsbedingungen bei Legung in Erde berechnet:

Kabeltyp: NA2XS2Y 3 x 1 x 150 RM/25 6/10 kV,
Dreiecksanordnung, I_r = 315 A

Abweichungen: Erdbodentemperatur 30 °C,
2 Systeme mit 7 cm Abstand

Gemäß DIN VDE 0276-1000,
Tabelle 4: f_1 = 0,95 (1,0 K • m/W, m = 0,7)

Gemäß DIN VDE 0276-1000,
Tabelle 6: f_2 = 0,85 (1,0 K • m/W, m = 0,7)

Die Belastbarkeit jedes der beiden Systeme beträgt:

$$I_z = I_r \bullet f_1 \bullet f_2 \bullet \pi f = 315\ \text{A} \bullet 0{,}95 \bullet 0{,}85 \bullet 1{,}0 = 254\ \text{A}$$

Anmerkung: πf ist 1,0, weil keine weiteren Faktoren zu berücksichtigen sind.

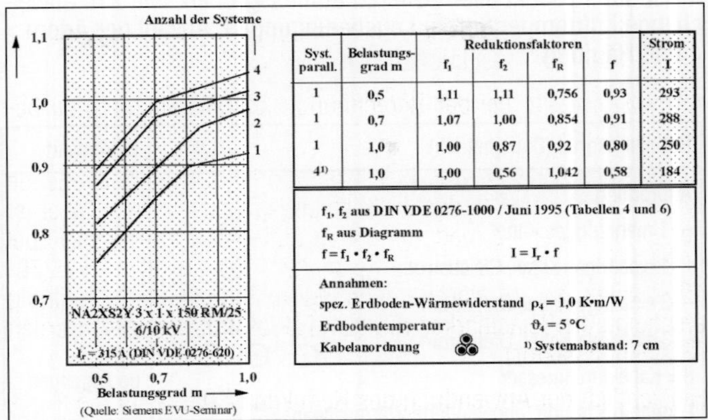

Syst. parall.	Belastungsgrad m	Reduktionsfaktoren f_1	f_2	f_R	f	Strom I
1	0,5	1,11	1,11	0,756	0,93	293
1	0,7	1,07	1,00	0,854	0,91	288
1	1,0	1,00	0,87	0,92	0,80	250
4[1)]	1,0	1,00	0,56	1,042	0,58	184

f_1, f_2 aus DIN VDE 0276-1000 / Juni 1995 (Tabellen 4 und 6)

f_R aus Diagramm

$f = f_1 \bullet f_2 \bullet f_R$ $\qquad$ $I = I_r \bullet f$

Annahmen:

spez. Erdboden-Wärmewiderstand $\rho_4 = 1{,}0$ K•m/W

Erdbodentemperatur $\vartheta_4 = 5\ °C$

Kabelanordnung

1) Systemabstand: 7 cm

Bild 6.2 Einfluss der Reduktionsfaktoren auf die Kabelbelastbarkeit (Beispiel)

6.2 Betrieb in Luft

Die Betriebsbedingungen sind in Bild 6.3 aufgeführt.

Den Bemessungsströmen liegt Dauerbetrieb zugrunde. Wegen der wesentlich kürzeren Erwärmungs- und Abkühlzeiten als bei der Verlegung in Erde ergibt sich auch bei anderen Belastungsgraden keine höhere Belastbarkeit als bei Dauerbetrieb (Belastungsgrad 1,0).

Die Bemessungsströme gelten für „frei in Luft“ verlegte Kabel, d.h. ungehinderte Wärmeabgabe durch Strahlung und Konvektion unter Ausschluss fremder Wärmequellen, ohne dass sich hierbei die Umgebungstemperatur erhöht.

Weichen bei der Legung in Luft die tatsächlichen Betriebsbedingungen von den vereinbarten ab, erhält man gemäß DIN VDE 0276-1000 die Belastbarkeit I_z aus dem Bemessungsstrom I_r wie folgt:

$$I_z = Ir \bullet \pi f$$

πf ist das Produkt aller weiteren Einflussgrößen, wie z.B. abweichende Lufttemperaturen, Legebedingungen, Anzahl der Adern > 4 und Häufung.

Belastungsgrad (Dauerbetrieb)	1,0	Betriebsart
Anordnung – 1 mehradriges Kabel – 1 einadriges Kabel, Gleichstrom – 3 einadrige Kabel, Drehstrom – 3 einadrige Kabel, Drehstrom d = Kabeldurchmesser Legung frei in Luft, ungehinderte Wärmeabgabe – Abstand Kabel von Wand, Boden oder Decke ≥ – *Kabel nebeneinander* ≥ – Kabel übereinander ≥ – Kabellagen übereinander senkrechter Abstand ≥	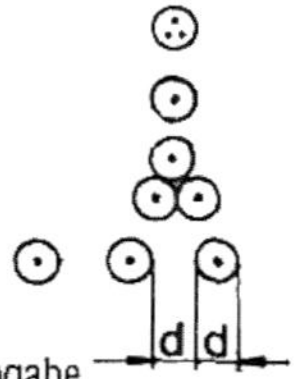 d d 2 cm *2 d* 2 d 30 cm	Verlege-bedingungen
Umgebungstemperatur ausreichende Belüftung *keine direkte Sonnenstrahlung*	30 °C	Umgebungs-bedingungen
Erdung	beid-seitig	

Bild 6.3 Einfluss Betriebsbedingungen Legung in Luft

6.3 Kurzschlussbelastbarkeit

Bei einem Kurzschluss werden die Kabel sowohl thermisch wie mechanisch beansprucht.

Der Leiter mit einer Temperatur Θ_a (Theta$_a$) zu Beginn des Kurzschlusses darf innerhalb der Kurzschlussdauer t die zulässige Kurzschlusstemperatur Θ_a nicht überschreiten. Ist der Wert Θ_a nicht bekannt, ist die zulässige Betriebstemperatur einzusetzen. Die für die verschiedenen Kabelbauarten zulässigen Kurzschluss- und Betriebstemperaturen sind in der Normenreihe DIN VDE 0276 aufgeführt. Die Kurzschlussdauer t_k darf 5 s nicht überschreiten. Der für eine Bemessungs-Kurzschlussdauer t_{kr} von 1 s definierte Bemessungs-Kurzzeitstrom I_{thr} (Bemessungsgröße der Kurzschlussbelastbarkeit) der Kabel kann mit Hilfe der Bemessungs-Kurzzeitstromdichte J_{thr} aus der Normenreihe DIN VDE 0276 durch Multiplikation mit dem Leiterquerschnitt S_n ermittelt werden:

$$I_{thr} = J_{thr} \bullet S_n$$

Beispiel: VPE-Kabel 150 mm^2, Al-Leiter, Leitertemperatur vor Eintritt des Kurzschlusses 40 °C

$$J_{thr} = 90 \text{ A/mm}^2$$

$$I_{thr} = 90 \text{ A/mm}^2 \bullet 150 \text{ mm}^2 = 13.500 \text{ A}$$

Die Kurzschlussbelastbarkeit I_{thz} für eine Kurzschlussdauer t_k beträgt:

$$I_{thz} = I_{thr} \bullet \sqrt{t_{kr}/t_k}$$

Bei einer Kurzschlussdauer t_k von z.B. 2 s beträgt die Kurzschlussbelastbarkeit bei dem Beispiel:

$$I_{thz} = 13.500 \text{ A} \bullet \sqrt{1/2} = 9545 \text{ A}$$

Der Leiterquerschnitt ist ausreichend dimensioniert, wenn für eine durch den thermisch wirksamen Kurzzeitstrom I_{th} und eine Kurzschlussdauer t_k bestimmte Belastung folgende Bedingungen erfüllt sind:

$I_{th} \leq I_{thz}$ und $t_k \leq 5$ s

Für die Beherrschung der mechanischen Kurzschlussfestigkeit sind für mehradrige Kabel in der Regel keine besonderen Maßnahmen erforderlich, bei Nennspannungen:

$U_0/U = 0{,}6/1$ kV bei Stoßkurzschlussströmen bis 40 kA

$U_0/U > 0{,}6/1$ kV bei Stoßkurzschlussströmen bis 63 kA (jeweils Scheitelwert)

Einadrige Kabel sind gegen die mechanischen Auswirkungen von Stoßkurzschlussströmen durch Schellen oder Bündelung sicher zu befestigen.

Die Bemessung von Starkstromanlagen auf mechanische und thermische Kurzschlussfestigkeit ist in DIN EN 60685-1 (DIN VDE 0103) beschrieben.

6.4 Kupferschirmbelastbarkeit

Die Belastbarkeit der Kupferschirme im Fehlerfall ist in den Normen der Reihe DIN VDE 0276 angegeben, siehe Kapitel 15.2.

6.5 Belastbarkeitstabellen

Die Belastbarkeitswerte können zu ausgewählten Kabelbauarten im Kapitel 15.2 entnommen werden.

6.6 Überlastbarkeit

In betrieblichen Notsituationen kann es erforderlich werden, die Kabelanlagen für eine begrenzte Zeit mit einer höheren als der empfohlenen Belastbarkeit zu betreiben. Hierbei ist zwischen einer Belastung, die aufgrund einer Vorlast unterhalb der Belastbarkeit nicht zu einer Überschreitung der zulässigen Leitertemperatur führt, und einer Überlastung, bei der die zulässige Leitertemperatur überschritten wird, zu unterscheiden. Eine Belastung oberhalb der Belastbarkeit, bei der die zulässige Leitertemperatur nicht überschritten wird, ist keine Überlastung, denn die Alterung wird von der Leitertemperatur und nicht von der Stromstärke bestimmt. Höherbelastbarkeiten dieser Art und Beispiele für die praktische Anwendung sind in Kapitel 15.2 aufgeführt.

Eine Belastung, die zu einer Überschreitung der zulässigen Betriebstemperatur führt, ist dagegen mit einem erhöhten Lebensdauerverbrauch verbunden und birgt die Gefahr eines Ausfalles am thermisch schwächsten Glied in einer ohnehin schwierigen Situation. Das thermisch schwächste Glied muss nicht die Isolierhülle, es kann ein anderes Kabelaufbauelement, eine Garnitur oder eine Leiterverbindung sein. Da noch keine gesicherten Erkenntnisse über die thermischen Grenzen dieser Elemente vorliegen, machen die deutschen Normen zu einem Überlastbetrieb noch keine Aussagen. Der Betreiber muss in eigener Verantwortung Notwendigkeit und Risiko gegeneinander abwägen. Zum Risiko folgende Anmerkungen:

Die Festigkeit des thermoplastischen PVC nimmt mit steigender Temperaturbelastung über die dauernd zulässige Temperatur progressiv ab.

VPE-Isolierungen haben eine nicht unerhebliche thermische Reserve. So sind in den USA für den Notbetrieb Leitertemperaturen bis 130 °C für eine begrenzte Zeit (in Summe 100 h/a!) zulässig. Diese Temperatur, welche die VPE-Isolierung im Kurzzeitbetrieb (nur wenige Minuten) möglicherweise noch nicht schädigt, kann aber von den anderen Kabelaufbauelementen und den Garnituren nicht ohne Schädigung aufgenommen werden.

Bei papierisolierten Kabeln steigt oberhalb der zulässigen Betriebstemperatur der Verlustfaktor. Daher sollten Mittelspannungskabel nicht oder nicht wesentlich höher als mit der zulässigen Belastung betrieben werden. Bei papierisolierten Niederspannungskabeln ist eine gewisse thermische Reserve vorhanden, da die Isolierung eine relativ hohe mechanische Festigkeit hat und die elektrischen Anforderungen gering sind. Einschränkungen ergeben sich bei papierisolierten Kabeln durch die bituminösen Anteile im Kabel und in den Muffen, die mit steigender Temperatur erweichen und austreten.

Nicht vorhersehbare Schäden können durch sogenannte „hot-spots" auftreten. Das sind Stellen innerhalb einer Kabeltrasse mit deutlich höherem spezifischem Erdbodenwärmewiderstand als im übrigen Bereich der Kabeltrasse. Diese Stellen sind durch den bloßen Augenschein nicht immer zu erkennen.

Solange keine genormten Prüfverfahren für Kabel, Garnituren und Verbinder bestehen, mit deren Hilfe die thermischen Grenzen ermittelt werden können, ist weder in den DIN-VDE- noch in den IEC-Normen mit Angaben zur Überlastmöglichkeit zu rechnen.

6.7 Besonderheiten bei der Belastbarkeit der Hochspannungskabel

In metallenen Umhüllungen (Metallmäntel, Schirme, Bewehrungen) einadriger Kabel werden Spannungen induziert, deren Ströme Mantelverluste bewirken. Abhängig vom Leiterstrom, der Legeanordnung, der Erdung und der Kabellänge können die Mantelverluste erhebliche Werte annehmen und u.U. größer sein als die Leiterverluste. Die Mantelverluste lassen sich durch die Legeanordnung, einseitige Erdung und Auskreuzen der Mäntel (crossbonding) verringern. Werden die Kabel im Dreieck angeordnet, sind die Mantelverluste geringer als bei der Anordnung nebeneinander. Bei der Anordnung im Dreieck ist allerdings die Wärmeabfuhr gemindert, was für die Belastbarkeit ungünstiger sein kann als die Anordnung nebeneinander. Bei der einseitigen

Erdung steht am nichtgeerdeten Ende eine induzierte Spannung an, die ab etwa 500 m Kabellänge unzulässig hohe Werte annehmen kann. Die im Fehlerfall auftretenden sehr hohen Spannungen (mehrere kV) müssen gefahrlos abgeleitet werden. Das Auskreuzen der Mäntel erfordert spezielle Muffen mit Zusatzeinrichtungen.

Die dielektrischen Verluste steigen mit dem Quadrat der Spannung, sie werden bei der Belastbarkeit der Hochspannungskabel berücksichtigt.

Bei Hochspannungskabeln werden in der Regel größere Leiterquerschnitte verwendet. Mit steigendem Leiterquerschnitt und entsprechender Stromstärke nehmen beim Betrieb mit Wechsel- bzw. Drehstrom die Leiterzusatz- und Mantelverluste zu, was sich mindernd auf die Belastbarkeit auswirkt. Die Leiterzusatzverluste entstehen durch den Skin-(Haut-) und den Proximity-(Näherungs-) Effekt. Diese Effekte beruhen auf dem durch das wechselnde Magnetfeld induzierten Strom, der zu einer Stromverdrängung in die äußeren Leiterschichten führt. Beim Skineffekt ist das eigene Magnetfeld, beim Proximity-Effekt ist das Magnetfeld benachbarter Leiter die Ursache. Bei Leiternennquerschnitten ab 1000 mm^2 können die Leiter daher in gegeneinander isolierte Segmente unterteilt werden, um die Leiterverluste zu reduzieren (Miliken-Leiter).

7 Kabelgarnituren

Kabelgarnituren werden in der Kabelanlage zum Verbinden und Abschließen der Kabel verwendet. Kabelgarnituren sollen in Funktion und Lebensdauer sowie im Qualitätsniveau dem Kabel gleichwertig sein. Dies ist insofern eine besondere ingenieurtechnische Leistung, weil anders als bei der Kabellegung nicht „nur" das fertige Betriebsmittel sorgfältig seiner Verwendung zugeführt wird, sondern weil hier der Montage von Kabelgarnituren eine besondere Bedeutung zukommt. Die Montage soll möglichst schnell, einfach und sicher sein sowie bei der Betrachtung der Gesamtwirtschaftlichkeit die Umweltfragen und Arbeitssicherheit berücksichtigen. Kabelgarnituren für den Bereich Nieder- und Mittelspannung werden auch in den Normen der Reihe DIN VDE 0278 als Muffen und Endverschlüsse bezeichnet. Die Kabelgarnituren für die Hoch- und Höchstspannung werden in den Normen der Reihe DIN VDE 0276-632, 633, 634 und 635 mitbeschrieben, siehe Kapitel 15 (Normung). Muffen dienen zum Verbinden von Kabeln, zur Herstellung von Abzweigen oder Übergängen zwischen den Kabelkonstruktionen. In den nachfolgenden Abschnitten wird deshalb der Begriff Muffe für diese Bauteile verwendet. Die technisch komplexeste und in ihren Abmessungen größte Kabelgarnitur ist in jeder Spannungsebene die Übergangsmuffe. Diese soll nicht nur Kabel mit unterschiedlichen Leiterquerschnitten verbinden, sondern auch die unterschiedlichen Isolierarten papierisoliert und kunststoffisoliert sicher verbinden. Auf Grund der in den Netzen noch großen Anzahl vorkommender papierisolierter Kabel wird diese Technik noch lange vorgehalten werden müssen. Kabelgarnituren für Kunststoffkabel haben sich insbesondere in den letzten Jahren baulich stark verkleinert. Man kann auf Grund der weiteren Optimierung der Schrumpftechnik sagen, dass die Baugröße sich mehr als halbiert hat. Weiterhin hat sich die Montagetechnik deutlich vereinfacht, was aber nicht von der Sorgfaltspflicht bei der Montage und der Einhaltung der durch den Hersteller beigelegten Anleitung entbindet.

Endverschlüsse dienen zum Abschluss von Kabeln und deren Anschluss an andere Betriebsmittel.

In den nachfolgenden Abschnitten sollen nun neben den Ausführungsformen und Techniken der Kabelgarnituren auch die Leiterverbindungstechnik mit den verschiedenen Technologien sowie die Feldsteuerung beschrieben werden [8].

7.1 Ausführungsformen und Bestandteile der Starkstromkabelgarnituren

7.1.1 Ausführungsformen

Man unterscheidet Kabelgarnituren in Muffen, Endverschlüssen, Kabelsteckteilen und Endkappen, die je nach Spannungsebene technisch unterschiedlich in der Komponentenanzahl und Dimensionierung ausgeprägt sind. Ihre Grundaufgabe ist, die Kabel entsprechend der Versorgungsaufgabe abzuschließen bzw. zu verbinden. Im Internationalen elektrotechnischen Wörterbuch (IEV) IEC 60050-461 Ed.2 bzw. den Normen der Reihe DIN VDE 0278 werden Definitionen u.a. zu Kabelgarnituren angegeben. Hier sind die umgangssprachlichen/praktischen Bedeutungen angegeben.

Verbindungsmuffen verbinden Kabel gleichen Querschnitts und gleicher Isolationsart miteinander.

Abzweigmuffen zweigen von einem Kabel ein anderes Kabel ab. Dies kann auch bei unterschiedlichen Leiterquerschnitten und Kabelisolationsarten erfolgen.

Übergangsmuffen verbinden Kabel mit unterschiedlichen Leiterquerschnitten und unterschiedlichen Leiterisolationen.

Endmuffen schließen ein in Erdreich gelegtes Kabel mit einer spannungsfesten Kabelgarnitur ab. Baulich entspricht diese Muffe einer „halbierten" Verbindungsmuffe.

Reparaturmuffen werden an im Netz befindlichen Kabeln mit – durch äußere und innere Fehler entstandene – Beschädigungen zur Wiederherstellung eingesetzt.

Endverschlüsse schließen das Kabel ab und dienen dem Anschluss an eine Sammelschiene, Transformator, Schaltanlage oder ermöglichen den Übergang an die Freileitung. Man unterscheidet in Innenraum- und Freiluftausführungen.

Kabelsteckteile schließen das Kabel ab und dienen dem Anschluss an Schaltanlagen über spezielle Konen (in Deutschland und Europa nach DIN EN 50180 und 50181) und werden unterschieden in Außenkonus und Innenkonus.

Endkappen sind Bauteile, die das Kabel für den Transport und die Legung wasserdicht und – ab der Mittelspannung – auch gegen auftretende statische Aufladungen abdichten.

7.1.2 Bestandteile

Garnituren bestehen im Wesentlichen aus den Komponenten

- Leiterverbindung; elektrische Kontaktierung
- ggf. Schirmung
- Isolierung
- ggf. Feldsteuerung
- Schutzhülle

Die einzelnen Aufbauelemente werden in den nachfolgenden Abschnitten beschrieben.

7.2 Leiterverbindungen

Leiterverbindungen dienen der Verbindung von Kabeladern miteinander, dem Herstellen von Kabelabzweigen und dem Anschluss von Kabeladern an andere Bauteile. Als Leitermaterialien für Starkstromkabel werden Kupfer und Aluminium verwendet. Die Leiterverbindungen werden gemäß den Normen der Reihe DIN VDE 0220 geprüft.

Verbindungen, Abzweigungen und Anschlüsse an Schaltanlagen müssen neben dem Nennstrom auch den größtmöglichen Kurzschlussstrom sicher übertragen können. Ihre Bemessung richtet sich, ausgehend von der Wärmebilanz der Verbindungsstelle bei Dauer- und Kurzschlussstrom, nach thermischen und mechanischen Gesichtspunkten.

Die wesentlichen Forderungen an die Leiterverbindung sind:

- geringer und dauerhaft konstanter Widerstand, um Spannungsfall und Erwärmung so klein wie möglich zu halten
- ausreichende mechanische Festigkeit, auch im Hinblick auf Kurzschlusskräfte
- Korrosionsbeständigkeit
- gute Alterungsbeständigkeit, auch bei starker Auslastung und nach Kurzschlüssen
- einfache und sichere Montage
- Wartungsfreiheit

Oxidations- und Kriechverhalten bei Aluminiumleitern erfordern besondere Maßnahmen bei der Kontaktgestaltung: Durchstoßen der Oxidschicht, Versiegelung der Mikrokontakte gegen Sauerstoffzutritt, Federwirkung, Vermeiden galvanischer Elemente (Geräteanschlussstellen meist Kupfer). Auf diese Problematik wird in den folgenden Abschnitten noch näher eingegangen.

Bei Leiterverbindungen ist grundsätzlich zu unterscheiden zwischen lösbaren und nicht lösbaren Verbindungen, die im Folgenden getrennt behandelt werden.

7.2.1 Lösbare Verbindungen

Lösbare Verbindungen, d.h. die verschiedenen Schraubtechniken, haben sich im Bereich der Starkstromkabelgarnituren in den letzten Jahren zu einer unverzichtbaren wirtschaftlichen Technologie entwickelt. Waren die in den achtziger Jahren noch verwendeten Schrauben ohne einen Abreißkopf und damit nur für wenige Leiterquerschnittsbereiche geeignet, haben sich in den letzten

10 Jahren die Abreißkopfschrauben bei den Verbindern durchgesetzt, die sich teilweise noch in einer zweiten Stufe lösen lassen, so dass heute die technischen Schrumpfbereiche der Kabelgarnituren sehr gut ausgenutzt werden können. Weitere Details zu konstruktiven Ausführungsformen der Schraubtechnik siehe Abschnitt 7.5.1.1.

Im nachfolgenden Absatz werden die physikalischen Grundlagen der Verbindung erläutert. Neben der ausführlicheren Herleitung des Klemmenwiderstandes, der einen wesentlichen Einfluss auf die Güte der Verbindung hat, soll auch hier auf die Oberflächenbehandlung hingewiesen werden. Die insbesondere bei Aluminium schnell entstehende Oxidschicht muss sorgfältig beim Verbinden der Leiter bzw. beim Anschließen an Verbindungselemente (z.B. durch Bürsten) entfernt werden. Dies beeinflusst maßgeblich auch die Langlebigkeit der stromtragfähigen Verbindung. Im Nachgang der Reinigung darf die gereinigte Fläche nicht mehr mit den Händen berührt werden.

Bei den physikalischen Grundlagen ist eine Kenngröße der Klemmenwiderstand. Als Klemmenwiderstand R_{Kl} wird der Gesamtwiderstand einer Verbindung bezeichnet. Dieser Widerstand muss auch nach häufigen Lastwechseln, nach langer Betriebszeit und nach Kurzschlüssen möglichst niedrig und zeitlich konstant bleiben. Der Klemmenwiderstand R_{Kl} setzt sich aus den folgenden Komponenten zusammen:

Umlenkwiderstand	R_{Um}	ist vernachlässigbar klein.
Körperwiderstand	$R_{Kö}$	ist vernachlässigbar klein.
Kontaktwiderstand	R_K	ist entscheidend für die Güte der Verbindung.

Der **Umlenkwiderstand** R_{Um} berücksichtigt die sich aus Überlappungen an der Verbindungsstelle ergebenden Strömungsverhältnisse, die zu einer Widerstandserhöhung führen. Er wird beeinflusst durch die Länge der Überlappung und die Dicke der Materialien, kann aber bei den hier betrachteten Verbindungen vernachlässigt werden.

Der **Körperwiderstand** $R_{Kö}$ berücksichtigt den reinen Materialwiderstand der Verbindung und ist damit abhängig von der Klemmenkonstruktion. Auch er ist bei den hier betrachteten Verbindungen vernachlässigbar.

Der **Kontaktwiderstand** R_K ist zerlegbar in die Anteile Engewiderstand (R_E) und Fremdschichtwiderstand (R_F). Dieser Fremdwiderstand berücksichtigt eben auch die sich bildende Oxidschicht auf der Kontaktfläche. Man spricht auch vom sog. Hautwiderstand, der bei dünner Schicht auch kleiner ist als bei großen Fremdschichtdicken.

Dies lässt sich nun in folgende Widerstandsgleichung zusammenfassen:

$$R_{Kl} = R_{Um} + U_{Kö} + R_K$$

Je kleiner der Kontaktwiderstand, desto besser ist die Güte der Verbindung. Leiter mit hoher Leitfähigkeit und Härte ermöglichen eine bessere Verbindung mit kleinem Klemmenwiderstand.

Ein gutes Alterungsvermögen wird durch eine hohe Kontaktkraft erreicht. Voraussetzung ist, dass bei sinkender Kontaktkraft – bedingt durch Materialkriechen – der Kontaktwiderstand konstant bleibt. Dies ist insbesondere bei Aluminiumleitern zu berücksichtigen.

Bild 7.1 stellt noch die Zusammenhänge anhand einiger Kontaktkennlinien schematisch dar.

7.2.2 Nicht lösbare Verbindungen

Nicht lösbare Verbindungen unterscheidet man in folgende Verbindungsverfahren:

- thermische Verfahren: Löten und Schweißen
- mechanische Verfahren: Verpressen

Beide Verfahren werden zunehmend durch in Abschnitt 7.2.1 lösbare Verbindungen bei den Starkstromkabelgarnituren zurückgedrängt.

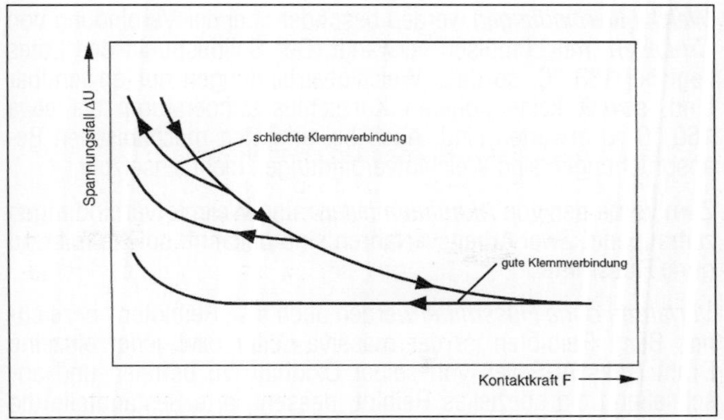

Bild 7.1 Kontaktkennlinien (Spannungsfall ΔU in Abhängigkeit von der Kontaktkraft F)

Da insbesondere auf Grund des mittlerweile fast ausschließlichen Einsatzes von kunststoffisolierten Kabeln die thermischen Verfahren heute von untergeordneter Bedeutung sind und im Wesentlichen nur noch in Sonderfällen zum Einsatz kommen, werden sie nur kurz beschrieben.

7.2.2.1 Thermische Verfahren (Löten und Schweißen)

Das Löten ist ein Verfahren zum Verbinden metallischer Werkstoffe mit Hilfe eines geschmolzenen Zusatzmittels (Lot). Die Schmelztemperatur des Lotes liegt unterhalb derjenigen der zu verbindenden Leiterwerkstoffe, wobei zwischen Weichlöten (Arbeitstemperatur < 450 °C) und Hartlöten (Arbeitstemperatur > 450 °C) unterschieden wird.

Als Arbeitstemperatur wird die niedrigste Oberflächentemperatur der Ader an der Lötstelle bezeichnet, bei der das Lot sich ausbreiten, fließen und an der Ader binden kann. Sie ist stets höher als die Solidustemperatur (Beginn des Schmelzens) des Lotes.

Hartlötverbindungen sind in der Kabelverbindungstechnik nicht verbreitet.

Weichlötverbindungen werden besonders bei der Verbindung von *Cu-Leitern* mit Löthülsen verwandt: Der Soliduspunkt des Lotes liegt bei 183 °C, so dass Weichlötverbindungen nur anwendbar sind, soweit keine höheren Kurzschlusstemperaturen als etwa 160 °C zu erwarten sind. Auch bei erhöhten mechanischen Beanspruchungen sind Weichlötverbindungen nicht einsetzbar.

Zum Verbinden von *Aluminiumleitern* sind Weichlötverbindungen zeitraubend. Zwei Arbeitsverfahren sind bekannt: solche mit und ohne Flussmittel.

Verfahren ohne Flussmittel werden auch als „Reiblöten" bezeichnet. Beim Reiblöten ist der massive Leiter bzw. jeder einzelne Draht eines Al-Seiles von seiner Oxidhaut zu befreien und anschließend ein spezielles Reiblot, dessen harte Bestandteile die neu gebildete Oxidhaut des Aluminiums zerstören, mit einer Drahtbürste aufzubringen. Es bildet sich eine Verbindung des Reiblotes mit dem Aluminium, auf der normales Lot haftet. Das Verfahren wird nur vereinzelt für Massivleiter und Aluminiummantelverbindungen angewandt. Bei *Verwendung von Flussmitteln* reagiert dieses mit dem Aluminium unter Ausscheidung von Schwermetallen, die als Lot wirken. Von entscheidender Bedeutung ist die Frage der Korrosion durch Flussmittelreste, die meist durch im Flussmittel enthaltene Chlor-Ionen hervorgerufen werden. Eine sorgfältige Auswahl des Flussmittels und gegebenenfalls eine Nachbehandlung der Lötstelle (Reinigung von Flussmittelresten) ist für eine alterungsbeständige Lötverbindung notwendig.

Von den thermischen Verfahren wird das Schweißen bevorzugt zum Verbinden von Aluminium-Leitern eingesetzt. Die chemische Beständigkeit der Schweißverbindung ist bei Al-Leitern besser als diejenige von Lötverbindungen; die mechanische Festigkeit entspricht jedoch höchstens der des weichgeglühten verschweißten Werkstoffes. Die Enden von Massivleitern werden V-förmig abgeschrägt. Bei Aluminiumseilen sind alle Einzeldrähte zu verschweißen.

Angewandt wird die *Wasserstoff-Sauerstoff-Schweißung* wegen der reduzierenden Wirkung des Wasserstoffs (Verhinderung der Bildung von Al-Oxid). Die Schweißung erfordert große Erfahrung, andererseits ist eine korrekte Schweißverbindung sehr zuverlässig. Als Flussmittel werden Pasten zum Zerstören der Oxidschicht benötigt. Hinsichtlich der Korrosion durch Flussmittel gilt das Gleiche wie bei Lötverbindungen.

Als weiteres Schweißverfahren ist das *aluminothermische Verfahren* bekannt. Es handelt sich um ein Gießverfahren mit „aluminothermischer Pulvermischung" mit dem Reaktionspartner Zinnoxid. Die Reaktion erfolgt unter starker Hitzeentwicklung innerhalb von etwa 10 Sekunden in einem Gießtiegel und führt zu einer Schmelze aus AlSnCu. Die geringe Leitfähigkeit und die Porosität der Legierung werden durch größeren Querschnitt kompensiert. Die Festigkeit dieser Molekularschweißung liegt oberhalb derjenigen des Reinaluminiums; die Schweißung ist nicht korrosionsbeständig.

Für thermisch hergestellte Leiterverbindungen gibt es keine Prüfbestimmungen, da durch konstruktive Maßnahmen das Alterungsverhalten der Verbindung nicht beeinflussbar ist.

7.2.2.2 Mechanische Verfahren (Pressen)

Wegen der Problematik und der *Nachteile bei thermischen Verfahren* wie z.B.

- mögliche Korrosion der Verbindungsstelle,
- z.T. hohe Wärmezufuhr, die die Leiterisolierung beschädigen und die den Leiter entfestigen kann,
- kein universeller Einsatz,
- sichere Verbindung von der Geschicklichkeit des Monteurs abhängig

haben sich unter den nicht lösbaren Verbindungen Pressverbindungsverfahren weitgehend durchgesetzt. Von den verschiedenen Verfahren wie Kerbung, Rundpressung, Nutpressung usw., die in Bild 7.2 dargestellt sind, hat in Deutschland in der Kabelverbindungstechnik besonders die *Sechskantpressung* weiteste Verbreitung gefunden.

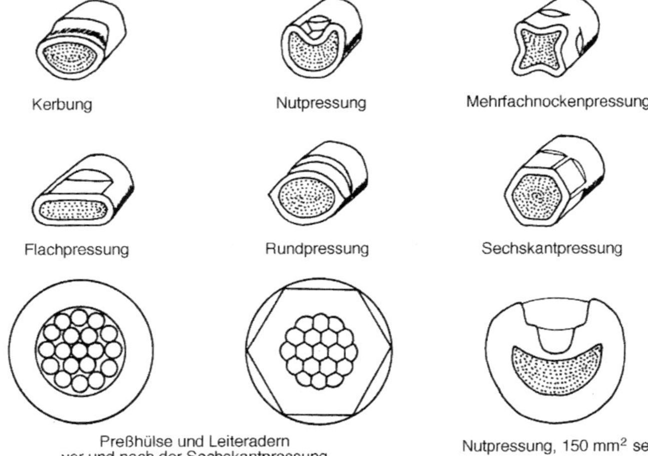

Bild 7.2 Gegenüberstellung unterschiedlicher Verformungsmöglichkeiten bei Pressverbindungen

Dieses Verfahren ist für Aluminiumleiter ebenso anwendbar wie für Kupferleiter, für Rundleiter ebenso wie für Sektorleiter und für Massivleiter ebenso wie für mehrdrähtige Leiter. Es wird mit Erfolg bis zu Spannungen von 30 kV eingesetzt. Während Schraubverbinder mit einem Typ jeweils einen größeren Querschnittsbereich überdecken und zudem für unterschiedliche Leiterformen und -materialien geeignet sind, ist bei Pressverbindern eine eindeutige Zuordnung zu dem jeweiligen Leiter erforderlich. Dies bedingt bei unterschiedlichen im Netz vorhandenen Leitern unter Umständen eine große Vielfalt verschiedener benötigter Pressverbinder und -kabelschuhe und eine sorgfältige Materialzusammenstellung bei der Montagevorbereitung. Es können zwar verschiedene Leitermaterialien und -formen mit einem Werkzeug behandelt werden, für unterschiedliche Querschnitte sind jedoch wiederum zugeordnete Presseinsätze erforderlich. Bei den üblichen Querschnitten (etwa bis 185 mm^2 Cu bzw. 300 mm^2 Al) kann noch mit der Handzange gearbeitet werden, bei sehr großen Querschnitten stehen hydraulische Zangen zur Verfügung. Die Sechskantpressung bewirkt eine gleichmäßige Übertragung des Pressdruckes auf den gesamten Leiterquerschnitt, wobei die einzelnen Leiterdrähte eines mehrdrähtigen Leiters zu Sechsecken verformt werden. Die Verbindungen zeigen ein gutes elektrisches Verhalten bei der Stromübertragung.

Wie bei einer Schraubverbindung ist auch für die Pressverbindung der Kontaktwiderstand das entscheidende Gütemerkmal. Bild 7.3 zeigt den Gesamtwiderstand (entspricht dem Klemmenwiderstand und wird in der Literatur auch als Übergangswiderstand bezeichnet) und die mechanische Haltekraft der Verbindung in Abhängigkeit von der Presstiefe. Es ergibt sich bei gegebener Presslänge ein günstiger Bereich für die Presstiefe, in dem der Übergangswiderstand hinreichend klein ist und die mechanische Haltekraft ein Maximum aufweist. Ein ausgewogenes Verhältnis zwischen dem Durchmesser des Kabelleiters und dem der Hülse vor und nach der Verpressung ist notwendig. Die Presseinsätze sind so ausgelegt und konstruiert, dass sich der Verpressungsgrad unabhängig von der Sorgfalt des Monteurs ergibt. Die erforderliche Presstiefe stellt sich „automatisch" ein, da das Presswerkzeug auf Anschlag arbeitet. Damit wird eine gute und gleichmäßige Qualität der Pressverbindungen erzielt.

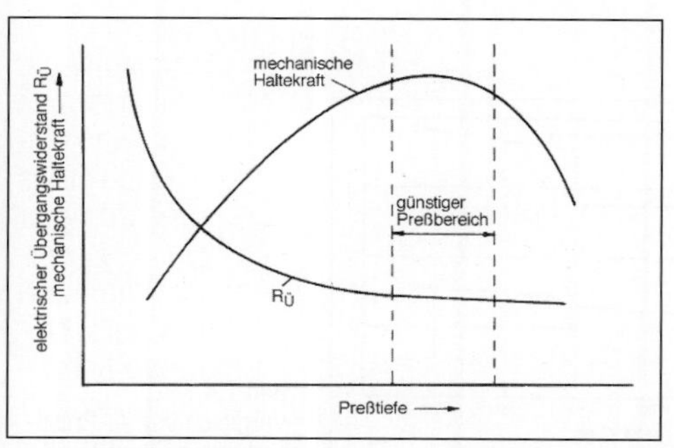

Bild 7.3 Übergangswiderstand und mechanische Haltekraft einer Sechskantpressverbindung in Abhängigkeit von der Presstiefe

Durch den Einsatz eines vom Hersteller in die Hülse eingebrachten speziellen Presszusatzes erreicht man eine gute Kontaktfläche, die im Wesentlichen nachfolgende Effekte bewirkt:

- Feinkörnige feste Bestandteile mit hoher Härte durchstoßen beim Pressvorgang die Oxidschicht des Aluminium-Leiters, dadurch bilden sich viele elektrisch leitfähige metallische Mikrokontakte.
- Eine anschließende Versiegelung der Kontaktstellen, d.h. die weitgehende Unterbindung von Korrosionserscheinungen, wird mit einem temperaturbeständigen Fett erreicht.

Bild 7.4 zeigt den Einfluss des Presszusatzes auf das Alterungsverhalten einer Pressverbindung. Es macht deutlich, dass der Presszusatz aus Al-Hülsen bzw. -Kabelschuhen vor der Verpressung von Aluminium-Leitern auf keinen Fall entfernt werden darf, da sich ansonsten insbesondere nach Beanspruchung mit Lastzyklen und Hochstrom (thermische Kurzschlussfestigkeit) unzulässig hohe Spannungsfälle ergeben, die die Langzeitzuverlässigkeit der Verbindung in Frage stellen.

Bei Cu-Leitern bestehen die vorgenannten Probleme nicht. Eine Behandlung (z.B. mit Drahtbürste oder Schmirgelleinen) von Al-Leitern vor der Verpressung wird von den Herstellern empfohlen, da die Oxidschichten der Leiter und Hülsen stärker oder weniger stark sind und der Presszusatz nicht in allen Fällen ausreichen könnte.

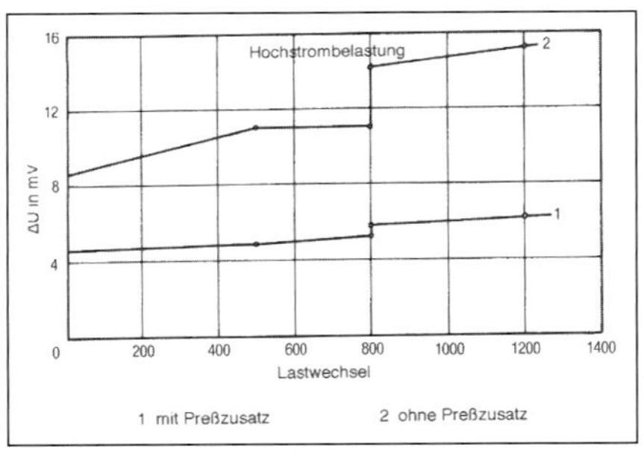

Bild 7.4
Vergleich von Al-Pressverbindungen mit und ohne Presszusatz

Presskabelschuhe und Pressverbinder für Aluminium- bzw. Kupferleiter sind in DIN 46329 bzw. DIN 46235 genormt. Die Prüfungen erfolgen wie bei den lösbaren Verbindern nach den Normen der Reihe DIN VDE 0220. Diese Bestimmungen gelten nicht für Anschlussklemmen. Die Abmessungen von Kabelabzweig-Einzel-Klemmen sind in DIN 47658 genormt.

7.3 Feldsteuerung

7.3.1 Allgemeines

Im Niederspannungsbereich treten auf Grund der nach mechanischen Gesichtspunkten dimensionierten Isolierschichtdicken und der kleinen Feldstärken keine elektrischen Probleme auf.

Bei Mittelspannung liegt dagegen eine hohe elektrische Beanspruchung vor. Auf Grund der Feldverhältnisse bilden sich in eventuell vorhandenen Hohlräumen Teilentladungen. Dagegen sind insbesondere VPE-isolierte Kabel empfindlich.

Auch während der Montage verursachte kleinste Beschädigungen oder eingeschleppte Verunreinigungen sind sehr kritisch. Daher ist eine entsprechend einfache Konstruktion wünschenswert und eine sorgfältige Montage erforderlich.

Bei Mittelspannungskabeln tritt eine Feldkonzentration an der Absetzstelle der äußeren Leitschicht auf. Eine Feldsteuerung ist erforderlich (Bild 7.5); die verschiedenen Möglichkeiten werden im Folgenden behandelt.

Im Mittel- und Hochspannungsbereich werden hohe elektrische Anforderungen gestellt. Oberhalb von Spannungen von 10 kV werden Kabel über der Aderisolierung mit einer leitfähigen Schicht oder mit einem Metallmantel versehen, wodurch ein radialhomogenes elektrisches Feld erreicht wird; die Äquipotentialflächen stellen konzentrische Zylinder dar. Am Kabelende, an dem diese Symmetrie gestört und das Feld inhomogen wird, besteht die Gefahr von Entladungen und Über-

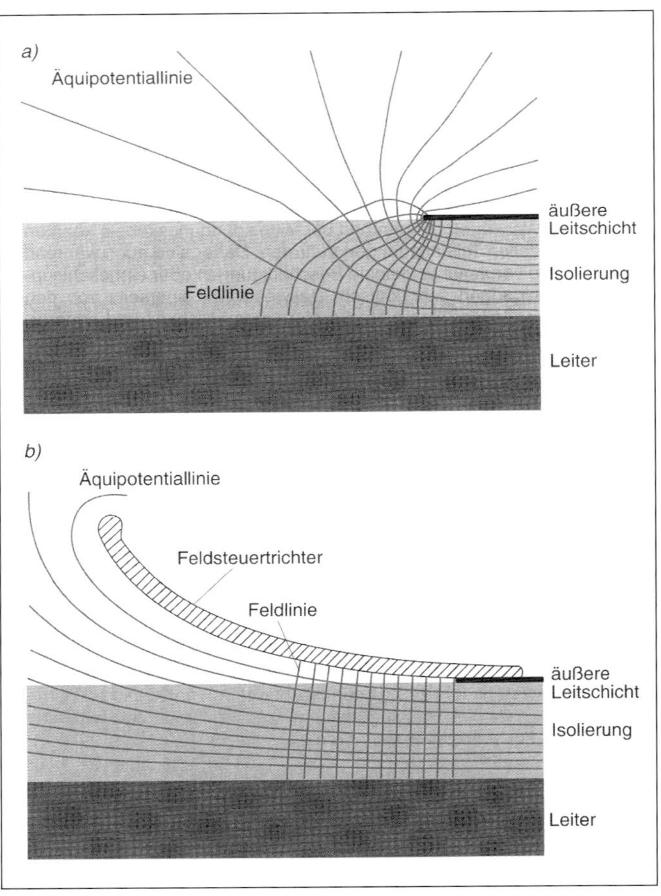

Bild 7.5 Feldverlauf
a) ohne Feldsteuerung b) mit Feldsteuerung

schlägen über die freiliegende Ader. Hier haben Feldsteuerungsmaßnahmen die Aufgabe, den inhomogenen Feldverlauf so zu beeinflussen, dass die maximalen Feldstärken auf unkritische Werte abgebaut werden.

Es lassen sich drei Feldsteuerungsmethoden unterscheiden: die kapazitive, die ohmsche oder resistive und die refraktive Feldsteuerung.

Die in den folgenden Unterabschnitten beschriebenen Feldsteuerungsmethoden sind nur wirksam, wenn eine hohlraumfreie Verbindung der verwendeten Materialien untereinander und mit der Kabelader gewährleistet ist. Bei papierisolierten Kabeln wird das durch die im Endverschluss befindliche Tränkmasse erreicht, welche entstehende Hohlräume stets sofort ausfüllt. Bei Endverschlüssen für PE/VPE-isolierte Kabel ist besonders die Volumenänderung der Ader bei Erwärmung zu berücksichtigen.

7.3.2 Kapazitive Feldsteuerung

Das am häufigsten verwendete Verfahren ist eine geometrisch/kapazitive Steuerung über ein Feldsteuerelement, das z.B. in den Isolierkörper einer Aufschiebgarnitur integriert ist. Abgesehen von der Verwendung von Kondensatorwicklungen im Hochspannungsbereich (> 60 kV) wird bei der kapazitiven Feldsteuerung ein angenähert homogenes Feld durch ein trichterförmiges Erweitern der Feldbegrenzung erreicht. Diese Methode wird auch als „Geometrische Feldsteuerung" bezeichnet (Bild 7.6).

Folgende Ausführungsformen sind zu unterscheiden:

- Wickeln einer Keule aus isolierenden Bändern, wodurch die Isolierwanddicke verstärkt wird. Darüber wird ein leitfähiges Band gewickelt, das die Feldsteuerungsaufgabe übernimmt.
- Ein Deflektor aus leitfähigem Material wird mit festem oder flüssigem Isolierstoff ausgefüllt. Diese Konstruktion hat sich bei Massekabeln gut bewährt, ist jedoch bei Kunststoffkabeln je nach der verwendeten Füllmasse problematisch, da beim Ausgießen Lunker entstehen können.

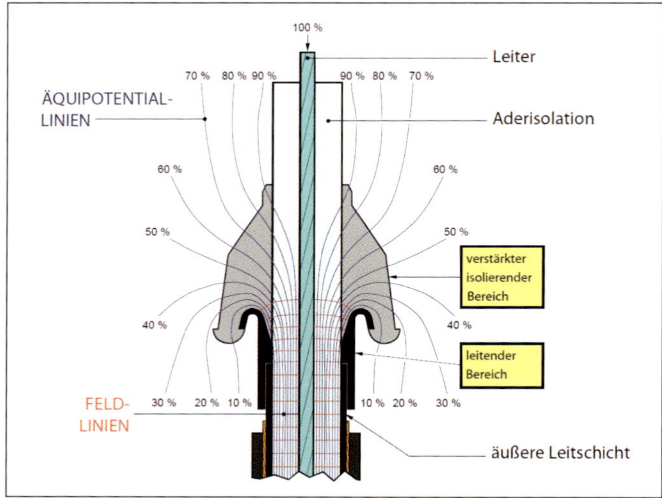

Bild 7.6 Endverschluss mit kapazitiver Feldsteuerung

- Bei Kunststoffkabeln haben sich konfektionierte Endverschlusskörper mit einvulkanisiertem Feldsteuerungstrichter bewährt. Als Materialien werden im Mittelspannungsbereich Silikonkautschuk und Ethylen-Propylen-Dien-Gummi (EPDM) verwandt.
- Bei Hochspannungskabeln erfolgt die Steuerung des elektrischen Feldes durch Kondensatorwicklungen, deren Anordnung geometrisch vorgegeben ist; bei VPE-Kabeln auch mit einvulkanisierten Konen.

7.3.3 Ohmsche oder resistive Feldsteuerung

Über einen Teil der Leiterisolierung werden selbstverschweißende halbleitende Bänder mit hoher Dielektrizitätszahl ($\varepsilon_r \approx 25$) gewickelt, über die kapazitive Ableitströme fließen und so einen kontinuierlichen Spannungsverlauf erzwingen (Bild 7.7). Heutiger Stand der Technik ist die Verwendung eines entsprechenden Schrumpfschlauchs anstelle der früher verwendeten halbleitenden Bänder.

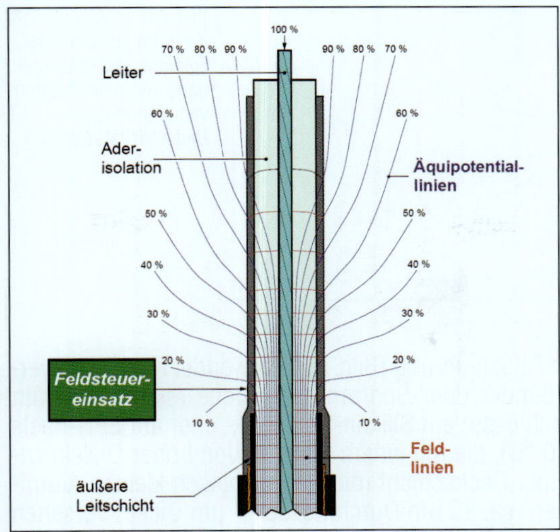

Bild 7.7 Endverschluss mit ohmscher (resistiver) Feldsteuerung

Die resistive (Widerstands-)Feldsteuerung wirkt durch einen Widerstandsbelag, der vom Ende der äußeren Leitschicht aus auf die Isolierung aufgebracht wird. Die zwischen der inneren Leitschicht und dem Widerstandsbelag fließenden kapazitiven Ladeströme bewirken einen Spannungsabfall, der das Potential abbaut.

Resistive Feldsteuerungen arbeiten frequenzabhängig, sie wirken nicht bei Gleichspannung.

7.3.4 Refraktive Feldsteuerung

Fallen elektrische Feldlinien in einem bestimmten Winkel zur Grenzfläche zweier Dielektrika mit verschiedenen Dielektrizitätszahlen ein, so werden sie gebrochen. Beim Übergang von einem Medium mit kleinerer Dielektrizitätszahl in ein Medium mit großer Dielektrizitätszahl werden die Feldlinien zur Grenzfläche hin gebrochen, beim Übergang von einem Medium mit hoher Dielektrizitätszahl zu einem solchen mit kleiner Dielektrizitätszahl von der Grenzfläche weg. Bild 7.8 veranschaulicht das Brechungsgesetz.

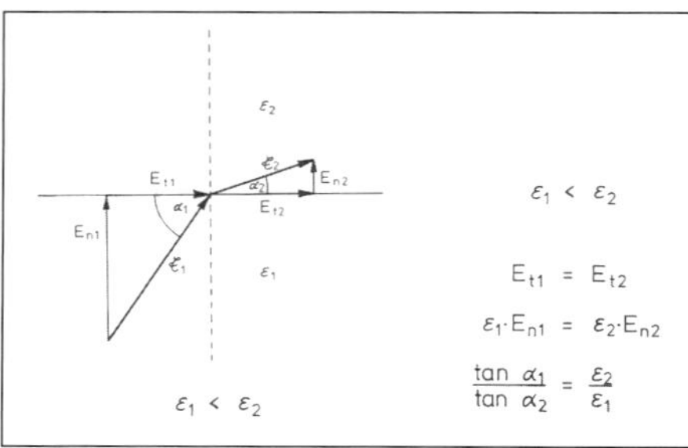

Bild 7.8
Brechung elektrischer Feldlinien beim Übergang zwischen Stoffen verschiedener Dielektrizitätszahlen

Zur refraktiven Feldsteuerung (Bild 7.9) verwendet man selbstverschweißende Bänder oder Schrumpfschläuche (siehe Abschnitt 7.5.7: Endverschlüsse) auf Silikonkautschuk- oder auf EPR-Basis ($\varepsilon_r \approx 2{,}7$ bei 40 °C), die mit einem Füllstoff von hoher Dielektrizitätszahl und einer Deckschicht mit mikroskopisch kleinen Aluminiumscheibchen (ca. 25 µm Durchmesser, 1 µm Dicke) versehen sind. Durch ein vom Hersteller patentiertes Verfahren sind diese Aluminiumscheiben parallel zum Wickel eingebettet. Diese Scheibchen stellen eine Vielzahl von Kondensatoren dar, die einen Abbau der Spannung längs des Wickels vornehmen. Die Brechung der Feldlinien erfolgt aufgrund einer Oberflächenpolarisation, die sich innerhalb des mit den Aluscheibchen versehenen Isoliermaterials ausbildet. Diese Feldsteuerungsmethode kann bei Kunststoffkabeln angewandt werden, aus thermischen und elektrischen Gründen ist sie auf eine maximale Betriebsspannung von 36 kV begrenzt.

Die refraktive (brechende) Feldsteuerung beruht auf der Ablenkung der Feldlinien beim Übergang auf einen Stoff mit anderer Dielektrizitätszahl. Von der äußeren Leitschicht aus wird ein Wickel aus Kunststoffband mit hoher Dielektrizitätszahl und einer Deckschicht mit mikroskopisch kleinen Aluminiumscheiben aufgebracht. Ausführungsarten sind neben Wickeln auch in Fertiggarnituren integrierte Feldsteuerelemente (Refraktoren).

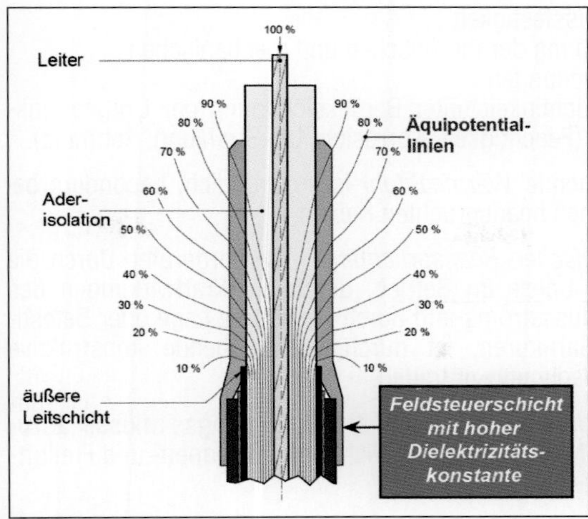

Bild 7.9 Endverschluss mit refraktiver Feldsteuerung

7.3.5 Kombinierte Feldsteuerung

Eine weit verbreitete Kombination aus resistiver und refraktiver Feldsteuerung wird mit einem Belag erreicht, der einen definierten spezifischen Durchgangswiderstand und eine hohe Dielektrizitätszahl aufweist.

7.4 Garniturentechniken

7.4.1 Anforderungen

Die an eine Kabelgarnitur zu stellenden Anforderungen sind je nach Verwendungszweck sehr vielfältig und müssen berücksichtigt werden. Grundsätzlich ist von Garnituren zu fordern:

- Gewährleistung betriebssicherer Leiterverbindungen, siehe Abschnitt 7.2
- Gewährleistung eines ausreichenden Isolationsniveaus, Spannungsfestigkeit

- Kurzschlussfestigkeit
- Beherrschung der thermischen und mechanischen Beanspruchungen
- Betriebstüchtigkeit unter Berücksichtigung der Umgebungseinflüsse (Feuchtigkeit, Korrosion, UV-Strahlung, Schmutz)

Eine hinreichende *Wärmeabfuhr* ist erforderlich, besonders bei thermisch hoch beanspruchten Kabeln.

Den *mechanischen Beanspruchungen*, hervorgerufen durch die thermischen Spiele im Betrieb, durch die Kraftwirkungen des Stoßkurzschlussstroms und durch die äußere Lage oder Befestigung der Garnituren, ist durch entsprechende konstruktive Gestaltung Rechnung zu tragen.

Die *äußere Isolierung* ist auf die Umgebungseinflüsse abzustellen. In DIN VDE 0101 sind Richtwerte für Innen- und Freiluftklima festgelegt.

Eine wichtige Aufgabe der Garnituren im Hinblick auf Umgebungseinflüsse ist der Schutz gegen Eindringen von *Feuchtigkeit*. Feuchtigkeit verschlechtert die Isoliereigenschaften des Dielektrikums zum Teil erheblich, kann zur Korrosion der Innenbauteile führen oder Kurzschlüsse im Verbindungsbereich verursachen. Sie ist daher durch äußere Schutzhüllen sowie durch feuchtigkeitsdichte Abschlüsse der Garnitur zum Kabelmantel bzw. zur Aderisolierung hin sicher und dauerhaft fernzuhalten. Bei Kunststoffkabeln ist außerdem dafür zu sorgen, dass Feuchtigkeit, die durch eine Kabelmantelbeschädigung in das Kabel eindringt, keinen Zugang zu den aktiven Teilen der Garnituren erhält.

Entsprechend den jeweiligen Anforderungen sind bei der Auswahl der Isolierstoffe deren besondere technische Eigenschaften zu beachten. Eine Übersicht gibt Tabelle 7.1. Darüber hinaus gelten natürlich wirtschaftliche und umweltrelevante Gesichtspunkte.

Tabelle 7.1 Zu beachtende technische Eigenschaften bei der Auswahl von Isolierstoffen

Elektrisch	Chemisch	Thermisch	Mechanisch
Durchschlag-festigkeit	Wasseraufnahme	Wärme-beständigkeit	Druckfestigkeit
Oberflächen-widerstand	Wetter-beständigkeit	Brennbarkeit	Zugfestigkeit
Spezifischer Iso-lationswiderstand	Ozonbeständigkeit	Wärmeleitfähig-keit	Biegefestigkeit
Dielektrizitäts-konstante	Chemikalien-beständigkeit	Ausdehnungs-koeffizient	Elastizitätsmodul
Kriechstrom-festigkeit	Lunkerbildung		
	Haftbarkeit auf anderen Werk-stoffen		
	Zersetzungs-produkte im Lichtbogen		
	Sonstige Alte-rungsverhalten		

7.4.2 Wickelbänder

In der klassischen Starkstromkabeltechnik für die papierisolierten Kabel waren Wickelbänder die wichtigsten Isoliermaterialien zur Erstellung von Kabelgarnituren. Wesentliche Vorteile der gewickelten Garnituren sind hierbei die universelle Anwendbarkeit und die hohe spezifische elektrische Festigkeit des geschichteten Dielektrikums.

Getränkte Isolierpapiere werden auch heute kaum noch eingesetzt. Sie haben stark rückläufige Tendenz, die aus dem Übergang vom Masse- zum Kunststoffkabel folgt. In Mittelspannungsmuffen für papierisolierte Kabel werden Kreppwickelpapiere zur Isolierung eingesetzt. Diese werden entweder in Dosen – eingelegt in Isoliermasse – geliefert oder in modernerer Form in feuchtigkeitsundurchlässiger Folie. Letztere sind kaltverarbeitbar (ab 5 °C) und weisen gegenüber den in Dosen eingelegten Papieren als weiteren Vorteil eine geringere Abfallmenge auf. Kreppwickelpapiere sind in verschiedenen Breiten und auch in elektrisch leitfähiger Ausführung zur Feldglättung erhältlich. Ergänzend sind noch die Glasseidenbänder zu erwähnen, die bis zu höchsten Spannungen als isolierende Druckschutzbandagen und Ölsperrwickel eingesetzt werden.

Allen bisher erwähnten Wickelbändern ist gemeinsam, dass sie nur in Verbindung mit Massekabeln verwendet werden („Nassmuffen") und in dieser Kombination gute bis sehr gute Isoliereigenschaften auch auf Dauer behalten.

Die *zur Feldbegrenzung* von Kunststoffkabelgarnituren eingesetzten *leitfähigen Bänder* in selbstverschweißender Technik haben eine ausreichende Elastizität, um sich hohlraumfrei an die Isolierung anzupassen. In Massekabelgarnituren sind sie jedoch nicht einsetzbar, da sie unter Öleinwirkung ihre Leitfähigkeit einbüßen. Die zur Feldbegrenzung erforderlichen Leitschichten werden bei Massekabelgarnituren nach wie vor mit Rußpapieren oder Metallbändern (z.B. Cu-Gewebebänder) ausgeführt.

Selbstverschweißende Isolierbänder, auf der Basis von vernetzten Ethylen-Propylen-Copolymeren (EPDM), eignen sich zum Anfertigen von praktisch hohlraumfreien Isolierungen. Auf Grund des wesentlich größeren Montageaufwands als bei Garnituren mit vorgefertigten Komponenten werden sie nur noch in geringem Umfang und hier hauptsächlich zum Herstellen von Kabelmuffen verwendet.

Die sehr elastischen Bänder werden unter Dehnung lagenweise überlappt gewickelt. Das Verschweißen der einzelnen Lagen zu einem annähernd homogenen Isolierkörper beruht auf dem Druck, den die gedehnten Bänder auf die darunterliegenden Lagen ausüben und der zu einem Ineinanderfließen der benachbarten Lagen an den Grenzflächen führt.

7.4.3 Vergussmassen

Vergussmassen dienen dem Isolationsaufbau, dem mechanischen Schutz und werden zum feuchtigkeitsdichten Abschluss verwandt. Vergussmassen sind zu unterteilen in:

- Tränk- oder Isoliermassen auf Mineral- oder Synthetiköl-Basis mit besonderen Anforderungen an die Durchschlagfestigkeit zur Verwendung bei Niederspannungs- (heute kaum noch) und Mittelspannungs-Garnituren für papierisolierte Kabel;
- aushärtbare Füllmassen, meist auf Bitumenbasis, mit vorwiegend mechanischen Aufgaben, z.B. zum Füllen von Schutzmuffen zur Vermeidung von Wasserzutritt;
- aushärtbare Füllmassen (Reaktionsharze); Kombination elektrischer und mechanischer Anforderungen; heute in der Mittelspannung nur noch selten verwendet, jedoch dominierend bei Niederspannungsabzweigmuffen.

Bei der Auswahl von Vergussmassen sind folgende *Eigenschaften* besonders zu beachten:

- niedrige Viskosität während des Vergießens, um auch kleinste Hohlräume zu füllen (z.B. bei Mehrfachkabelklemmen) und um bleibende Lufteinschlüsse zu vermeiden
- gute Haftung auf Isolierstoffen und Leitern der Kabel, auch nach Belastungszyklen und Kurzschlüssen, um Längswasserdichtigkeit zu gewährleisten (Problem: Haftung von der speziellen Zusammensetzung der Leiterisolierung abhängig)
- Unempfindlichkeit gegen Feuchtigkeit beim Füllvorgang
- geringe Volumenschwindung
- hydrolytische Stabilität
- exotherme Reaktion (Temperaturentwicklung beim Härten von Reaktionsharzen darf nicht zu hoch sein und muss der Temperaturbeständigkeit der Kabelisolierung entsprechen)
- chemische Beständigkeit und mechanische Festigkeit; besonders notwendig, wenn ein separater Muffenschutzkörper entfällt
- gute elektrische Isolation
- gute Wärmeleitfähigkeit, besonders bei Verwendung von Kabeln mit höherer möglicher Leitertemperatur

- Verträglichkeit mit Leiterisolierung und Kabelmantel
- möglichst gefahrlose Verarbeitung
- einfache Entsorgung

7.4.3.1 Tränk- und Isoliermassen

Zur Füllung von Innenmuffen und Endverschlüssen für papierisolierte Kabel wird, um die Austrocknung der Papierisolierung zu verhindern bzw. eine Nachtränkung zu ermöglichen, Ölisoliermasse – auch als Kabelimprägniermasse bezeichnet – verwendet. Die klassischen und preiswerten Massen auf Mineralölbasis wurden durch synthetische Isoliersysteme verdrängt (Polybuten, Polyisobutylen), die sich durch eine Reihe von Vorteilen auszeichnen und die auch für die Verwendung in Endverschlüssen mit Isolator für kunststoffisolierte Kabel geeignet sind [9].

7.4.3.2 Aushärtbare Isoliermassen auf Bitumenbasis

Vergussmassen auf Bitumenbasis sind halbfeste bis harte, schmelzbare, hochmolekulare Kohlenwasserstoffe und wurden über viele Jahrzehnte hinweg in der klassischen Garniturentechnik mit guten Betriebserfahrungen eingesetzt. Sie sind heute praktisch bedeutungslos, sowohl aus technischen Überlegungen als auch unter den Gesichtspunkten der Arbeitssicherheit und des Umweltschutzes.

Je nach Verarbeitungstemperatur lassen sich die bitumenhaltigen Kabelvergussmassen unterscheiden in:

- Heißvergussmassen
- Kaltvergussmassen
- Kaltpressmassen

Heißvergussmassen werden im heißen Zustand bei ca. 120 °C bis 150 °C verarbeitet; ihr Erweichungspunkt liegt bei ca. 45 °C. Sie weisen im Allgemeinen gutes Isoliervermögen auf, haben gute Haftungseigenschaften auf Kabeladern, Kabelisolierungen und Kabelmänteln. Die Schrumpfung beim Erkalten ist zu beachten. Gegebenenfalls muss das Schrumpfvolumen nachgegossen werden.

Kaltvergussmassen (SZ-Vergussmassen) bestehen aus zwei Komponenten, die im kalten Zustand, z.B. durch Kneten in einem Beutel, gemischt werden und sich ohne chemische Reaktion zu einem „physikalischen Netzwerk“ verfestigen. Aufgrund des geringen Schwundes ist ein Nachgießen nicht erforderlich. Die Haftung dieser Masse ist auch auf Massekabeln gut; da sie jedoch plastisch verformbar bleibt, ist für den mechanischen Schutz die Montage eines stabilen Muffengehäuses aus Metall oder Kunststoff erforderlich.

Kaltpressmassen (SY-Vergussmassen) werden in kaltem Zustand unter Druck (Patronen) in die Kabelzubehörteile gepresst. Die homogene Masse bleibt auch im Gehäuse pastös. Neben der schwierigen Verarbeitung, der teilweise unbefriedigenden Haftung und der nicht optimalen Wasserabsperrwirkung besteht ein weiterer Nachteil in der Gefahr der Hohlraumbildung. Daher ist der Anwendungsbereich dieser Massen nur sehr begrenzt.

7.4.3.3 Gießharze

Unter Gießharzmassen versteht man nach DIN 16946 verarbeitungsfertige Mischungen eines Gießharzes mit den erforderlichen Reaktionsmitteln (Härter, Beschleuniger), Füllstoffen und ggf. Lösungsmitteln vor der Mischung der Komponenten. Als Gießharzformstoff wird das Material nach der Härtung, d.h. der abgeschlossenen chemischen Reaktion beider Komponenten, bezeichnet.

Gießharze werden auch als Reaktionsharze oder für die hier betrachtete Anwendung als duroplastische Kabelvergussmassen bezeichnet, da sie nach der Aushärtung nicht wieder schmelzbar sind.

Die zwei Komponenten – Harz und Härter – werden in flüssiger Form in unterschiedlichen Verpackungen (Eimer oder Flaschen aus Weißblech bzw. Kunststoff, Doppelkammerbeutel) geliefert und vor der Verarbeitung gemischt. Nach dem Eingießen der Mischung in das Kabelzubehörteil (z.B. Muffe) und der Härtung erhält man einen selbsttragenden, mechanisch sehr stabilen Formstoff, der die Verbindungsstelle gleichzeitig isoliert und gegen Feuchtigkeit sowie äußere Einwirkungen schützt. Daher ist nach der Aushärtung das Muffengehäuse nicht mehr erforderlich, es dient lediglich als Gießform und kann daher sehr leicht und somit preisgünstig ausgeführt werden. Man spricht daher auch von verlorenen oder abnehmbaren Formen; in der Regel verbleibt aber das Gehäuse an der Verbindungsstelle.

Im Bereich der Abschluss- und Verbindungstechnik von Starkstromkabeln werden als Gießharze im wesentlichen Epoxidharze und Polyurethane (Isocyanatharze) eingesetzt.

Epoxidharze sind exotherm vernetzende Reaktionsharze, die Epoxidgruppen enthalten und mit Aminen, Polyaminen oder Polyamiden bei Raumtemperatur ausgehärtet werden können. Sie kommen aber sehr selten im Bereich der Starkstromkabelgarnituren zum Einsatz.

Polyurethansysteme weisen gegenüber Epoxidharz nicht nur einige technische Vorteile auf, sondern zeichnen sich auch durch einen niedrigeren Preis aus und sind deshalb die dominierenden Werkstoffe in der Zweikomponenten-Kabelvergusstechnik.

Polyurethansysteme, auch PUR-Gießharze genannt, sind Reaktionsharze, bei denen Polyole mit Isocyanatgruppen zur Reaktion gebracht werden. Im ausgehärteten Zustand ist dieser entstandene Polyurethan-Formstoff ungiftig und kann als Restmüll entsorgt werden, siehe auch Kapitel 12.

Der wichtigste Vorteil der PUR-Gießharze besteht darin, dass durch entsprechende Formulierung eine Anpassung an unterschiedlichste Anforderungen möglich ist, so dass – ausreichende Mengen vorausgesetzt – auch individuelle Anwenderwünsche umgesetzt werden können.

Generell ist bei Zweikomponenten-Massen die begrenzte Lagerzeit zu beachten, die vom Hersteller auf dem Liefergebinde vermerkt wird. Weiterhin muss der Zeitraum zwischen der Mischung und dem Verguss eingehalten werden (Topfzeit).

Bewährt haben sich sogenannte Doppelkammer-Mischbeutel, in denen die Mischung der zwei Komponenten nach Entfernung eines Trennsteges im „geschlossenen System“ erfolgt. Damit können flüchtige Bestandteile weitgehend gebunden werden und während des Vergießens nur in sehr geringen Mengen entweichen, so dass eine Gefährdung von Monteur und Umwelt ausgeschlossen wird. Auch bei der Mischung der Komponenten in offenen Gebinden und der Verarbeitung im offenen Kabelgraben werden die durch die Gefahrstoffverordnung festgelegten zulässigen MAK-Werte nicht erreicht [10]. Dennoch sollte man bei der Verarbeitung auf sinnvolle Vorsichtsmaßnahmen wie Schutzhandschuhe und -brille nicht verzichten, um Haut- oder Augenreizungen zu vermeiden. Die Montageanleitungen enthalten Angaben über empfohlene Schutzmaßnahmen und die chemische Charakterisierung eines Gießharzes; die Hersteller sind verpflichtet, dem Anwender auf Wunsch die entsprechenden Sicherheitsdatenblätter zur Verfügung zu stellen.

Der wichtigste Anwendungsbereich der Gießharze in der Kabelgarniturentechnik liegt heute im Bereich der Hausanschlussmuffen für kunststoffisolierte Kabel. Während bei PVC-isolierten und -ummantelten 1-kV-Kabeln, wie z.B. N(A)YY, keine besonderen Maßnahmen erforderlich sind, empfiehlt sich bei Kabeln mit PE-Mantel, z.B. N(A)2X2Y, eine Oberflächenbehandlung des Mantels, um die Haftung der Vergussmasse zu verbessern. Hier hat sich ein Aufrauen der PE-Oberfläche mit Schmirgelleinen bewährt; möglich ist auch eine Beflammung oder die Verwendung spezieller Haftvermittler (Sprühdose).

Für die Längswasserdichtigkeit von Muffen sind die Haftwerte der Vergussmassen am Kabelmantel von außerordentlicher Bedeutung. Liegt eine ungenügende Haftung der im Muffenteil aufgebrachten Isolierung vor und kommt es an anderer Stelle zu einer Kabelmantelbeschädigung, so kann Feuchtigkeit in den Klemmbereich eindringen und dort zum Überschlag führen. Außerdem kann Feuchtigkeit unerwünschte chemische Zersetzungen verursachen.

Der Ausdehnungskoeffizient des Gießharz-Formstoffes muss annähernd mit demjenigen der Kabelisolierung übereinstimmen, um auch nach jahrelanger thermischer Wechselbeanspruchung volle Dichtigkeit zu gewährleisten.

7.4.4 Schrumpftechnik

7.4.4.1 Warmschrumpftechnik

Für Warmschrumpfgarnituren werden modifizierte, vernetzte Polyolefine verwendet (z.B. PE), die in Schläuchen und Formteilen nach vorbestimmten Abmessungen hergestellt und anschließend einer hochintensiven Elektronenbestrahlung ausgesetzt werden. Diese genau dosierte Beta- und Gammastrahlung bewirkt die Vernetzung des Materials, wobei ein dreidimensionales Maschennetzwerk entsteht.

Bei einer Temperatur, die über der Schmelztemperatur des unvernetzten Kunststoffes (Polyethylen: 120 °C) und unter der Zersetzungstemperatur (ca. 350 °C) liegt, werden die kristallinen Zonen aufgelöst, und das Material ist so elastisch, dass die Formteile um einige 100% gedehnt werden können. Kühlt man die gedehnten Teile ab, so bleibt bei Erreichen der Einfriertemperatur, d.h. Bildung von kristallinen Zonen, die Form erhalten. In diesem Zustand werden die Bauteile an den Anwender geliefert. Bei erneuter Erwärmung bei der Verarbeitung, z.B. mit einer Gasflamme, auf den kristallinen Schmelzpunkt wird das Material wieder gummielastisch (Schrumpftemperatur ca. 125 °C), die „eingefrorenen“ Radialspannungen werden frei und das Bauteil schrumpft auf die Form und Größe, wie sie vor dem Dehnen vorlag, zurück. Dieser Effekt wird auch als „elastisches Formgedächtnis“ bezeichnet. Nach Abkühlung auf Raumtemperatur bilden sich die kristallinen Zonen zurück, und das Material entspricht in seinem Molekulargefüge seinem ursprünglichen Zustand.

Der ursprüngliche Anwendungsbereich für wärmeschrumpfende Garnituren ist die Verbindungsmuffe. Warmschrumpfmuffen sind sowohl zur Verwendung bei papier- und kunststoffisolierten Kabeln als auch zur Herstellung von Übergängen zwischen beiden Kabeltypen geeignet.

Der typische anwendungstechnische Schrumpfbereich wird mit 3:1 oder auch 4:1 (ungeschrumpfter Durchmesser: Durchmesser nach freier Schrumpfung) angegeben. Schrumpfschläuche, die eine Abdichtfunktion gegen Feuchtigkeit haben, sind innen mit einem Heißschmelzkleber beschichtet, der beim Erwärmen schmilzt und die Grenzschicht verklebt.

Schrumpfisolierteile für Mittelspannungsgarnituren können einen integrierten Feldsteuerbelag enthalten. Für Mittelspannungsmuffen werden auch Isolierteile verwendet, die aus zwei fest miteinander verbundenen Komponenten, einem innen liegenden Elastomer-Isolierkörper und einem außen liegenden Schrumpfschlauch bestehen. Der Schrumpfschlauch hält den Elastomerkörper im gedehnten Zustand. Beim Erwärmen bewirkt die Schrumpfkraft des Schlauches und die Elastizität des Elastomerkörpers den Anpressdruck auf die Grenzschicht. Der Schrumpfschlauch ist leitfähig und wirkt als äußere Feldbegrenzung.

7.4.4.2 Kaltschrumpftechnik

Neben der Warmschrumpftechnik gibt es die Kaltschrumpftechnik [11], die sich bei den Anwendern zunehmender Akzeptanz erfreut und deren augenfälliger Vorteil darin besteht, dass bei der Verarbeitung keine Wärmezufuhr erforderlich ist, wodurch eventuelle Probleme (z.B. Transport von Gasflaschen, Gefahr durch offene Flamme) umgangen werden. Um den für die Montage erforderlichen größeren Durchmesser zu erreichen, werden die aus EPDM, Chloropren oder Silikonkautschuk hergestellten Muffen im vorgedehnten Zustand auf einer Stützwendel oder einem Rohr geliefert.

Die Montage der Kaltschrumpfgarnitur erfolgt durch Herausziehen einer Stützwendel oder eines Stützrohres, wobei sich das vorgedehnte Material entspannt und mit einem bleibenden radialen Anpressdruck auf das Kabel aufschrumpft.

Als nachteilig muss hier die begrenzte Lagerfähigkeit und das Schrumpfverhalten bei niedrigen Umgebungsbedingungen unter 5 °C genannt werden.

7.4.5 Aufschiebtechnik

Der wesentliche Fortschritt der Aufschiebtechnik im Vergleich zu der klassischen Wickeltechnik besteht darin, kritische Montageschritte wie Herstellung der Feldsteuerung und der Isolierung von der Baustelle in die Produktion des Garniturenherstellers zu verlagern. Daher ist die eigentliche Montage dieser fabrikvorgefertigten und -geprüften Garnituren aus Silikonkautschuk (SiK) oder EPDM (siehe unten) sehr einfach, ein sorgfältiges Arbeiten bei der Vorbereitung der Kabelenden ist aber unabdingbar, damit es im Betrieb nicht auf Grund scharfer Kanten, Verschmutzungen, Lufteinschlüssen usw. zu Teilentladungen und somit zu einem späteren Ausfall der Garnitur kommen kann. Neben der Einhaltung der vom Hersteller angegebenen Absetzmaße ist die Entfernung der äußeren Leitschicht des Kabels besonders wichtig.

Die heute in Deutschland neu gelegten VPE-isolierten Mittelspannungskabel sind mit einer fest verbundenen äußeren Leitschicht versehen; von verschiedenen Herstellern werden Schälwerkzeuge (Bild 7.10 a und b) angeboten, die eine saubere und problemlose Entfernung dieser Leitschicht gestatten (Aufschiebgarnituren sind auch für noch in den Netzen befindliche Kabel mit graphitierter äußerer Leitschicht sowie für Kabel mit abziehbarer Leitschicht verwendbar). Wichtig ist, dass die geschälte Isolierung eine glatte Oberfläche aufweist und dass keine Reste der Leitschicht stehenbleiben. Um das Aufschieben zu erleichtern, werden die Kanten am Ende der Isolierung gebrochen und die Innenseite der Garnitur und das abgesetzte Kabel im Bereich der Leiterisolierung mit Silikonfett bestrichen.

Als Materialien für Aufschiebgarnituren werden Mischungen auf der Grundlage von Silikonkautschuk oder EPDM verwendet, wobei in Deutschland der seit 1965 als Werkstoff für Mittelspannungsgarnituren eingesetzte Silikonkautschuk dominiert.

Silikonkautschuk (SiK) und EPDM sind vernetzte gummielastische Werkstoffe (Elastomere). Die Vernetzung von SiK kann bei Raumtemperatur oder bei hohen Temperaturen erfolgen. EPDM wird stets „heißvernetzt" (Heißvernetzung etwa 110 °C bei 120 bar bis 150 bar). Die Bohrung im Aufschiebekörper ist etwas kleiner als der Außendurchmesser der Kabelader. Der Aufschiebekörper wird unter Zuhilfenahme eines Gleitmittels (Silikonfett) auf die vorbereitete Kabelader aufgeschoben. Bei richtiger Zuordnung ergibt sich ein radialer Anpressdruck auf die Kabelader, der die Grenzschicht zur Oberfläche der Isolierhülle konturengenau (Schälriefen) und damit hohlraumfrei verschließt. Der Anpressdruck muss der relativ hohen temperaturabhängigen Volumenänderung des VPE (z.B. etwa 10% bei 90 °C) über die Lebensdauer der Anlage folgen, ohne dass Hohlräume entstehen.

Die Materialeigenschaften der Elastomere werden durch Zuschlagstoffe auf die Anwendung abgestimmt. Bruchdehnung und Weiterreißfestigkeit müssen ein Aufplatzen sicher verhindern.

Auf Grund der ausgezeichneten Elastizität in einem weiten Temperaturbereich, d.h. einer sehr guten Anpassung des Isolierkörpers an die Kabelader, ist Silikonkautschuk besonders gut

Bild 7.10 a und b
Rundschälgeräte zur Entfernung der äußeren Leitschicht dreifach extrudierter VPE-Mittelspannungskabel

geeignet für aufschiebbare Garnituren, aber auch auf Grund der elektrischen und mechanischen Eigenschaften, der hohen Temperaturbeständigkeit, der Resistenz gegen Korona- und Glimmentladungen sowie Ozon und UV-Strahlung, der Kriechstrombeständigkeit und des wasserabweisenden Verhaltens. Dieser praktisch gegen alle Witterungseinflüsse resistente und unbrennbare Werkstoff lässt sich schließlich unkritisch entsorgen und ist als umweltverträglich zu bezeichnen, auch was die Schritte der Herstellung vom Rohmaterial bis zum fertigen Produkt betrifft [12].

In Aufschiebgarnituren wird Silikonkautschuk in isolierender und leitfähiger Form verwendet. Durch Einbindung von Ruß lässt sich die elektrische Leitfähigkeit einstellen. Dies wird ausgenutzt für die Herstellung der Feldsteuerungselemente (Deflektoren), die das elektrische Feld im Bereich des Übergangs von der äußeren Leitschicht zur Aderisolierung nach dem geometrisch-kapazitiven Prinzip glätten.

Dieser Deflektor wird entweder bei der Herstellung direkt mit isolierendem Kautschuk umgossen und als ein Teil geliefert, oder aber in Form eines separaten Teils – als sogenannter Mehrbereichsfeldsteuerkörper (Bild 7.11) – hergestellt. In diesem Fall ist zwar ein zusätzlicher Montageschritt – das Aufschieben des Feldsteuerkörpers vor dem Aufschieben des eigentlichen Endverschlusskörpers – erforderlich, diesem geringfügigen Mehraufwand steht aber gegenüber, dass der Feldsteuerkörper in unterschiedlichen Garnituren (Muffen, Endverschlüsse, Kabelsteckteile) verwendbar ist und dass auf Grund der hohen Dehnbarkeit mit einem Teil ein größerer Querschnittsbereich abgedeckt werden kann. So ist beispielsweise ein Typ bei 12-kV-Kabeln mit Leiterquerschnitten von 120 bis 240 mm^2 und 24-kV-Kabeln mit Querschnitten von 70 bis 150 mm^2 verwendbar. Bei Verwendung einer vom Hersteller mitgelieferten Aufschiebhilfe kann zudem auf das Anfasen des Endes der Aderisolierung verzichtet werden.

Bild 7.11
Feldsteuerkörper
links: ungeschnitten
rechts: geschnitten

Neben der elektrischen Leitfähigkeit lassen sich auch weitere Eigenschaften von Silikonkautschuk-Mischungen durch Beimengung von Zusatzstoffen beeinflussen, so unter anderem auch das äußere Erscheinungsbild. Hier setzen die Hersteller z.T. unterschiedliche Farbstoffe ein, um ihre Produkte optisch kenntlich zu machen.

Einen sehr starken Einfluss auf elektrische und mechanische Kenngrößen hat die Materialzusammensetzung und der Fertigungsprozess bei EPDM, so dass die Unterschiede zwischen zwei EPDM-Materialien größer sein können als zwischen einem EPDM- und einem Silikonkautschuk-Compound. Dies ist bei entsprechenden Vergleichen zu berücksichtigen. Es ist nicht möglich, einen der beiden Stoffe als das – in der Summe aller Eigenschaften – für die Herstellung von Aufschiebgarnituren geeignetere Material hervorzuheben. Wenngleich, wie weiter oben bereits erwähnt, in Deutschland Silikonkautschuk als bevorzugtes Material für Aufschiebgarnituren dient, liegen auch hierzulande eine Reihe positiver Betriebserfahrungen mit EPDM-Garnituren vor. In einigen europäischen Nachbarländern werden bevorzugt Garnituren auf EPDM-Basis eingesetzt.

Ein nach wie vor diskutierter Unterschied zwischen den beiden Werkstoffen liegt in deren Kriechstrom- bzw. Lichtbogenfestigkeit. Während bei Silikonkautschuk infolge der Si-O-Hauptkette bei thermischer Zersetzung des Materials keine leitfähigen Zersetzungsprodukte entstehen, sondern sich isolierendes SiO_2 bildet, liegt ein gewisser Nachteil des EPDM auf Grund seiner Zusammensetzung in der Neigung zur Bildung leitfähiger Kriech- bzw. Überschlagspuren (z.B. Ruß). Dennoch kann die Kriechstromfestigkeit des EPDM allgemein als gut bezeichnet werden; sie lässt sich beispielsweise verbessern, indem als Füllstoff Aluminiumtrihydrat hinzugefügt wird. In diesem Fall verbinden sich die durch die Lichtbogenenergie freigesetzten Reaktionsprodukte mit dem freien Kohlenstoff, indem sie Gase bilden, wodurch die Entstehung leitfähiger Reste minimiert wird [13].

7.5 Praktische Anwendungen von Kabelgarnituren

In den vorangegangenen Abschnitten wurden die Kabelgarnituren und ihre Ausführungsformen mit den zugehörigen Techniken beschrieben. Im nachfolgenden Absatz sollen nun auszugsweise und mit einigen Bildern anschaulich die praktischen Anwendungen dargestellt werden.

Ähnlich den Kabelbauarten mit ihrer sehr großen Variantenvielzahl kann bei Kabelgarnituren auch auf Grund der verschiedenen Technologien von immer mehrfach vorhandenen Lösungen zum Abschließen und Verbinden von Kabeln ausgegangen werden. Da die Vielzahl der Varianten an dieser Stelle den Rahmen des Buches sprengen würde, sollen nur ausgewählte Bilder beispielhaft die Kabelgarnituren beschreiben.

7.5.1 Leiterverbindungen

7.5.1.1 Schraubtechnik

Als lösbare Verbindungen werden im Allgemeinen Schraubklemmen im weitesten Sinne verwendet. Dabei unterscheidet man je nach Art der herzustellenden Verbindung zwischen

- Anschlussklemmen,
- Abzweigklemmen,
- Verbindungsklemmen.

Anschlussklemmen dienen zum Anschluss der Kabelleiter an Anlagenteile, z.B. NH-Sicherungsträger. In der Niederspannungstechnik hat sich hier die Direktanschlusstechnik durchgesetzt. Zur Anwendung kommen Flachdirektanschlussklemmen (Bild 7.12) und V-Direktanschlussklemmen (Bild 7.13).

Bei V-förmigen Anschlussklemmen kann die Gestaltung der Anschlusslasche, die von einem anderen Hersteller stammen kann, die Kontakteigenschaften beeinflussen. Ein Prüfergebnis gilt daher nur für die geprüfte Kombination Klemme/Lasche.

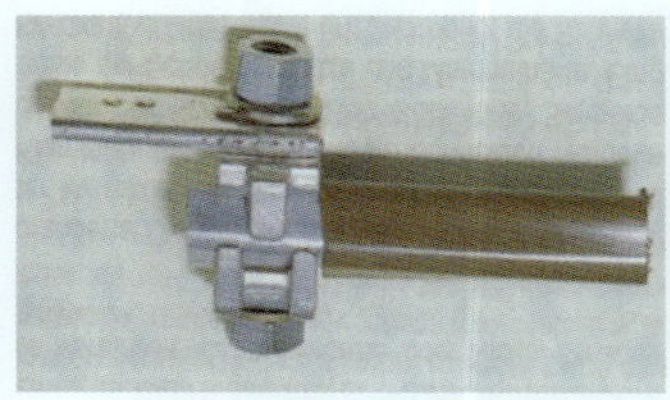

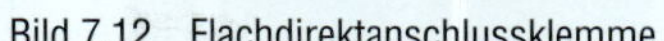

Bild 7.12 Flachdirektanschlussklemme

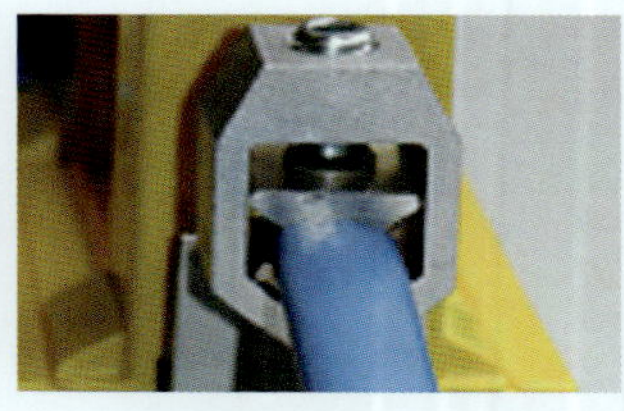

Bild 7.13 V-Direktanschlussklemme

Abzweigklemmen werden zur Herstellung von Abzweigverbindungen verwendet, z.B. in Hausanschlussmuffen. Nach wie vor eingesetzt wird die klassische Einzelklemme, und zwar in verschiedenen Bauformen – z.B. Tatzen- oder Fräsklemme (Bild 7.14) – sowie blank oder isoliert.

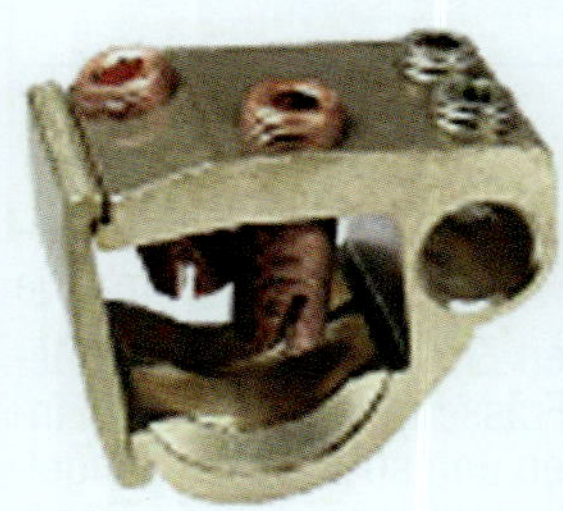

Bild 7.14 Fräsklemme

Speziell für die Verwendung in Hausanschlussmuffen haben sich seit ihrer Einführung vor mehr als 30 Jahren auf breiter Front die Mehrfachkabelklemmen durchgesetzt, die die Herstellung von Anschlüssen unter Spannung ermöglichen. Die für 3-, 3½- und 4-Leiter-Kabel üblichen Bauformen unterscheiden sich nach der Art des Gehäuses, aber insbesondere hinsichtlich der den verschiedenen Anwendungsfällen gerecht werdenden Formen der Kontaktstücke, die unterschieden werden können in Schneiden-, Spitzen-, Fräs- und Pyramidenkontakte (Bild 7.15 a, b, c, d). Die Mehrfachklemme mit Pyramidenkontakten stellt eine Neuentwicklung dar, welche bei der Kontaktherstellung nur mit einer Schraube angezogen werden muss.

Nach der Entfernung des Kabelmantels an der herzustellenden Verbindungsstelle wird die Mehrfachklemme auf die isolierten Leiter des Durchgangskabels montiert. Nach dem Anschluss der Adern des Abzweigkabels wird durch Anziehen der Schrauben die Leiterisolierung des Hauptkabels durchstoßen bzw. durchfräst. Dabei können für eindrähtige Leiter alle drei o.g. Kontaktstücke verwendet werden. Bei mehrdrähtigen Leitern können

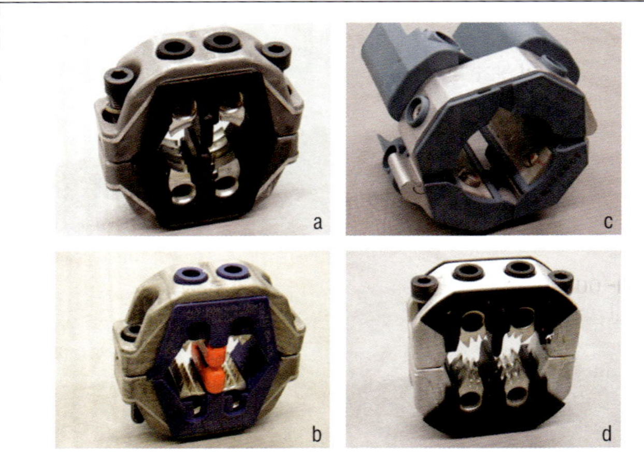

Bild 7.15 Mehrfachkabelklemmen
a) Schneidenkontakte
b) Spitzenkontakte
c) Fräskontakte
d) Pyramidenkontakte

Schneidenkontakte zu unzulässig tiefen Einkerbungen der äußeren Drahtlage führen; herkömmliche Frässchrauben können Einzeldrähte durchfräsen bzw. wegdrücken und so zu einer mangelhaften oder zumindest undefinierten Kontaktierung führen. Daher wurden für mehrdrähtige Leiter spezielle Schrauben entwickelt, deren Frästeil nach Durchdringen der Isolierung und Bilden der Kontaktfläche abreißt und somit von einem rotierenden Fräskopf zu einem stillstehenden Druckteller wird. Bei weiterem Anziehen der Schraube werden die Einzeldrähte intensiv gegeneinander gepresst und so die Querleitfähigkeit verbessert [14].

Bei Mehrfachklemmen mit Fräskontakten erfolgt die Kontrolle der für die langjährige Betriebssicherheit erforderlichen Kontaktkraft (siehe Abschnitt 7.2) über das aufgebrachte Drehmoment (Drehmomentschlüssel oder selbstabreißende Schraubenköpfe), während bei Klemmen mit Schneiden- bzw. Spitzenkontakten die Klemmenhälften auf Block verschraubt werden und somit auf Grund der konstruktiven Gestaltung eine reproduzierbare Kontaktkraft aufgebracht wird.

Bei *Mehrfachkabelklemmen* (Kompaktklemmringe) ist darauf zu achten, dass die Füllmasse der Muffen in alle Bereiche eindringen kann und sich keine Lufteinschlüsse bilden können. Eine entsprechende konstruktive Ausführung der Mehrfachkabelklemmen ist insbesondere bei der Verwendung von Reaktionsharzen als Füllmasse erforderlich, da die Viskosität des Harzes am Montageort nicht beeinflussbar ist.

Verbindungsklemmen benötigt man zur Verbindung von Kabelleitern untereinander. Im Niederspannungsbereich werden sie als Einzel- oder Mehrfachverbinder ausgeführt (Bild 7.16). Als großer Vorteil ist die universelle Anwendungsmöglichkeit zu nennen: unterschiedliche Leiterarten, -querschnitte und -materialien können miteinander verbunden werden. Ein interessantes Anwendungsgebiet ist auch die Verbindung von Kabeln nach TGL- und VDE-Norm [15].

Etwa seit Anfang der achtziger Jahre werden in 1-kV-Verbindungsmuffen vermehrt zylindrische Schraubverbinder eingesetzt (Bild 7.17). Vorteilhaft ist der Wegfall von unhandlichen Presswerkzeugen im Kabelgraben und somit eine einfache und zeitsparende Montage und die Verringerung der Typenvielfalt gegenüber Pressverbindern.

Bild 7.16 Schraubhülse; Mehrfachverbinder

Bild 7.17 Zylindrischer Schraubverbinder

Schraubverbinder werden ebenfalls im Mittelspannungsbereich eingesetzt, und zwar sowohl zur Verbindung von Leitern als auch von Schirmdrähten.

Entsprechend dem Stand der Technik sind Schraubklemmen für Aluminiumleiter im Leiteraufnahmebett mit Schneiden versehen, um die Oxidhaut des Leiters zu durchstoßen. Hier wurde in der Vergangenheit von den Herstellern umfangreiche Entwicklungsarbeit geleistet und die Wirksamkeit der in die Praxis umgesetzten Maßnahmen in zahlreichen aufwändigen Prüfungen nachgewiesen, da das Kontaktverhalten von Klemmen – insbesondere hinsichtlich der langjährigen betrieblichen Zuverlässigkeit – von vielen Parametern abhängig ist. So wurden beispielsweise die für einen sicheren Kontakt erforderliche Anzahl der Schneiden, deren Höhe, Flankenwinkel und Spitzenradius sowie die Härte des Grundmaterials optimiert. Kabelschuhe mit einem Schraubklemmanschluss (Klemmkabelschuhe, Zahnkabelschuhe) können je nach Leitermaterial und -querschnitt eine unterschiedliche Anzahl von Befestigungsschrauben haben (Bild 7.18).

Bild 7.18 Schraubklemme, Zahnkabelschuh

Es wurden in den letzten Jahren die Technologien konkret für die Schrauben weiterentwickelt. Schraubverbinder aktueller Bauart die sog. Abreißkopfschraubverbinder, zeichnen sich durch ihren geringeren Schraubenüberstand nach dem Abreißen über dem Verbinder mit einem geringeren Hüllkreis aus und erweitern somit die Querschnittsbereiche für die Kabelgarnituren, siehe Bilder 7.19 und 7.20. Durch die balligen Kontaktflächen gestatten sie auch die Verklemmung von RM-, RE-, SM- und SE-Leitern in be-

Bild 7.19
Schraubverbinder mit versetzter Schraubenanordnung

Bild 7.20
Schraubverbinder mit in einer Linie angeordneten Schrauben

liebiger Lage. Durch die werkseitige Beschichtung der Schrauben mit hochgleitfähigem Festschmierstoff wird ein hoher Prozentsatz des Anzugsdrehmoments in axiale Kontaktkraft umgesetzt, wobei die Beziehung Drehmoment/Kontaktkraft sehr gut reproduzierbar ist und nur eine geringe Streuung aufweist. Durch die ballige Form der Schraube, die beim Anziehen eine formschlüssige Verbindung mit dem Leiter eingeht, und die Querrillung der Leiteraufnahmebohrung zum Durchstoßen der Oxidschicht des Aluminium-Leiters wird ein gleichbleibend geringer Spannungsfall und somit eine hohe Lebensdauer der Verbindung und zusätzlich eine große Zugfestigkeit, die den Einsatz auch in Muffen ohne zusätzliche Zugentlastung ermöglicht, sichergestellt.

Die im Zuge der Umstellung von Papier-Masse- auf VPE-isolierte Mittelspannungskabel häufige Aufgabe, beide Kabeltypen miteinander zu verbinden, gelingt problemlos mit Verbindungsklemmen mit Sacklochbohrung. Hierdurch wird eine Berührung beider Kabel vermieden und somit ein Quellen der VPE-Isolierung durch eindringende Imprägniermasse ausgeschlossen.

Bei der Herstellung von Niederspannungsabzweigen kann der durchgehende Leiter geschnitten und eine T-förmige oder auch Y-förmige Leiterverbindung mit Abzweigverbinder in Schraubtechnik verwendet werden, Ausführungen von Niederspannungsabzweigverbindern siehe Bild 7.21 a und b.

In der Mittelspannung werden die Abzweigverbinder mit dem Muffenkörper gemeinsam entwickelt und somit auch im Set geliefert.

Bild 7.21 a
T-Abzweigverbinder

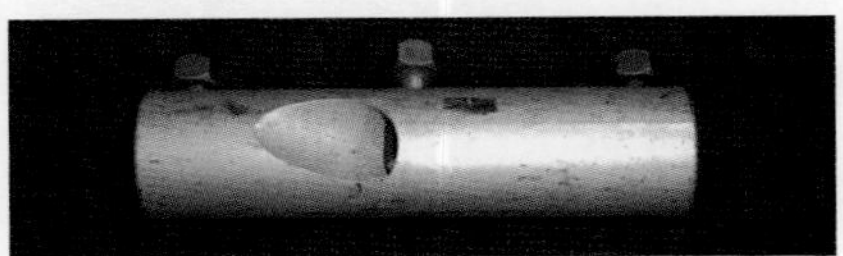

Bild 7.21 b
Y-Abzweigverbinder

In den letzten Jahren wurden Schraubkabelschuhe entwickelt und zum Stand der Technik erhoben. Diese wurden wie die Verbinder mit den gleichen Schraubenkonstruktionen ausgestattet, beispielhaft siehe Bild 7.22.

Diese Entwicklung ist auch bei den Kabelsteckteilen eine Alternative und eben querschnittsübergreifende am Markt verfügbare Technologie. Steckverbindungen in Kabelsteckgarnituren sind integrierte Teile dieser Garnituren. Eine Prüfung nur der Steckverbindung ist praktisch nicht möglich, da die elektrisch/mechanischen Eigenschaften von der gesamten Garnitur bestimmt werden. Die Prüfung dieser Verbindungen erfolgt mit der Prüfung der Steckgarnitur (DIN VDE 0278 Teil 629).

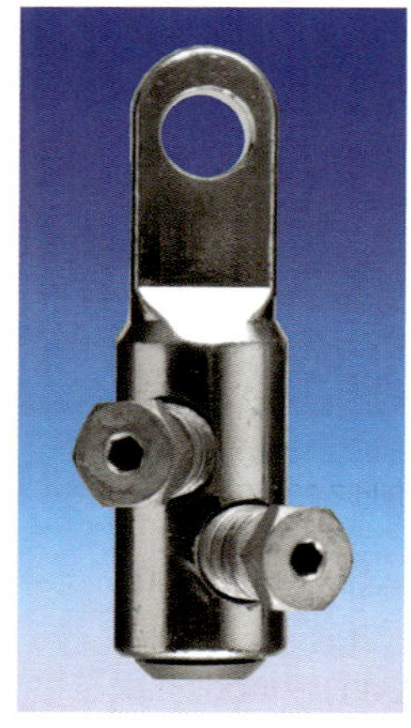

Bild 7.22
Schraubkabelschuh

7.5.1.2 Presstechnik

Beim Verpressen des Leiters mit der Presshülse kann die Pressrichtung nach Beispiel 1 in Bild 7.23 quer zur Schulterbreite oder nach Beispiel 2 hochkant zur Schulterbreite erfolgen. Versuchsreihen haben ergeben, dass bei Pressverbindungen kein Einfluss der Pressrichtung festzustellen ist. Die VDE-Forderungen werden bei Verwendung geeigneter Presszusätze erfüllt. Bei hohen Leitertemperaturen bis 130 °C kann sich die Lage des Sektorleiters quer zur Pressrichtung etwas günstiger auf das Kontaktverhalten auswirken als hochkant zur Pressrichtung [8].

Bei den Prüfungen von Pressverbindern sind die Kennzahl und die Markierungen für die Pressungen ein wichtiger Punkt.

Vor dem Verpressen werden sektorförmige Leiter vielfach rundverformt, um sie in die Öffnung des Verbinders bzw. des Kabelschuhs einführen zu können, wobei jedoch in der Regel ein Kreis als Querschnitt nicht zu erreichen ist.

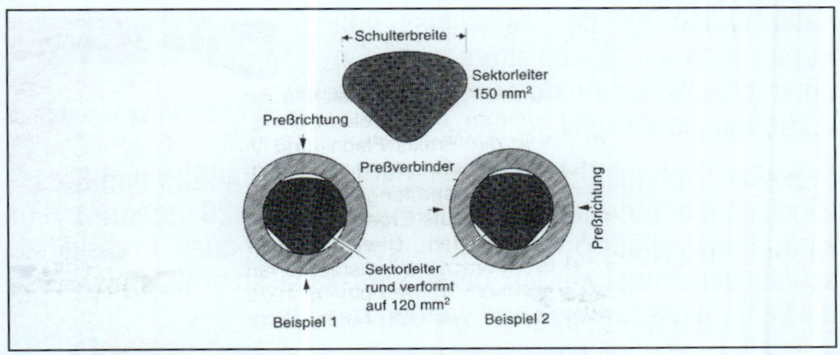

Bild 7.23 Pressrichtung bei rundverformten Al-Sektorleitern
Beispiel 1: Pressrichtung quer zur Schulterbreite
Beispiel 2: Pressrichtung hochkant zur Schulterbreite

Das Runddrücken der sektorförmigen Leiter ist bei der Verwendung von Hülsen mit speziell profilierten Kanälen nicht mehr erforderlich (Bild 7.24). Sowohl Leiter mit 90° als auch 120° Sektorform können in verschiedenen Stellungen in den Verbinder bzw. Kabelschuh eingeführt und direkt verpresst werden (Bild 7.25). Die Profilierung in der Kabellängsrichtung der Hülse wirkt zudem bei der Verpressung wie Kontaktschneiden und gewährleistet somit zusammen mit dem Presszusatz einen einwandfreien Kontakt. Der Vorteil dieser Hülsen ist eine vereinfachte und somit sichere und wirtschaftliche Montage, wobei vorhandene Presswerkzeuge genutzt werden können.

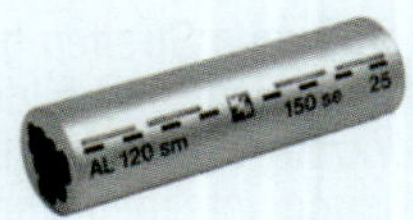

Bild 7.24
Presshülse für Sektorleiter

a

b

Bild 7.25
Presshülse für Sektorleiter (schematische Darstellung)

a) 3-Leiter-Kabeltypen mit 120° Sektorform: 2 Stellungen möglich
b) 4-Leiter-Kabeltypen mit 90° Sektorform: 3 Stellungen möglich

Kabelschuhe für den Anschluss von Kupfer- und Aluminiumleitern gibt es in unterschiedlicher Ausführungsart. Bild 7.26 zeigt ein Beispiel.

Bild 7.26 Presskabelschuh

Presskabelschuhe für Kupferleiter sind in DIN 46235 und Presskabelschuhe für Aluminiumleiter in DIN 46329 genormt. Für eindrähtige sektorförmige Aluminiumleiter können Presskabelschuhe verwendet werden, deren Presskanal so profiliert ist, dass die Leiter nicht rundgeformt werden müssen.

Eine besondere Verbindungsart kann bei Aluminiummänteln von Niederspannungskabeln (NAKLEY) verwendet werden. Dabei kann der Aluminiummantel mit einem speziellen Aluminiummantelschneider spiralförmig eingekerbt werden. Der Mantel bildet so eine Lasche, die abgeklappt werden kann. Die Lasche wird in etwa 1 cm breite Streifen geschnitten. Diese Streifen werden übereinander gelegt und bilden so ein Paket, das mit dem Runddrückwerkzeug rundgeformt und wie ein Kabelleiter mit einer Pressverbindung versehen werden kann, Bild 7.27.

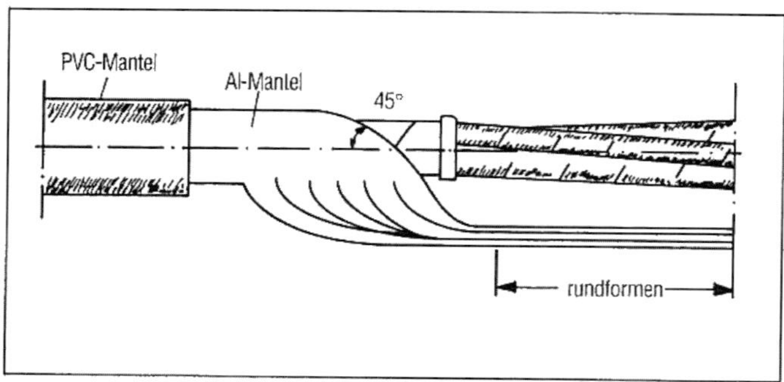

Bild 7.27 Aluminiummantel mit „Paketschnitt“

7.5.2 Abzweigmuffen

Abzweigmuffen ermöglichen das Abzweigen eines Kabels mit gleichem oder ungleichem Leiterquerschnitt und unterschiedlicher Isolationsart (papierisoliert oder kunststoffisoliert). Wird ein Kabel abgezweigt, kann der durchgehende Leiter geschnitten und der abzweigende Leiter mit speziellen Verbindern (siehe Bild 7.21) angeschlossen werden. Die Standardanwendung ist die Abzweigung von einem ungeschnittenen, durchgehenden Leiter auf einen Abzweigleiter mit Hilfe einer Abzweigklemme (siehe Bild 7.15). Diese Garnituren werden gemäß ihrer Anwendung auch als Hausanschlussmuffen bezeichnet.

Hausanschlussmuffen werden nach ihrer Form in T-Muffen oder Y-Muffen (Gabelmuffen) unterschieden. Bei der T-Muffe zweigt der Abzweig rechtwinklig zum durchgehenden Kabel ab. Bei der Y-Muffe liegt die Achse des Abzweiges im Muffenbereich etwa parallel zur Achse des durchgehenden Kabels. Die Y-Muffe benötigt weniger Platz in der Kabeltrasse.

Hausanschlussmuffen mit einem Kunststoffgehäuse (früher Metallgehäuse) für Kabel bis 1 kV sind in DIN 47630 genormt. Diese Norm gilt für papierisolierte und kunststoffisolierte Kabel und enthält auch Montageanweisungen. Die Abzweige werden mit Abzweigklemmen nach DIN 47658 hergestellt.

Stand der Technik für Kunststoffkabel sind mit PUR-Gießharz gefüllte Muffen. Für die Leiterverbindung werden Mehrfachklemmringe verwendet, siehe Bild 7.28.

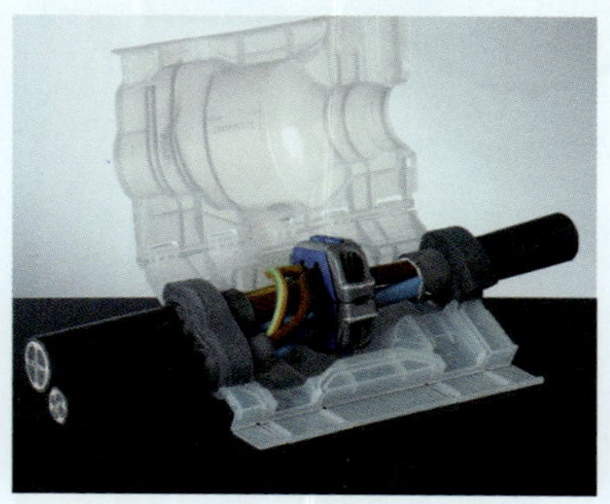

Bild 7.28
1-kV-Abzweigmuffe mit PUR-Gießharz an Kunststoffkabeln

Sollen von einer Muffe zwei Abnehmer versorgt werden, so stehen für diesen Zweck auch Doppel-Hausanschlussmuffen zur Verfügung.

Hausanschlussmuffen können auch in Warmschrumpftechnik ausgeführt werden. Diese Muffen haben entweder Einzelklemmen, die mit einem Schrumpfteil isoliert und abgedichtet werden, oder eine Mehrfachklemme. Bei beiden Ausführungsarten ist die Schrumpfmuffe in Längsrichtung geteilt. Bei der Muffe mit der Mehrfachklemme wird der innere Hohlraum mit einer heiß schmelzenden Füllmasse gefüllt, Schrumpf-Hausanschlussmuffen erfordern einen höheren Montageaufwand durch das sorgfältige und intensive Schrumpfen, siehe Bild 7.29. In Bild 7.30 sieht man eine Abzweigmuffe mit Kaltvergussmasse, die sowohl für Kunststoff- als auch für Massekabel geeignet ist.

In der Mittelspannung sind heute Abzweigmuffen bis 20 kV Stand der Technik und sind wie in der Niederspannung mehrbereichsfähig mit Leiterverbindung in Schraubtechnik sowohl in Schrumpf- als auch in Aufschiebtechnik verfügbar. Bild 7.31 zeigt eine 20-kV-Abzweigmuffe in Kaltschrumpftechnik.

Eine besondere Bauart der Abzweigmuffe ist die sogenannte Übergangsabzweigmuffe, eine Universalmuffe für die Erstellung

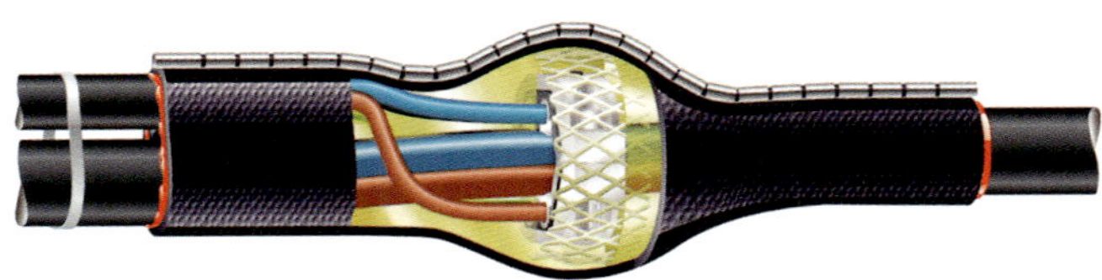

Bild 7.29 1-kV-Abzweigmuffe in Warmschrumpftechnik

Bild 7.30
1-kV-Abzweigmuffe mit Kaltvergussmasse für Massekabel im Durchgang und Kunststoffkabelabzweig

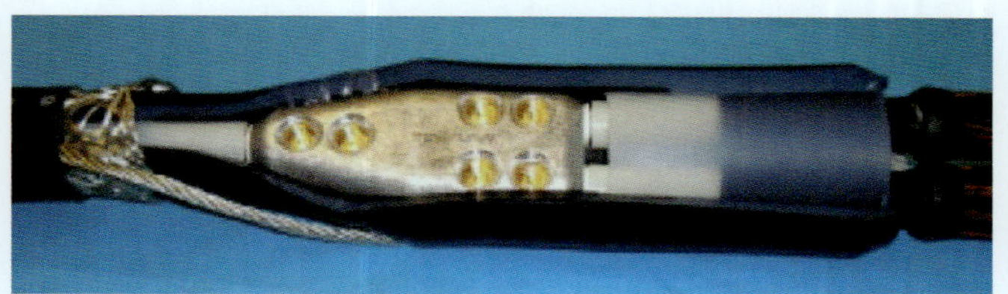

Bild 7.31 20-kV-Abzweigmuffe in Kaltschrumpftechnik für Kunststoffkabel

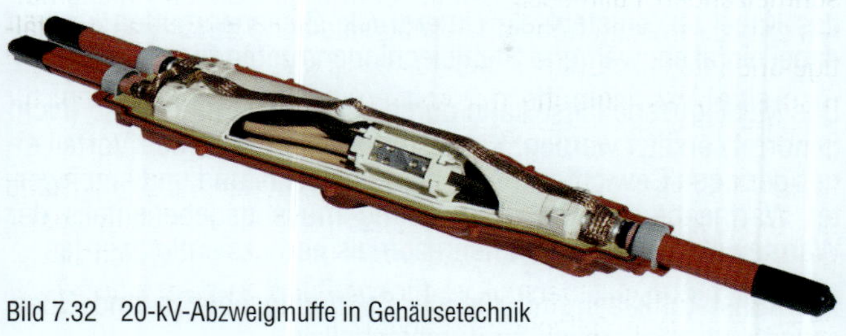

Bild 7.32 20-kV-Abzweigmuffe in Gehäusetechnik

von Abzweigen von und auf papierisolierten als auch kunststoffisolierten Kabeln für die Mittelspannung. Beide Muffen unterscheiden sich jedoch deutlich in Größe und Komplexität, siehe Bild 7.32.

7.5.3 Verbindungsmuffen

Verbindungsmuffen für papierisolierte Kabel werden nur noch in speziellen Fällen eingesetzt. Sie können mit einem Metallgehäuse und Ölreservoir oder auch in Schrumpftechnik hergestellt werden.

Muffen mit Metallgehäuse für 10 kV werden in DIN 47600 mit ihren Teilen und bis 30 kV für Dreimantelkabel werden in DIN 47606 beschrieben und nur noch für papierisolierte Kabel verwendet.

Die Leiterverbindung kann durch Löthülsen (für Kupferleiter) nach DIN 47650, Pressverbinder nach DIN 46267 oder Schweißverbindungen erfolgen. Es gibt für diese Kabelgarnituren auch

Schraubverbinder nach DIN VDE 0220 Teil 100. Die Leiterverbindung wird mit einem Isolierwickel isoliert. Als Isolierung werden Wickelbänder verwendet.

Die Überbrückung von Metallmänteln erfolgt mit aufgelöteten Kupferseilen. Aluminiummäntel (z.B. Kabeltyp NAKLEY) lassen sich besser durch den sog. Paketschnitt verbinden.

Für Kabel mit einer Nennspannung > 1 kV wird zusätzlich eine Innenmuffe aus Stahlblech oder Blei verwendet. Die Innenmuffe wird mit Ölisoliermasse gefüllt. Wandert ein Teil dieser Masse in das Kabel ab, entsteht ein Unterdruck. Bleiinnenmuffen können dabei einfallen, während Stahlblechinnenmuffen formstabil sind.

Das Metallgussgehäuse kann durch ein Kunststoffgehäuse (nicht genormt) ersetzt werden. Kunststoffmuffen haben den Vorteil eines geringen Gewichtes. Bei hoher Kabelbelastung und erschwerter Wärmeabfuhr an die Umgebung muss gegebenenfalls der Wärmewiderstand des Muffenmaterials berücksichtigt werden.

Für Kunststoffkabel sind für alle Spannungsebenen und Querschnitte die modernen Garniturentechniken

- Warmschrumpftechnik,
- Kaltschrumpftechnik,
- Aufschiebtechnik

verfügbar. Die größte Verbreitung in Deutschland hat in der Nieder- und Mittelspannung die Warmschrumpftechnik. Seit den achtziger Jahren ist die Technik im Einsatz (Bild 7.33). Eine etwas jüngere Technik stellen die Kaltschrumpfmuffen dar. Deren Vorteil ist die einfache Montage, weil die Komponenten bereits werksseitig vormontiert und zu einem Muffenkörper zusammengefügt sind (Bild 7.34). Mit der Verbreitung der VPE-isolierten Hochspannungskabel haben sich auch hier Aufschiebmuffen als Standardtechnologie durchgesetzt (Bild 7.35).

Bild 7.33 20-kV-Verbindungsmuffe in Warmschrumpftechnik an Kunststoffkabeln

Bild 7.34 20-kV-Verbindungsmuffe in Kaltschrumpftechnik an Kunststoffkabeln

Bild 7.35 110-kV-Verbindungsmuffe in Aufschiebtechnik an Kunststoffkabeln

7.5.4 Übergangsmuffen

Sie sind die komplexeste und aufwändigste Kabelgarnitur und sowohl mit Metall- oder Kunststoffgehäuse oder mit Warmschrumpfschutzhülle verfügbar.

Zum Verbinden von Kabeln ungleicher Bauart werden Übergangsmuffen verwendet. In Übergangsmuffen stoßen ölimprägnierte Papierisolierungen und trockene Kunststoffisolierungen aufeinander. Eine Übergangsmuffe ist daher so konzipiert, dass sie entweder der papierisolierten oder kunststoffisolierten Seite angepasst ist.

Bei der Anpassung an das papierisolierte Mittelspannungskabel wird z.B. eine mit Ölisoliermasse gefüllte Innenmuffe verwendet und die Kunststoffkabelseite entsprechend abgedichtet. Die Muffe entspricht dann in ihrem grundsätzlichen Aufbau einer Verbindungsmuffe für Massekabel. Diese Muffen werden auch als „nasse“ Muffen bezeichnet. Bei der Anpassung an das kunststoffisolierte Kabel wird die Massekabelseite mit Schrumpfteilen oder Kunststoffbändern abgedichtet und so in ein „quasi Kunststoffkabelende“ verwandelt. Die Muffe entspricht dann in ihrem grundsätzlichen Aufbau einer Verbindungsmuffe an Kunststoffkabeln. Diese Muffen werden auch als „trockene“ Muffen bezeichnet.

Sind die Leiter im Querschnitt, Form oder Material ungleich, bieten sich Schraubverbinder mit ihrem großen Anwendungsbereich an, sofern die Muffenkonstruktion diese Verbinder zulässt. Für die Verbindung von Masse- mit Kunststoffkabeln werden Verbinder mit einer Trennwand verwendet, damit keine Tränkmasse übertragen werden kann.

Bild 7.36 zeigt eine „nasse" Übergangsmuffe mit Krepp-Wickelpapier-Isolierung und vorgefertigten, ölbeständigen Feldsteuerhülsen, einer isolierölgefüllten Stahlblechinnenmuffe und einer vergussmassegefüllten Kunststoff-Schutzmuffe.

Bild 7.37 zeigt eine „trockene" Übergangsmuffe mit Isolierung aus selbstverschweißenden Kunststoffbändern, Schrumpfkappe, Schrumpfschläuchen, metallenem Schutzgitter und gießharzgefülltem PVC-Rohr als Schutzmuffe.

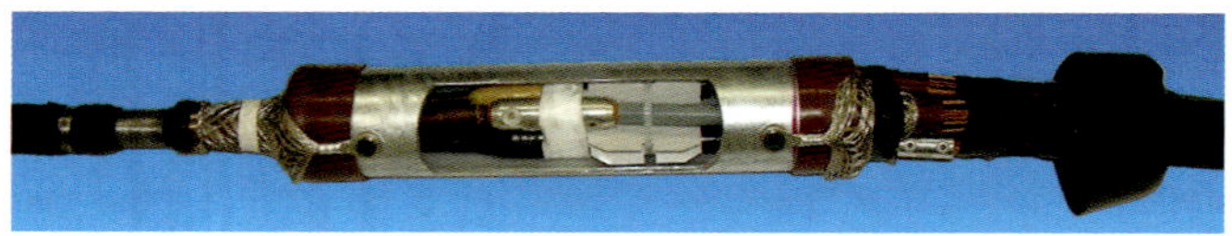

Bild 7.36 10-kV-Übergangsmuffe Gürtelkabel auf VPE-Einleiterkabel in „nasser" Technik

Bild 7.37 20-kV-Übergangsmuffe Dreimantelkabel auf VPE-Einleiterkabel in „trockener" Technik

7.5.5 Endmuffen

Zum spannungsfesten Abschluss eines freien Kabelendes werden spannungsfeste Endmuffen verwendet. Sie können in Schrumpf- oder Aufschiebetechnik mit ähnlichem Aufbau wie die entsprechenden Verbindungsmuffen ausgeführt werden. Bei 1-kV-Kunststoffkabeln werden zur Isolierung der Adern Schrumpf-Aderkappen und als äußerer Schutz eine Schrumpf-Außenkappe, sämtlich mit Schmelzkleberbeschichtung, verwendet. Bei Mittelspannungs-Kunststoffkabeln können Aufschiebe- oder Schrumpfisolierkörper verwendet werden, wobei das fehlende Kabel durch einen Isolierstab ersetzt wird. Bild 7.38 zeigt eine Niederspannungsendmuffe für Massekabel.

Bild 7.38 1-kV-Endmuffe auf Massekabel

7.5.6 Reparaturmuffen

Punktförmige Schäden können an Nieder- und Mittelspannungs-Kunststoffkabeln mit verlängerten Verbindungsmuffen in Aufschiebe- oder Schrumpftechnik repariert werden. Bei der Aufschiebetechnik wird ein (z.B. um 155 mm) verlängerter Pressverbinder verwendet. Bei der Schrumpftechnik wird ein Stück Kabelader mittels zweier Pressverbinder zwischengesetzt. So lässt sich die Muffe (z.B. bis zu 520 mm) verlängern. Die Technik beider Systeme ist im Übrigen gleich wie bei den entsprechenden Verbindungsmuffen. Bei engen Platzverhältnissen lässt sich eine Parkposition für den äußeren Schrumpfschlauch vermeiden, wenn längsteilbare Schrumpfmanschetten als Schutzmuffe verwendet werden. Ist nur der Kunststoffmantel des Kabels beschädigt, kann er mit einer längs geteilten, mit Schmelzkleber beschichteten Schrumpf-Reparaturmanschette, Bild 7.39, oder mit Spezialbändern repariert werden.

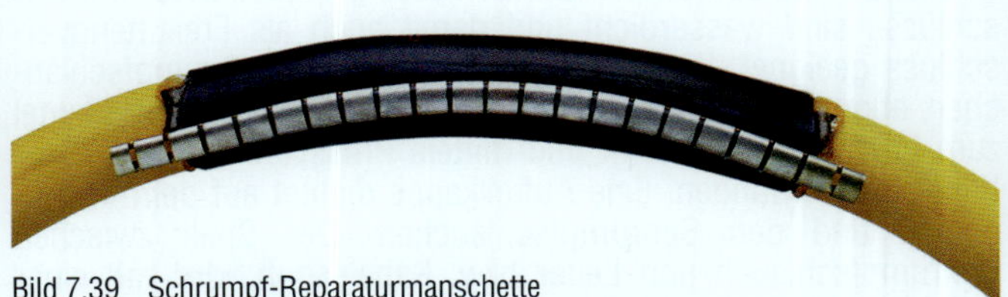

Bild 7.39 Schrumpf-Reparaturmanschette

7.5.7 Endverschlüsse

Endverschlüsse sind dem wechselhaften Einfluss des umgebenden Klimas ausgesetzt. Entsprechend den sich daraus ergebenden Anforderungen werden die Endverschlüsse unterteilt in:

- Innenraum-Endverschlüsse für den Einsatz unter Innenraumbedingungen
- Freiluft-Endverschlüsse für den Einsatz unter Freiluftbedingungen

Innenraum- und Freiluftbedingungen sind in DIN VDE 0101 und DIN VDE 0670 Teil 1000 definiert. In nicht begehbaren Kleinstationen können die Innenraumbedingungen nicht grundsätzlich vorausgesetzt werden. Mittelspannungs-Endverschlüsse in diesen Anlagen sollten den Anforderungen für erschwerte Bedingungen entsprechen (DIN VDE 0278-629).

An 1-kV-Kunststoffkabeln in Innenräumen sind in der Regel keine Endverschlüsse erforderlich. Ist mit gelegentlicher Überflutung zu rechnen, sollten die Kabelzwickel mit einer Schrumpf-Aufteilkappe abgedichtet werden. Im Freien muss dies stets erfolgen.

Das Eindringen von Wasser in den Leiter lässt sich mit einer kleberbeschichteten Schrumpf-Aderklebemuffe an der Absetzstelle der Isolierhülle verhindern. Bei eindrähtigen Leitern dichtet die Klebemuffe auf dem Leiter, bei mehrdrähtigen Leitern auf der Hülse des Kabelschuhes oder eines Anschlussbolzens. VPE-Aderisolierhüllen sind UV-empfindlich, sie sollten mit UV-unempfindlichen PVC-Schläuchen oder Schrumpfschläuchen abgedeckt werden.

Für papierisolierte Niederspannungskabel mit Blei- oder Aluminiummantel sind Schrumpfendverschlüsse geeignet. Diese Endverschlüsse sind wasserdicht und damit auch als Freiluftendverschluss geeignet. Die Kabeladern werden mit Schrumpfschläuchen abgedeckt. Bei Aluminiummantelkabeln wird der Mantel zum Paketschnitt geformt und mittels Pressverbinder mit einer Kabelader verbunden. Eine Aufteilkappe dichtet auf dem Metallmantel und den Schrumpfschläuchen. Der Spalt zwischen Schrumpfschlauch und Leiter bzw. Kabelschuh wird mit einer Aderklebemuffe verschlossen.

Bild 7.40 Aufschieb-Endverschluss für Freiluftanlagen

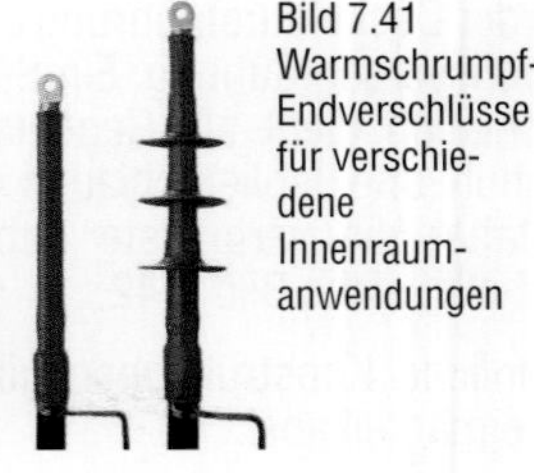

Bild 7.41 Warmschrumpf-Endverschlüsse für verschiedene Innenraumanwendungen

Für einadrige kunststoffisolierte Mittelspannungskabel werden in Innenraum- und Freiluftanlagen überwiegend Aufschiebe- und Schrumpfendverschlüsse (siehe Bilder 7.40 und 7.41) verwendet. Freie Adern ab einer bestimmten Länge sind, abhängig vom Stoßkurzschlussstrom, durch zusätzliche Befestigungspunkte (z.B. Kabelschellen) kurzschlussfest zu gestalten.

Für dreiadrige 10-kV-Kunststoffkabel wird die Aufschiebe- oder Schrumpftechnik eingesetzt. Dreiadrige Kabel haben entweder runde oder sektorförmige Adern. Besonders bei der Verwendung von Aufschiebekörpern an sektorförmigen Adern muss geprüft werden, ob die Aufschiebekörper hohlraumfrei an der Isolierhülle anliegen.

Endverschlüsse für Freiluftanlagen und für erschwerte Bedingungen benötigen verlängerte Kriechwege z.B. in Form von Schirmen mit entsprechender Formgebung, die die Kriechstromfestigkeit sicherstellen.

Bei Schrumpfendverschlüssen deckt der Schrumpfschlauch den Kabelschuh bis zur Anschlusslasche ab. Bei Aufschiebeendverschlüssen lässt sich eine solche Abdeckung mit einer zusätzlichen Aufschiebe-Kabelschuhabdeckung erreichen.

Gürtelkabel werden in Innenräumen üblicherweise mit „druckfesten Innenraum-Kleinendverschlüssen" versehen. Auf den Metallmantel wird ein Stahlgehäuse gelötet. Die Adern werden mit Isolierschläuchen abgedeckt. Das Endverschlussgehäuse hat einen Sichtring zur Kontrolle des Massestandes und einen Deckel mit Durchführungen.

In der Deckeldurchführung erfolgt die Abdichtung mit einer Stopfbuchsverschraubung. Ein Stützrohr zwischen Aderisolierung und Schlauch dient als Gegenlager. Die Dichtung zwischen Kabelschuh und Isolierschlauch erfolgt durch eine Dichtmanschette (glättet die verpresste Kabelschuhhülse) und eine Schlauchschelle, siehe Bild 7.42.

Ähnliche Konstruktionen gibt es auch für einadrige Kabel und Dreimantelkabel.

Wird eine Schaltanlage ausgewechselt und ergeben sich dadurch andere Anschlusspunkte, so kann ein druckfester Kleinendverschluss so verändert werden, dass ohne Wechsel des Endverschlussgehäuses die neuen Anschlusspunkte erreicht werden („Übergangsendverschluss"). Die Kabeladern werden dabei durch flexible kriechstromfeste Leitungen ersetzt, siehe Bild 7.43.

Endverschlüsse für Gürtel- und Dreimantelkabel lassen sich auch in Schrumpftechnik ausführen. Als Endverschlussgehäuse dient dann ein durchsichtiges Kunststoffgehäuse. Sämtliche Endverschlussgehäuse werden mit Ölisoliermasse gefüllt. Die Endverschlüsse haben hierzu eine Füllschraube, die auch zum Nachfüllen der abgewanderten Ölisoliermasse verwendet wird.

Für Innenraum- und Freiluftanlagen gibt es Endverschlüsse, die aus einem Metallgusskörper und Porzellanisolatoren bestehen. Innenraumendverschlüsse für Einleiterkabel bis 30 kV sind in DIN

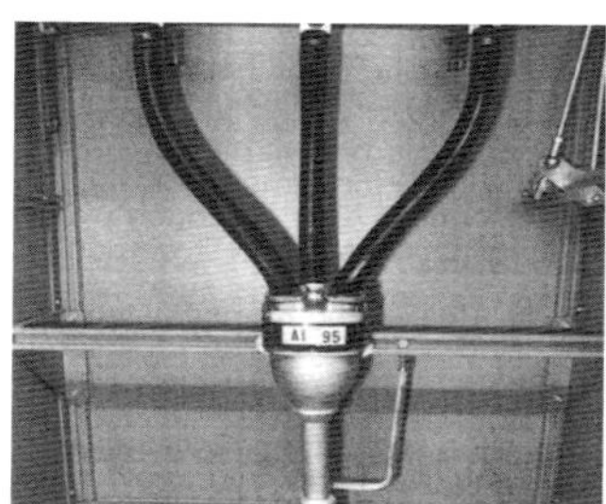

Bild 7.42 Klein-Endverschluss für papierisolierte Mittelspannungskabel (Gehäuse mit Schläuchen)

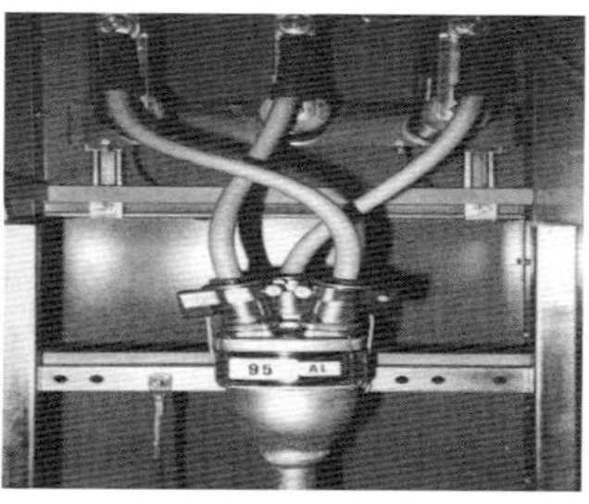

Bild 7.43 Innenraum-Übergangsendverschluss für den Übergang auf flexible Leitungen

47686 genormt. Freiluftendverschlüsse für Einleiterkabel bis 30 kV sind in DIN 47687 und für Dreileiterkabel 10 kV in DIN 7688 genormt.

Endverschlüsse dieser Art sind aufwändig und werden daher kaum noch eingebaut. Im Bedarfsfall kann eine Übergangsmuffe und ein Endverschluss für Kunststoffkabel die günstigere Lösung sein. Mastaufführungen mit Massekabeln haben auch den Nachteil, dass die Tränkmasse in der Steilstrecke verstärkt abwandert und der Endverschluss häufiger nachgefüllt werden muss. Dies wiederum „pumpt" den Bleimantel auf.

Die Endverschlüsse von Hochspannungskabeln haben unabhängig von der Kabelbauart für die verschiedenen Anschlussmöglichkeiten folgende, äußerlich gleiche Ausführungsarten:

- Freiluft-Endverschlüsse mit einem Isolator aus Porzellan oder aus glasfaserverstärktem Kunststoff (GFK) mit Silikonschirmen
- Transformator-Endverschlüsse mit einem Isolator aus Gießharz zum Einbau in Transformatoren
- Schaltanlagen-Endverschlüsse mit einem Isolator aus Gießharz zum Einbau in SF_6-isolierte Schaltanlagen

Dreiadrige Kabel werden in einem Aufteilkopf in einadrige Kabel aufgeteilt. Zwischen Aufteilkopf und Endverschluss befinden sich die Adern in Kupferrohren, die unter Öl- oder Gasdruck stehen.

Bei *Niederdruckölkabeln* beträgt der Betriebsdruck im höchsten Punkt der Anlage nach DIN VDE 0276-634 maximal 1,5 bar. Auf Grund dieses geringen Betriebsdruckes besteht nur eine geringe mechanische Beanspruchung des Isolators. Die Isolierung wird aus ölimprägniertem Papier gewickelt, der Endverschlussinnenraum anschließend evakuiert, womit ihm Luft und Feuchtigkeit entzogen werden, und mit hochviskosem Isolieröl gefüllt.

Gasaußendruckkabel sind für einen Betriebsdruck von 16 bar ausgelegt. Die Isolierung wird mit ölimprägniertem Papier gewickelt, der Endverschlussinnenraum anschließend evakuiert und mit hochviskosem Kabelöl gefüllt. Das Endverschlussdielektrikum ist gasdicht vom Stickstoff der Stahlrohrleitung getrennt.

Der Volumenausgleich zwischen dem Stickstoff in der Rohrleitung und dem Kabelöl im Endverschluss erfolgt bei Lastwechseln in einem getrennten Druckausgleichsgefäß. Wegen des hohen Druckes im Dielektrikum und der bei Gasaußendruckkabeln im Ausgleichsgefäß gewährleisteten exakten Trennung zwischen Stickstoff und Isolieröl kann die Wickelkeule des Endverschlusses klein bemessen werden (Bild 7.44).

Gasinnendruckkabel sind ebenfalls für einen Betriebsdruck von 16 bar ausgelegt. Die Isolierung wird mit ölimprägniertem Papier gewickelt. Um Luft und Feuchtigkeit zu entfernen, wird der Endverschluss anschließend evakuiert und mit hochviskosem Kabelöl gefüllt. Das Kabelöl steht hier direkt mit dem Stickstoffgas des Kabels in Verbindung. Volumenänderungen des Isolieröls bei Lastwechseln werden über ein Gaspolster in der Kopfarmatur ausgeglichen.

Endverschlüsse für kunststoffisolierte Kabel müssen dem besonderen Wärmedehnungsverhalten des Kabeldielektrikums angepasst sein. Dabei werden die vom Ölkabel her bekannten Garnituren in leicht modifizierter Ausführung verwendet. Als Füllmasse dienen Massen auf Silikon- oder Polybutenbasis, die bis zu einem bestimmten Niveau eingefüllt werden, so dass ein Luftpolster für den Volumenausgleich bestehen bleibt. Vorgefertigte Feldsteuer-

Bild 7.44
Freiluftendverschlüsse eines 110-kV-Gasaußendruckkabels

elemente, die auf den Leiter aufgeschoben werden, übernehmen die Feldsteuerung. Die Kabelader ist gegenüber dem Gehäuse mit einer in radialer und axialer Richtung dauerelastischen Dichtung abzudichten.

7.5.8 Kabelsteckteile

Zum Anschluss von Mittel- und Hochspannungskabeln an Schaltanlagen mit speziellen Durchführungen, sog. Konen, können sog. Kabelsteckteile eingesetzt werden. Dabei unterscheidet man in Innen- und Außenkonustechnik.

Steckgarnituren haben im Gegensatz zu Endverschlüssen keine äußeren spannungsführenden Teile und keine äußeren Isolierstrecken. Sie sind gekapselt, wasserdicht bis 0,1 bar Überdruck und praktisch wartungsfrei. Entsprechen sie den Anforderungen von DIN VDE 0278 Teil 629, sind sie auch berührungssicher.

Steckgarnituren werden für den Kabelanschluss an gekapselten Schaltanlagen, Transformatoren, Motoren und bei Muffen verwendet. Steckgarnituren bestehen aus einem Kabelsteckteil und einem Geräteanschlussteil. Das Kabelsteckteil ist ein spezieller Aufschiebeendverschluss aus Silikonkautschuk oder EPDM mit Anschlusselementen zum Stecken oder Schrauben der Leiterverbindungen, Feldsteuerelementen und einer Kapselung. Das Geräteanschlussteil dient der Aufnahme des Kabelsteckteils und ist gleichzeitig Gerätedurchführung. Das Geräteanschlussteil besteht aus einem Isolierkörper (üblicherweise Gießharz) mit Feldsteuerelement, dem Kontaktteil, der Befestigungsmöglichkeit für das Kabelsteckteil und dem Geräteanschluss. Die ineinander zu steckenden Isolierteile des Kabelsteckteils und des Geräteanschlussteils haben eine konische Form. Je nach Lage des Konus im Geräteanschlussteil wird die Steckgarnitur bezeichnet. Ragt der Konus nach außen, ist es ein Außenkonus-System, hat das Geräteanschlussteil eine konische Bohrung, ist es ein Innenkonus-System, siehe Bild 7.45.

Das Wort „Stecken“, das dieser Technik den Namen gab, bezieht sich immer auf das Stecken der Isolierteile, nicht auf die Leiterverbindung. Die Leiterverbindung ist entweder „steckbar“ oder „schraubbar“.

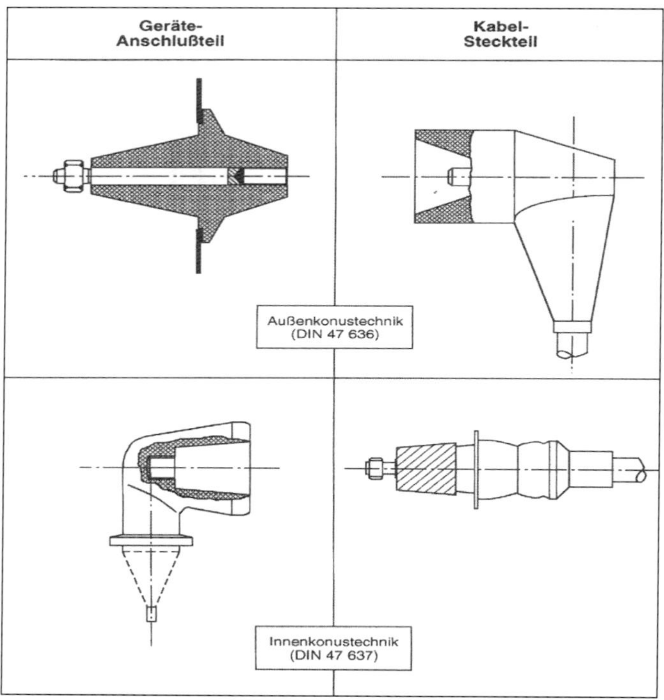

Bild 7.45 Schematische Darstellung von Außen- und Innenkonussystem

Bei den Steckgarnituren ist nur das Geräteanschlussteil genormt. Die Kabelsteckteile sind nicht genormt, sie müssen aber zu den genormten Geräteanschlussteilen passen.

Die Geräteanschlussteile können am Schraubkranz einer Transformatordurchführung nach DIN 42538 befestigt werden oder fester Bestandteil einer Schaltanlage sein. Die Geräteanschlussteile wurden so ausgelegt, dass sie in die Durchführungsöffnungen und Befestigungen für Transformatoren nach DIN 42531 bis 42534 passen.

Die Kapselung der Steckgarnitur im Sinne des Berührungsschutzes kann beim Außenkonus-System durch ein Metallgehäuse, eine leitfähige Kunststoffkapsel und/oder eine Isolierstoffkapselung (zusätzliche Isolierung) erfolgen. Innenkonus-Steckgarnituren haben konstruktionsbedingt stets ein Metallgehäuse.

Kabelsteckteile nach dem Außenkonus-System können je nach konstruktiver Gestaltung eine Zugriffsmöglichkeit zu dem Kabelleiter haben, ohne dass das Kabelsteckteil abgezogen werden muss, wenn ein Abschlusseinsatz – im spannungslosen Zustand – entfernt wird. Hier können über entsprechende Adapter betriebliche Maßnahmen wie Spannungsprüfung, Fehlerortung, Phasenvergleich oder Erdung vorgenommen werden. Im Bedarfsfall kann hier ein weiteres Kabelsteckteil angekoppelt werden. Beim Innenkonus-System besteht die Zugriffsmöglichkeit bei Verwendung von „winkeldurchführenden" Geräteanschlussteilen, eine Ankoppelung weiterer Kabelsteckteile ist an dieser Stelle nicht vorgesehen. Die Ankoppelung eines zweiten Kabelsteckteiles ist beim Innenkonus-System jedoch möglich, wenn über ein Kuppelsteckteil eine T-Steckbuchse mit zwei Geräteanschlussteilen angebracht wird.

Der Kupferschirm des Kabels und die leitende Kapselung sind gegeneinander isoliert und über eine lösbare Verbindung überbrückt. Bei der Spannungsprüfung des Kabelmantels wird diese Verbindung gelöst.

Kabelsteckteile werden oft als „Stecker" bezeichnet. Diese Bezeichnung ist insofern nicht zutreffend, da man unter einem Stecker im allgemeinen Sprachgebrauch ein auch unter Spannung zu betätigendes Bauteil versteht.

Kabelsteckteile dürfen in keinem Fall unter Spannung betätigt werden!

Die Verbindung des Kabelsteckteils mit dem Kabelleiter erfolgt durch eine Sechskantpresshülse oder auch in Schraubtechnik, an der sich ein Kontaktelement befindet oder angeschraubt wird, oder durch einen aufgepressten Spannkonus. Die Kontaktgabe zwischen den Steckverbinderhälften erfolgt über federnde Lamellen, die sich innerhalb der Steckbuchse oder auf einem Kontaktring befinden, der mit dem Spannkonus verklemmt ist. Steckverbindungen in Muffen sind nach dem Einrasten nicht wieder lösbar, außer bei Muffen, bei denen die Leiterverbindung durch eine zusätzliche Verschraubung der Muffenteile von Zugkräften entlastet ist (Innenkonus-System).

7.5.8.1 Außenkonus-System

Geräteanschlussteile nach dem Außenkonus-System für Mittelspannungsanlagen bis 30 kV sind in DIN 47636 Teil 1 bis Teil 7 genormt. Die Norm unterscheidet nach Geräteanschlussteilen

- mit steckbarem oder schraubbarem Kontaktteil für die Leiterverbindung zum Kabelsteckteil,
- mit oder ohne Befestigungsflansch für die Befestigung des Geräteanschlussteils in der Gerätewand,
- mit Laschen- oder Gewindebefestigung für die Befestigung des Kabelsteckteiles am Geräteanschlussteil oder der Gerätewand.

Im Teil 7 der o.g. Norm sind die Einbaumaße für Geräteanschlussteile und Kabelsteckteile genormt, um die Austauschbarkeit sicherzustellen.

Außenkonus-Kabelsteckteile gibt es in verschiedenen Ausführungsformen, von denen folgende überwiegend angewendet werden: winkelförmige Kabelsteckteile für steckbare, T-förmige Kabelsteckteile für schraubbare und gerade Steckteile für steckbare und schraubbare Leiterverbindungen, siehe Bild 7.46.

Die Ankoppelung weiterer Kabelsteckteile an ein T-förmiges Kabelsteckteil kann, je nach Ausführungsart des Kabelsteckteiles, entweder über ein Kuppelteil erfolgen, das anstelle des Abschlusseinsatzes eingesetzt wird, oder an einem Isolierteil, welches fest mit dem Kabelsteckteil verbunden ist. In beiden Fällen erfolgt die Ankoppelung an ein konisches Isolierteil, das dem eines Geräteanschlussteiles entspricht. Mit Hilfe angekoppelter Kabelsteckteile lassen sich Abzweigverbindungen herstellen, die auch in einem Kabelverteilerschrankgehäuse untergebracht werden können, die sogenannte oberirdische Trennmuffe.

Bild 7.46 Außenkonussystem

7.5.8.2 Innenkonus-System

Beim Innenkonus-System ist das Geräteanschlussteil gerade oder gewinkelt, das Kabelsteckteil stets gerade. Die Leiterverbindung erfolgt über Steckkontakte. Das Kabelsteckteil hat ein massives Metallgehäuse, das mit dem Geräteanschlussteil fest verschraubt wird. Hierbei wird über eine Druckfeder das Isolierteil vorgespannt und so ein zusätzlicher Anpressdruck auf die elektrischen Fugen ausgeübt [30], siehe Bild 7.47.

Eine Zugriffsmöglichkeit zu den Kabelleitern für betriebliche Prüfungen, Messungen oder zur Erdung besteht bei den „winkeldurchführenden" Geräteanschlussteilen durch eine abnehmbare Schutzkappe.

Geräteanschlussteile nach dem Innenkonus-System für Mittelspannungsanlagen bis 30 kV sind in DIN 47637 für die Nennstromstärken 250 A, 630 A, 800 A und 1250 A genormt. Innenkonus-Systeme werden auch für Hochspannungsanlagen bis 132 kV und für Nennströme bis 2500 A angeboten.

7.5.8.3 Sonderlösung Adapter-Kabelsteckteil

Eine spezielle Form des Kabelsteckteils stellt das sog. Adapter-Kabelsteckteil dar. Dieses wird für eine spezielle Mittelspannungsschaltanlage benötigt. Die Geräteanschlussteile müssen ein schraubbares Kontaktteil aufweisen. Das Kontaktteil wird mit einem Schraubbolzen versehen, an dem das Anschlusselement des anzuschließenden Kabels angeschraubt oder angeklemmt wird.

Die Anschlussstelle wird mit einem Adapter aus Isoliermaterial z.B. aus SiK oder Schrumpfmaterial abgedeckt. Anschlüsse dieser Art sind nicht berührungssicher, den Berührungsschutz muss hier das angeschlossene Gerät durch eine Abdeckung übernehmen (Bild 7.48).

Bild 7.47 Innenkonussystem

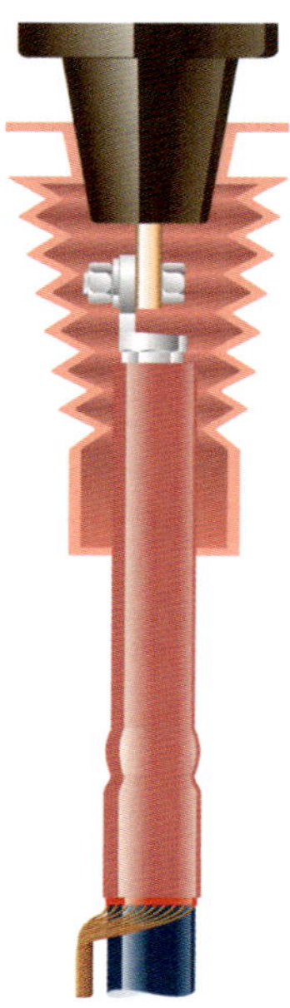

Bild 7.48 Adapter-Kabelsteckteil

8 Erstellung von Kabelanlagen

8.1 Kabellegung

Dem Einbau der Kabel müssen die entsprechenden Vorarbeiten wie Projektierung, Einholen der notwendigen Genehmigungen bei den zuständigen Behörden, Absprachen mit Betroffenen, Erkundigung nach vorhandenen Leitungen, Kabeln usw. vorausgehen.

Bereits bei der Projektierung sind Gesetze und Verordnungen (Bild 8.1) zum Schutz der Umwelt (Landschaft, Gewässer und Tiere) zu beachten. Oberste Priorität für jede Kabelstrecke muss sein, dass sie so umweltverträglich und umweltschonend wie möglich gestaltet wird [16]. In den Landesentwicklungsprogrammen (LEP) der Bundesländer wird ausdrücklich eine Bündelung der einzelnen Infrastruktureinrichtungen gefordert. Dementspre-

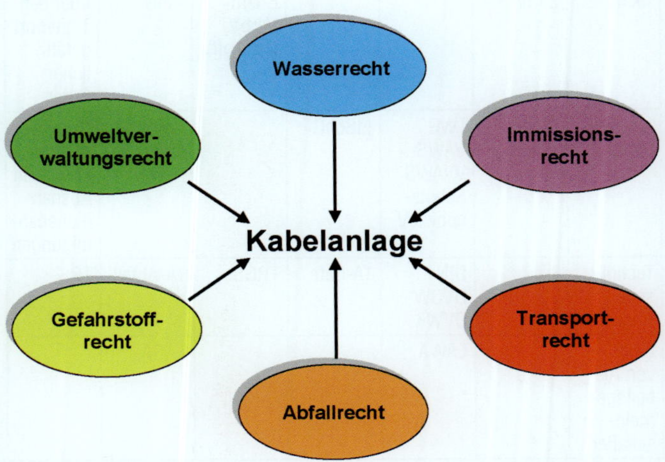

Bild 8.1 Einflüsse der Umweltgesetzgebung auf die Erstellung von Kabelanlagen

chend werden Kabel vorrangig entlang der öffentlichen Verkehrswege, d.h. in Bürgersteige, Seitenstreifen, Straßenbegleitflächen und Böschungen gelegt. Sofern die Kabeltrasse außerhalb von Bebauung und abseits von Verkehrswegen verläuft, sollte eine rechtzeitige Abstimmung mit der zuständigen Unteren Naturschutzbehörde erfolgen. [5]

Die Umweltgesetzgebung ist im Grundgesetz unter den Artikeln 70, 74 und 75 beschrieben. Tabelle 8.1 gibt eine Übersicht über die geltende Rechtslage mit den zugehörigen aktuellen Gesetzen.

Tabelle 8.1 Übersicht über mitgeltende Gesetze im Umweltschutz bei Kabelanlagen

	Umweltverwaltungsrecht	**Wasserrecht**	**Immissionsrecht**	**Gefahrstoffrecht**	**Abfallrecht**	**Transportrecht**
Bundesrecht	BAartSchV	WHG	BImSchG	ChemG ChemVerbV GefStoffV	KrW-/AbfG	Gesetz über den Transport gefährlicher Güter
Landesrecht	LNatSchG	LWG VAWS VVAWS SchutzgebietsV	LISchG		LAbfallG	Durchführungsrichtlinien Ausnahmegenehmigungen
Technische Regeln		DIN DVGW DVWK	TA-Luft	TRGS	TA-Abfall	TRS
Empf. von Arbeitsgemeinschaften		LAWA			LAGA	

In den Allgemeinen Technischen Bestimmungen für die Benutzung von Straßen durch Leitungen und Telekommunikationslinien (ATB-BeStra) werden die Rahmenbedingungen für die Legung von Ver- und Entsorgungsleitungen aller Art in öffentlichen Verkehrsraum festgelegt.

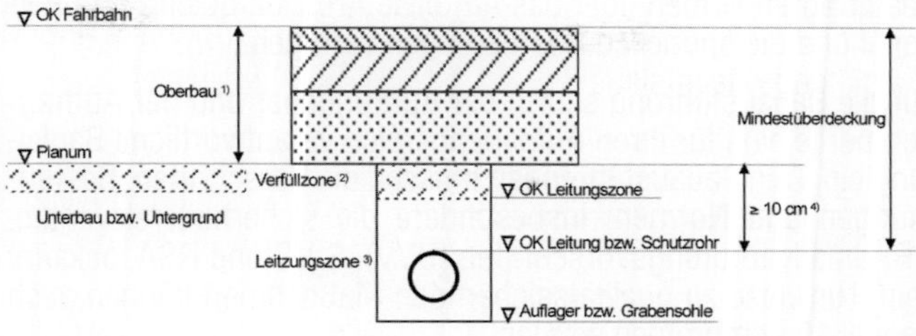

Bild 8.2 Begriffsbestimmungen [5]

Die rechtlichen Voraussetzungen für die Legung von Kabeln in öffentlichen Flächen (Bild 8.2.) wie Gehwegen, Straßen, Plätzen usw. sind in den Konzessionsverträgen zwischen den Kommunen und den Energieversorgungsunternehmen geregelt. Bei den klassifizierten Straßen wie Autobahnen, Bundes-, Land- und Kreisstraßen gelten die Rahmenverträge mit den Straßenbaulastträgern. Auf dem Gelände der Bahn gelten die „Stromkreuzungsrichtlinien DB/VDEW". Bei nichtbundeseigenen Eisenbahnen gelten die „NE-Stromkreuzungsrichtlinien BDE/VDEVV" und für die Wasserstraßen gelten die „Wasserstraßen-Kreuzungsvorschriften für fremde Starkstromanlagen" (Erlass des Bundesministers für Verkehr vom 1. 8. 1980).

Bei der Trassierung sollten die örtlichen Gegebenheiten wie Höhenunterschiede (Massewanderung), vorhandene Leerrohre, Bereiche verminderter Wärmeabfuhr (Belastbarkeit), Längenänderungen und Schwingungen (z.B. auf Brücken), Streuströme (z.B. durch Bahnanlagen) usw. berücksichtigt und dementsprechend die Kabelbauart gewählt werden. Die für die Bauausführung benötigten Flächen für die Zufahrt der LKW, Aushublagerung, Spulen- und Kabelziehwindenaufstellung, Baustellenlager usw. müssen disponiert werden. Bei der Trassierung sollte die Aufgrabung kontaminierter Böden vermieden werden (z.B. Deponien oder Industriebrachen) und stattdessen ggf. eine alternative Trasse gewählt werden.

Der Kabeleinbau wird in der Regel von Tiefbauunternehmen ausgeführt. Es muss sichergestellt sein, dass die mit Kabelarbeiten beauftragten Firmen über das für diese Arbeiten qualifizierte Personal und die speziellen Ausrüstungen verfügen.

Für die Bauausführung setzen der Auftraggeber und der Auftragnehmer je eine für ihren Aufgabenbereich verantwortliche Bauleitung ein. Den Bauausführenden müssen die Vorschriften, Bestimmungen und Normen, insbesondere die sicherheitsrelevanten, z.B. Unfallverhütungsvorschriften (UVV), StVO und RSA, bekannt sein. Hinweise zu qualitätssichernden Maßnahmen können auch Kapitel 10 entnommen werden.

Die Kabellegung muss so erfolgen, dass niemand gefährdet wird, die Beeinträchtigung Dritter so gering wie möglich ist, weder das zu legende Kabel noch vorhandene Anlagen beschädigt werden, im späteren Betrieb eine Beschädigung oder Beeinträchtigung möglichst vermieden wird.

Um diesen Forderungen gerecht zu werden, sind u.a. die entsprechenden Vorschriften, Normen und Vereinbarungen einzuhalten.

Die Ausführungen in diesem Abschnitt und den nachfolgenden Unterabschnitten gelten im Wesentlichen für die Kabellegung in Verteilungsnetzen. Für die Legung von Hochspannungskabeln sind diese Aussagen grundsätzlich auch gültig, zumal heute verwendete Hochspannungskabel und deren Garnituren vergleichbar mit den entsprechenden Technologien in der Mittelspannung sind.

Anders sieht es bei Höchstspannung aus: hier handelt es sich um Einzelprojekte, die in der Regel komplett von Hersteller realisiert werden. Das umfasst Herstellung, Lieferung, Legung, Montage und Prüfung.

8.1.1 Sichern der Arbeitsstelle

Zum Schutz der Verkehrsteilnehmer, der Arbeitskräfte und der Baustelleneinrichtungen müssen Arbeitsstellen an Straßen gemäß StVO gekennzeichnet und abgesperrt sowie Verkehrsbeschränkungen angeordnet werden, siehe hierzu auch RSA. Das gilt sinngemäß auch für Arbeitsstellen im nichtöffentlichen Bereich.

8.1.1.1 Vorgaben der Straßenverkehrsordnung (StVO)

§ 43 Verkehrseinrichtungen

Die Sicherung von Arbeitsstellen und der Einsatz von Absperrgeräten erfolgen nach den „Richtlinien für die Sicherung von Arbeitsstellen an Straßen“ (RSA), die der Bundesminister für Verkehr im Einvernehmen mit den zuständigen obersten Landesbehörden im Verkehrsblatt bekanntgibt.

§ 45 (6)

Vor Beginn von Arbeiten, die sich auf den Straßenverkehr auswirken, müssen die Unternehmer – die Bauunternehmer unter Vorlage eines Verkehrszeichenplans – von der zuständigen Behörde Anordnungen nach Absatz 1 bis 3 darüber einholen, wie ihre Arbeitsstellen abzusperren und zu kennzeichnen sind, ob und wie der Verkehr, auch bei teilweiser Straßensperrung, zu beschränken, zu leiten und zu regeln ist, ferner ob und wie sie gesperrte Straßen und Umleitungen zu kennzeichnen haben. Sie haben diese Anforderungen zu befolgen und Lichtzeichenanlagen zu bedienen.

Verwaltungsvorschrift (VwV) zu § 45

Wer zur Unterhaltung der Verkehrszeichen und Verkehrseinrichtungen verpflichtet ist, hat auch dafür zu sorgen, dass diese jederzeit deutlich sichtbar sind (z.B. durch Reinigung, durch Beschneiden oder Beseitigen von Hecken und Bäumen).

§ 39

Es dürfen nur die in der StVO abgebildeten Verkehrsschilder verwendet werden oder solche, die der Bundesminister für Verkehr durch Verlautbarung im Verkehrsblatt zulässt.

Verkehrsschilder sind gut sichtbar in etwa rechtem Winkel zur Verkehrsrichtung auf der rechten Seite der Straße anzubringen. Es ist darauf zu achten, dass Verkehrsschilder nicht die Sicht behindern.

8.1.1.2 Vorgaben der Richtlinien für die Sicherung von Arbeitsstellen an Straßen (RSA)

Die Absperrung und Kennzeichnung der Baustelle obliegt dem Bauunternehmer aufgrund der nach dem bürgerlichen Recht bestehenden Verkehrssicherungspflicht.

Die Anordnung von Verkehrsbeschränkungen darf nur die Straßenverkehrs- oder Straßenbaubehörde treffen.

Der Bauunternehmer hat die notwendigen Verkehrszeichen im Auftrag dieser Behörde anzubringen. Bringt der Bauunternehmer selbständig ohne vorherige Anordnung Verkehrsbeschränkungen an, so gelten diese gegenüber den übrigen Verkehrsteilnehmern nicht.

Verkehrszeichen (einschl. der Zusatzschilder) zur Sicherung von Arbeitsstellen müssen voll retroreflektierend ausgebildet sein.

Verkehrszeichen zur Sicherung von Arbeitsstellen müssen standfest und gut sichtbar aufgestellt werden. Sie sollen leicht auswechselbar befestigt sein. Ihr lichter Abstand vom Fahrbahnrand muss außerorts mindestens 0,50 m und darf höchstens 1,50 m betragen. Innerorts kann, sofern ein Hochbord vorhanden ist, der Mindestabstand 0,30 m betragen. Der Mindestabstand ihrer Unterkante vom Boden beträgt 0,60 m. Eine höhere Anordnung ist anzustreben. Bei Verwendung von Schnellaufstellvorrichtungen an Arbeitsstellen von kürzerer Dauer können die oben genannten Abstandsmaße unterschritten werden.

StVO:

> *„Vor Arbeitsstellen ist durch das Zeichen 123 zu warnen. Außerhalb geschlossener Ortschaften genügt es, auf Straßen mit geringerer Verkehrsbedeutung, auf denen nur langsam gefahren wird, dieses Zeichen 200 m vor der Arbeitsstelle aufzustellen. Auf schnell befahrenen Straßen, auf Straßen mit stärkerem*

Verkehr und solchen mit mehr als zwei Fahrstreifen soll es dagegen schon 400 m davor aufgestellt werden und das Zeichen „Einseitig verengte Fahrbahn“ (Zeichen 121) nach 200 m folgen. Auf Straßen mit mehreren Fahrbahnen, auf denen schnell gefahren wird, muss schon 800 m beiderseits durch das Zeichen 123 gewarnt und diese Warnung ebenfalls beiderseits durch das Zeichen 121 (verengte Fahrbahn) dreimal jeweils im Abstand von 200 m wiederholt werden, soweit nicht Überleitungstafeln (Zeichen 469) verwendet werden. Wo die Warnung wiederholt wird, ist die Entfernung zur Arbeitsstelle an allen Gefahrenzeichen auf einem Zusatzschild anzugeben.“

Zeichen 123 ist immer aufzustellen, wenn sich eine Arbeitsstelle unmittelbar auf den Verkehr auswirkt. Dies gilt auch, wenn noch andere Gefahrenzeichen (z.B. Zeichen 120) aufgestellt werden. Nur wenn der gesamte Verkehr vor Beginn der Arbeitsstelle umgeleitet wird, ist Zeichen 123 nicht erforderlich.

Von der oben genannten Möglichkeit, Zeichen 123 außerorts erst 200 m vor der Arbeitsstelle aufzustellen, sollte nur im Einzelfall nach sorgfältiger Prüfung Gebrauch gemacht werden. In den Regelplänen ist diese Lösung nicht vorgesehen. Bildet sich vor einer Arbeitsstelle häufig ein Stau, der über die Regelbeschilderung hinausreicht, so kann es sich empfehlen, entsprechend der örtlichen Erfahrung über die Staulänge vor dem Beginn des Staus durch ein weiteres Zeichen 123 mit Entfernungsangaben zu warnen.

Weitere Gefahrenzeichen werden nur erforderlich, wenn die Gefährdung über das an Arbeitsstellen übliche Maß hinausgeht. Als Warnung vor den an Arbeitsstellen üblichen Gefahren und Behinderungen genügt Zeichen 123 (Bild 8.3).

Bild 8.3
Zeichen 123 gemäß StVO „Baustelle“

8.1.1.3 Sicherung gegen Abrutschen der Massen (Auszug aus BGV C22)

Bei Erd-, Fels- und Aushubarbeiten sind Erd- und Felswände so abzuböschen oder zu verbauen, dass Beschäftigte nicht durch Abrutschen der Massen gefährdet werden können. Dabei sind zusätzliche Einflüsse, die die Standsicherheit des Erdbodens beeinträchtigen können, zu berücksichtigen.

Maschinell ausgehobene Leitungsgräben in vorübergehend standfesten Böden von mehr als 1,25 m Tiefe mit nicht abgeböschten Wänden dürfen erst betreten werden, nachdem ein Verbau eingebracht worden ist, der zur Sicherung der Grabenwände ausreicht. Dieser Verbau darf nur mit Hilfe von berufsgenossenschaftlich anerkannten Verbaugeräten oder Verbauverfahren entsprechend der Betriebsanleitung eingebracht werden. Der Aushub darf dem Verbau nur so weit vorauseilen, wie es das eingesetzte Verbaugerät oder Verbauverfahren erfordert.

Erd- und Felswände dürfen nicht unterhöhlt werden. Überhänge sind unverzüglich zu beseitigen.

Bei Aushubarbeiten freigelegte Findlinge, Bauwerksreste und dergleichen, die abstürzen oder abrutschen können, sind unverzüglich zu beseitigen.

An den Rändern von Baugruben und Kabelgräben, die betreten werden müssen, sind gemäß DIN 4124, mindestens 0,60 m Breite, möglichst waagerechte Schutzstreifen anzuordnen und von Aushubmaterial, Hindernissen und nicht benötigten Gegenständen freizuhalten. Bei Gräben bis zu einer Tiefe von 0,80 m kann auf einer Seite auf den Schutzstreifen verzichtet werden.

8.1.1.4 Sichern von Kabelspulen

Kabelspulen sind auf der Baustelle gegen Wegrollen (Bild 8.4) zu sichern. Bei Baustellen im öffentlichen Verkehrsraum muss die Sicherung so beschaffen sein, dass sie nur mit Hilfe von Werkzeugen entfernt werden kann. Eine Möglichkeit besteht in einem Rahmen aus Kanthölzern, die mit Nägeln verbunden sind.

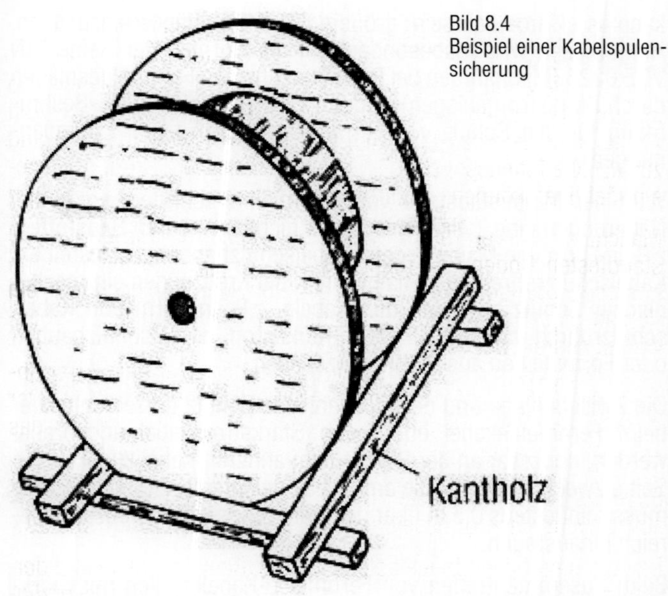

Bild 8.4
Beispiel einer Kabelspulensicherung

8.1.2 Zusammentreffen von Starkstromkabeln mit anderen Anlagen

8.1.2.1 Erkundigungspflicht

Vor dem Beginn von Bauarbeiten müssen zur Vermeidung von Personengefährdungen und Beschädigungen von Anlagen bei den Betreibern dieser Anlagen Erkundigungen eingeholt werden, ob im vorgesehenen Arbeitsbereich unterirdische Anlagen vorhanden sind, siehe auch Abschnitt 8.3.

8.1.2.2 Zusammentreffen von Kabeln und Fernmeldeanlagen

Beim Zusammentreffen unterirdischer Fernmelde-Kabellinien mit unterirdischen Starkstromkabeln soll auch – bei Verlegung im selben Graben – ein Mindestabstand von 0,1 m eingehalten werden. Anmerkung: In besonderen technisch begründeten Fällen kann es erforderlich sein, größere Mindestabstände einzuhalten. Hingewiesen wird insbesondere auf die Normen der Reihe DIN VDE 0228 (Maßnahmen bei Beeinflussung von Fernmeldeanlagen durch Starkstromanlagen) und auf DIN VDE 0845 (VDE-Bestimmung für den Schutz von Fernmeldeanlagen gegen Überspannungen).

Wird der Mindestabstand von 0,1 m unterschritten, so ist bei Näherungen eine Zwischenlage aus nichtbrennbaren Baustoffen, z.B. in Form von Mauerziegeln, Kabelschutzhauben, Formsteinen, Kabelschutzrohren oder -halbrohren, bei Kreuzungen ein mechanischer Schutz zwischen den Kabeln, z.B. in Form von Kabelschutzrohren aus Metall oder Kunststoff, Kabelschutzhauben oder Formsteinen aus Beton, vorzusehen.

Die Zwischenlage und der mechanische Schutz dürfen entweder beim Fernmeldekabel oder beim Starkstromkabel angebracht werden, und zwar an der jeweils dem anderen Kabel zugekehrten Seite, zweckmäßigerweise am zuletzt gelegten Kabel. Der Schutz muss mindestens 0,5 m über den Näherungs- bzw. Kreuzungsbereich hinausragen.

Beim Zusammentreffen von Fernmelde-Kabelkanälen mit Starkstromkabelanlagen empfiehlt es sich, unterkreuzende Starkstromkabel in Schutzrohren (z.B. geteilte Rohre) zu legen, damit bei Instandhaltungs- oder Änderungsarbeiten an den Starkstromkabeln Aufgrabungen im Kreuzungsbereich vermieden werden können.

Beim Zusammentreffen von Fernmelde-Kabelkanälen aus Kunststoffrohren mit Starkstromkabelanlagen müssen beim Kreuzen (Über- und Unterkreuzen), Nähern und Parallelführen folgende Mindestabstände eingehalten werden:

- ohne besonderen Schutz der Kunststoffrohre 0,3 m
- mit besonderem Schutz der Kunststoffrohre 0,1 m
  (z.B. Verfüllen der Rohrzwischenräume mit Magerbeton)

Von diesen Werten darf nach Übereinkunft zwischen den betroffenen Betreibern abgewichen werden.

Beim Zusammentreffen unterirdischer Bauteile von oberirdischen Fernmeldelinien (z.B. Mastfundament) mit Kabelanlagen soll zwischen den im Erdreich liegenden Bauteilen der beiden Sparten ein Mindestabstand von 0,8 m eingehalten werden. Geringere Abstände sind zulässig, wenn zwischen beiden Sparten ein mechanischer Schutz eingebaut wird. Dieser Schutz muss beiderseits mindestens 0,5 m über die Stelle der Kreuzungs- bzw. Näherungsstelle hinausragen. Ggf. sind weitere Anforderungen von Telekommunikationsbetreibern zu beachten.

8.1.2.3 Zusammentreffen von Kabeln und Rohrleitungen

Bei Kreuzungen und Näherungen von Kabeln mit Gas- und Wasserleitungen sowie mit sonstigen Rohrleitungen ist Folgendes zu beachten:

Bei Kreuzungen zwischen Kabeln mit Nennspannungen über 1 kV und Rohrleitungen soll ein Abstand von mindestens 0,2 m eingehalten werden. Wenn dieser Abstand nicht eingehalten werden kann, muss eine Berührung zwischen Kabeln und Rohrleitungen z.B. durch Zwischenlegen isolierender Schalen oder Platten verhindert werden. Diese Maßnahme ist mit den Betreibern der Rohrleitungen abzustimmen.

Bei seitlichen Näherungen bzw. Parallelführungen soll zwischen Kabeln über 1 kV und Rohrleitungen ein Abstand von mindestens 0,4 m eingehalten werden. Ein Abstand von 0,2 m soll auch an Engpässen nicht unterschritten werden. Wenn an Engpässen der Abstand von 0,2 m nicht eingehalten werden kann, so muss durch geeignete Maßnahmen eine direkte Berührung zwischen Kabeln und Rohrleitungen verhindert werden. Diese Maßnahmen sind mit den Betreibern der Rohrleitungen abzustimmen.

Diese Festlegungen in DIN VDE 0101 sind sinngemäß gleich den Aussagen in den „Technischen Regeln“ des DVGW (Deutscher Verein des Gas- und Wasserfaches e.V.) Arbeitsblatt G 462/1 (Gasleitungen bis 4 bar Überdruck), Arbeitsblatt G 462/11 (Gasleitungen 4 bar bis 16 bar Betriebsdruck) und Arbeitsblatt G 463 (Gasleitungen über 16 bar Betriebsdruck). In den Arbeitsblättern G 462/11 und G 463 wird die Einschränkung „Kabel über 1 kV“ nicht gemacht, so dass hier die Aussagen auch für Kabel bis 1 kV gelten.

8.1.3 Durchführung der Kabellegung

Empfehlungen zur Legung der Kabel enthalten die Normen der Reihe DIN VDE 0276.

8.1.3.1 Anlieferung und Transport der Kabel

Versandspulen dürfen nur so weit bewickelt werden, dass von der äußeren Kabellage bis zum Rand der Spulenscheibe ein ausreichender Abstand bleibt. Dieser darf den zweifachen Kabelaußendurchmesser nicht unterschreiten und muss mindestens 5 cm betragen.

Um zu enge Biegeradien der unteren Kabellagen zu vermeiden, müssen die Spulenkerne einen, den Kabelbauarten zugeordneten Mindestdurchmesser nach Tabelle 8.2 aufweisen. Zwischen den dort angegebenen Spulenkerndurchmessern und den angegebenen Biegeradien für die Legung besteht kein direkter Zusammenhang, da es sich um grundsätzlich unterschiedliche Beanspruchungen handelt.

Die Kabelenden müssen während des Transportes, der Lagerung und der Legung bis zur Montage wasserdicht verschlossen sein, siehe auch Abschnitt 8.2.2.

Der Kabeltransport ist nur mit dafür geeigneten Fahrzeugen durchzuführen. Geeignet sind kombinierte Transport- und Legewagen (selbstfahrend oder Anhänger) mit Vorrichtungen zum Auf- und Abladen sowie einem Antrieb zum Drehen und Bremsen der Kabelspule. Bild 8.5 zeigt als Beispiel einen Anhänger mit der entsprechenden Ausrüstung.

Tabelle 8.2 Mindest-Spulenkerndurchmesser und Biegeradien

Kabelbauart	Aderart	Spulenkern-Durchmesser	Zulässige Kabelbiegeradien
Kunststoffkabel			
1 kV ohne metallene Umhüllung	einadrig	18 • d[1)]	15 • d[1)]
	mehradrig < 95 mm^2	15 • d[1)]	12 • d[1)]
	mehradrig > 95 mm^2	18 • d[1)]	
1 kV mit metallener Umhüllung		20 • d[1)]	15 • d[1+2)]
> 1 kV mit metallener Umhüllung	einadrig	18 • d[1)]	15 • d[1)]
	mehradrig	18 • d[1)]	
papierisolierte Kabel			
mit Bleimantel	einadrig	25 • d[1)]	25 • d[1)]
	Gürtelkabel	18 • d[1)]	15 • d[1)]
	Dreimantelkabel	15 • d[1)]	
mit Al-Mantel	einadrig	30 • d[1)]	30 • d[1)]

1) Kabeldurchmesser: Größtwert nach Norm bzw. Herstellerangabe
2) bei verseilten einadrigen Kabeln, Durchmesser über der Verseilung

Spulen über 1 m Flanschdurchmesser sind mit waagerecht liegender Spulenachse zu transportieren und gegen Wegrollen zu sichern. Zum Auf- oder Abladen müssen geeignete Vorrichtungen verwendet werden, damit Beschädigungen der Kabel und der Spulen vermieden werden. Spulen mit Kabeln dürfen nur über kürzere Strecken und auf festem ebenen Untergrund in der auf der Spulenscheibe angegebenen Richtung gerollt werden. Die Kabelenden müssen so sicher befestigt sein, dass sie sich beim Transport nicht lösen können. Kurze Kabellängen dürfen in Ringen liegend transportiert und gelagert werden. Die zulässigen Biegeradien nach Tabelle 8.2 dürfen nicht unterschritten werden.

Bild 8.5 Kabeltransport-Anhänger mit Ladevorrichtung und Spulenantrieb mit entsprechender Ausrüstung

8.1.3.2 Kabellegung in offener Bauweise

8.1.3.2.1 Anlage des Kabelgrabens

Werden Kabel in öffentlichen Flächen gelegt, so sollte die Anordnung in Abstimmung mit dem Straßenbaulastträger und anderen Leitungsbetreibern nach DIN 1998 „Unterbringung von Leitungen und Kabeln in öffentlichen Flächen" erfolgen, Bild 8.6.

Je nach Gehwegbreite stehen den einzelnen Netzbetreibern bestimmte Zonen zur Verfügung. In der Praxis bereitet jedoch die Unterbringung der Versorgungsleitungen wegen dichter Trassenbelegung in vielen Gehwegen Schwierigkeiten, so dass die Anordnung nach DIN 1998 nicht immer eingehalten werden kann.

Die Anlage von Kabelgräben in öffentlichen Verkehrsflächen kann nach den „Zusätzlichen Technischen Vertragsbedingungen und Richtlinien für Aufgrabungen in Verkehrsflächen" (ZTV A StB 97/06) erfolgen. Diese sind von der Forschungsgesellschaft für Straßen- und Verkehrswesen, Arbeitsausschuss

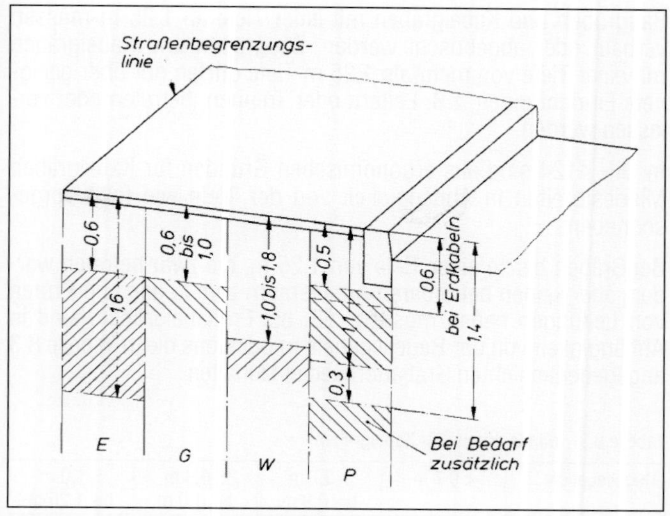

Bild 8.6 Anordnung der Versorgungsleitungen in Gehwegen aus DIN 1998

Kommunaler Straßenbau unter Mitwirkung der verschiedenen Leitungsbetreiber erarbeitet worden. Die ZTV A StB 97/06 behandeln den Aufbruch der Verkehrsflächen, den Aushub und das Verfüllen der Kabelgräben sowie die Wiederherstellung der Verkehrsflächen.

Die bei der Durchführung von Erdarbeiten zu beachtenden Vorgaben sind u.a. in der Unfallverhütungsvorschrift BGV C22 „Bauarbeiten" und in DIN 4124 „Baugruben und Gräben, Böschungen, Arbeitsraumbreiten, Verbau" aufgeführt.

Nach den Normen der Reihe DIN VDE 0276 sollen in Erde gelegte Kabel mindestens 0,6 m, unter Fahrbahnen von Straßen jedoch 0,8 m unter der Erdoberfläche gelegt werden (Angaben beziehen sich auf Sohlentiefe). Bei geringeren Legetiefen ist das Kabel durch andere Maßnahmen entsprechend zu schützen.

Baugruben und Kabelgräben mit einer Tiefe ab 1,25 m müssen verbaut oder abgeböscht werden. Baugruben und Kabelgräben mit einer Tiefe von mehr als 1,25 m Tiefe dürfen nur über geeignete Einrichtungen, z.B. Leitern oder Treppen, betreten oder verlassen werden.

In DIN 4124 sind aus ergonomischen Gründen für Kabelgräben Mindestbreiten in Abhängigkeit von der Tiefe wie folgt vorgeschrieben:

Bei Gräben bis zu einer Tiefe von 1,25 m, die zwar betreten werden, aber keinen betretbaren Arbeitsraum zum Legen und Prüfen von Leitungen haben müssen, z.B. bei Erdkabelgräben, sind in Abhängigkeit von der Regellegetiefe mindestens die in Tabelle 8.3 angegebenen lichten Grabenbreiten einzuhalten.

Tabelle 8.3 Mindestbreite für Kabelgräben

Regellegetiefe	< 0,7 m	> 0,7 m bis 0,9 m	> 0,9 m bis 1,0 m	> 1,0 m bis 1,25 m
Grabenbreite	0,3 m	0,4 m	0,5 m	0,6 m

Die Breite des Standard-Kabelgrabens beträgt 30 cm. Bei der Legung von Kabeln und Rohren ist die in der Tabelle 8.4 angegebene anteilige Breite als Kalkulationshilfe für den Platzbedarf zu berücksichtigen.

Tabelle 8.4 Platzbedarf für Kabel und Rohre

Kabeltyp oder Rohrnennweite	**Platzbedarf** [cm]
Straßenbeleuchtungs- (SB) oder Fernmeldekabel (FM)	10
Niederspannungskabel (NS) oder Rohre bis DN 75	10
Mittelspannungskabel (MS) bis 185 mm^2 oder Rohr > DN 75 bis DN 125	15
Mittelspannungskabel (MS) (> 185 mm^2) oder Rohr > DN 125 bis DN 160	20

Bei Legung von Starkstromkabeln ist ein mittlerer Abstand zwischen den Kabeln von 7 cm einzuhalten.

Werden mehrere Straßenbeleuchtungs-, Telekommunikations- und/oder Steuerkabel gelegt, kann in Abstimmung mit anderen Netzbetreibern auf einen Abstand untereinander verzichtet werden.

Bei Legung (bzw. Mitlegung) von Rohren für den Einzug von Kabeln beträgt der Abstand zum benachbarten Rohr oder Kabel mindestens 5 cm. Bei Häufungen und teuren Oberflächen ist zu prüfen, ob eine 2-Ebenen-Anordnung möglich ist.

Die Breite und ggf. Mehrtiefe bei mehrlagiger Belegung des Kabelgrabens richtet sich nach der Anzahl der zu legenden Kabelsysteme und der Trassenführung.

Tabelle 8.5 Legetiefen

Trasse	Erforderliche Legetiefe	Bemerkungen
Generell im Erdreich (z.B. Gärten) sowie Geh- und Radwege, Fußgängerzonen, Anliegerstraßen	0,6 m	
In Straßen, bei Straßenkreuzungen	0,8 m	sofern nicht durch örtliche Auflagen (z.B. Straßenbauämter, siehe Anmerkung) andere Legetiefen gefordert werden
Land- und forstwirtschaftlich genutzte Flächen	1–1,2 m	abhängig von den örtlichen Verhältnissen, d.h. der Art der Nutzung (regional im Zuge der Projektierung festzulegen); bei Einsatz von landwirtschaftlichen Tiefpflügen kann z.B. eine Legetiefe von 1,2 m erforderlich werden

Als Regellegetiefe wird der Abstand von der Geländeoberfläche bis zur Unterkante des Kabels bezeichnet.

Das Ausheben der Kabelgräben erfolgt überwiegend maschinell. Für schmale Kabelgräben stehen spezielle Bagger und Fräsen zur Verfügung. In unmittelbarer Nähe von Kabeln und Leitungen muss das Erdreich von Hand ausgehoben werden, um Beschädigungen zu vermeiden.

8.1.3.2.2 Hindernisse in Kabelgräben

Einrichtungen für den öffentlichen Gebrauch wie Hydranten, öffentliche Telefone, Einstiegschächte, Wassereinläufe usw. müssen für ihren Zweck zugänglich bleiben. Grenzsteine dürfen nur im äußersten Fall und mit Zustimmung des Betroffenen entfernt werden. Die Wiedereinmessung muss durch einen öffentlich bestellten Vermessungsingenieur erfolgen. Im Baubereich vorhandene Bäume und Sträucher sind zu schonen. Bei Arbeiten im Wurzelbereich von Bäumen ist das Merkblatt „Richtlinien für die Anlage von Straßen, Teil: Landschaftsgestaltung, Abschnitt 4: Schutz von Bäumen und Sträuchern im Bereich von Baustellen“ der FGSV (Forschungsgesellschaft für Straßen- und Verkehrswesen) sowie DIN 18920 (Vegetationstechnik im Landschaftsbau, Schutz von Bäumen, Pflanzenbeständen und Vegetationsflächen bei Baumaßnahmen) zu beachten.

Bäume entziehen dem Erdboden Feuchtigkeit, dadurch kann die Abfuhr der Verlustwärme der Kabel behindert werden. Wurzeln der Bäume können die Kabel und Muffen beschädigen.

Bei Arbeiten an Kabelanlagen können Baumwurzeln beschädigt und dadurch die Bäume in ihrer Standfestigkeit oder in ihrem Wachstum beeinträchtigt werden.

Zur Regelung des Interessenausgleiches zwischen den für die Bäume zuständigen Behörden und den Kabelbetreibern wurde das „Merkblatt über Baumstandorte und unterirdische Ver- und Entsorgungsanlagen“ [17] erstellt. Darüber hinaus kann es örtliche Vereinbarungen und Baum-Schutzanordnungen geben.

In diesem Merkblatt sind gegenseitige Informationen über die Planung von Baumpflanzungen im Bereich von Kabeltrassen und Planung von Kabelanlagen im Bereich von Bäumen angezeigt.

Bei einem Abstand zwischen Baumstamm und Kabel von über 2,5 m sind Schutzmaßnahmen in der Regel nicht erforderlich. Bei einem Abstand zwischen 1 m und 2,5 m ist in Abhängigkeit von der Baum- und Leitungsart der Einsatz von Schutzmaßnahmen zu prüfen. Bei einem Abstand unter 1 m ist eine Baumpflanzung im Ausnahmefall unter Abwägung der Risiken möglich. Schutzmaßnahmen sind zu vereinbaren.

Die Art der Schutzmaßnahmen bedarf einer Abstimmung zwischen den Beteiligten. Mögliche Schutzmaßnahmen sind die Verwendung von Schutzrohren (auch längsgeteilte Rohre) oder Trennwände aus Beton oder Kunststoff, siehe auch Bild 8.7.

Innerhalb des Wurzelbereiches dürfen Schachtungen nur in Handarbeit ausgeführt werden. Bei der Anwendung von Sonderschutzmaßnahmen sind DIN 18920 und die Richtlinien für die Anlage von Straßen, Teil: Landschaftsgestaltung RAS-LG, Abschnitt 4 zu beachten.

Arbeiten im Wurzelbereich von Bäumen sind in möglichst kurzer Zeit durchzuführen, um den Einfluss von Trockenheit und Frost zu begrenzen. Gegebenenfalls ist zu wässern. Wird durch die Baumaßnahme die Standsicherheit von Bäumen gefährdet, muss eine Verankerung der Bäume erfolgen.

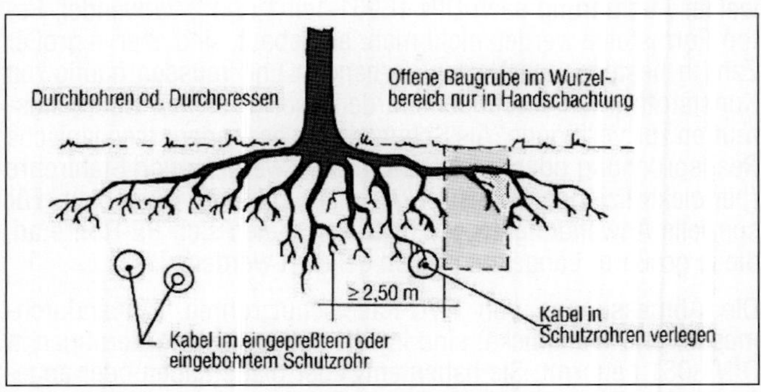

Bild 8.7 Beispiel für Schutzmaßnahmen im Wurzelbereich

8.1.3.2.3 Verwendung von Kabelschutzrohren

Der Einbau von Kabelschutzrohren kann in folgenden Fällen vorteilhaft sein:

- in Bereichen, die nicht für die Dauer der Kabellegung gesperrt werden können, z.B. Fahrbahnen
- in Bereichen, die bei eventuellen späteren Kabelarbeiten nicht wieder aufgebrochen werden sollen, z.B. Einfahrten
- bei Aufbrüchen, in denen zu einem späteren Zeitpunkt weitere Kabel gelegt werden sollen (Reserverohre)
- in Bauwerken wie Brücken, Fundamenten und Gebäuden
- in Wasserläufen (Düker)

Der Innendurchmesser der Schutzrohre muss mindestens das 1,5-fache des Kabelaußendurchmessers betragen. Bei mehreren Kabeln in einem gemeinsamen Rohr ist der Innendurchmesser so zu wählen, dass die Kabel ausreichend Spielraum haben und sich nicht gegenseitig verkeilen. Sollen mehrere Kabelsysteme verrohrt werden, kann es vorteilhaft sein, ein Rohr mit größerem Durchmesser einzubauen, in das mehrere Rohre mit kleinerem Durchmesser eingebracht werden.

Als Kabelschutzrohre in offenen Gräben werden hauptsächlich Kunststoffrohre aus PVC hart oder PE mit hoher Dichte (PE-HD) in glatter Ausführung nach DIN 16874 und 16876 sowie in gewellter Ausführung nach DIN 16961-Teil 1 und 2 verwendet. Beton-Formsteine werden nicht mehr eingebaut, sind aber in großer Zahl in bestehenden Netzen vorhanden und müssen häufig mit Kunststoffrohren verbunden werden; hierfür stehen Übergangsmuffen zur Verfügung. Als Schutz gegen besondere mechanische Beanspruchung oder beim Rohrvortrieb werden auch Stahlrohre (bei elektrifizierten Bahnstrecken nicht zulässig) eingebaut. Für spezielle Anwendungsfälle, z.B. Düker, bieten sich PE-Rohre an, die in größerer Länge auf Spulen geliefert werden.

Die Abmessungen von PVC-Kabelschutzrohren (Außendurchmesser und Wanddicke) sind in DIN 8062, die Anforderungen in DIN 8061 genormt. Sie haben entweder glatte Enden oder angeformte Muffen in unterschiedlicher Ausführung.

Als Zubehör werden für PE- und PVC-Rohre Kabelschutzrohrbögen mit verschiedenen Krümmungsradien und angeformter Muffe geliefert. PE- bzw. PVC-Kabelschutzrohre gibt es auch in längsgeteilter Ausführung mit Verbindungselementen für die Längsnähte.

Hersteller von Kunststoffrohren haben sich zu der „Gütegemeinschaft Kunststoffrohre e.V." zusammengeschlossen. Die Mitglieder dieser Gemeinschaft haben Richtlinien aufgestellt, um eine gleichbleibende Qualität ihrer Produkte zu sichern und dem Anwender kenntlich zu machen. Rohre, die diesen Richtlinien entsprechen, sind mit dem RAL-Gütezeichen gekennzeichnet.

Die Kabelschutzrohre werden möglichst gradlinig auf der planierten und verdichteten Grabensohle verlegt. Vor den Rohröffnungen sollte die Grabensohle etwas tiefer liegen, damit beim Kabelziehen keine Steine oder Erdreich mit in die Rohre gezogen werden, die das Kabel einklemmen. Die Öffnungen der Rohre werden so abgedichtet, dass die Rohre nicht zuschlämmen. Unbelegte Rohre sollten z.B. mit einem Abdichtbecher aus Kunststoff verschlossen werden.

Die Stirnseite des Abdichtbechers ist mit einer Befestigungsöse für einen Zugdraht versehen. Vorsorglich eingezogene Zugdrähte müssen korrosionsfest sein. Soll die Abdichtung gas- und wasserdicht sein, können Abdichtstopfen mit einer Stopfbuchsverschraubung verwendet werden, Bild 8.8.

Bild 8.8
Abdichtstopfen für unbelegte Rohre

Sollen belegte Rohre gas- und wasserdicht verschlossen werden, können Abdichtringe verwendet werden. Diese bestehen aus zwei längsgeteilten Dichtungshälften aus Spezialkautschuk, die über vier Spannringhälften mittels vier Spannschrauben gedichtet werden, Bild 8.9.

Um eine einwandfreie Abdichtung zu erreichen, muss das Kabel im Bereich der Abdichtung eine glatte Oberfläche haben.

Einadrige Kabel dürfen in Wechsel-/Drehstromanlagen einzeln nicht von einer geschlossenen Stahlumhüllung (Stahlrohre, Stahlschellen oder Ähnliches) umgeben sein, da die Magnetisierungsverluste eine zusätzliche Erwärmung bewirken.

Einadrige Kabel müssen so festgelegt werden, dass sie die mechanische Wirkung von Stoßkurzschlussströmen aufnehmen können.

Bild 8.9 Abdichtring für belegte Rohre

8.1.3.2.4 *Ausbau des Kabelgrabens*

Kabel größeren Querschnittes und größerer Länge werden aus wirtschaftlichen Gründen überwiegend maschinell gezogen. Um hierbei den Kabelzug ohne Überbeanspruchung des Kabels und ohne Schädigung anderer Anlageteile durchführen zu können, muss die Kabeltrasse mit Lauf-, Eck- und Abweisrollen (Bild 8.10 und 8.11) sowie Kabelschutzbögen (vor Rohröffnungen) so ausgebaut werden, dass das Kabel mit geringstmöglichem Reibungswiderstand gezogen werden kann.

Vor der Spule kann eine Führung des Kabels über die Wickelbreite durch einen Kabelleitrollenbock erfolgen, Bild 8.12.

Beim Kabelzug von Hand, was nur bei kleineren Kabelquerschnitten üblich ist, sollte wenn nötig der Ausbau der Trasse sinngemäß erfolgen.

Die Kabelraupe (Bild 8.13) sollte vor Bögen eingesetzt werden. Die Kabelraupe ist so schmal, dass sie im Kabelgraben aufgestellt werden kann. Das Kabel läuft in der Raupe zwischen zwei Förderbändern, wobei die Kraftübertragung durch Hartgummi- oder Kunststoffgreifer erfolgt, die auch gebündelte einadrige Kabel erfassen. Die Geschwindigkeit der Kabelraupe ist stufenlos regelbar und muss auf die Zuggeschwindigkeit der Winde abgestimmt sein.

Bild 8.10 Laufrolle

Bild 8.11 Eckrollen

Bild 8.12 Kabelleitrollenbock

Bild 8.13 Kabelraupe

8.1.3.2.5 Ziehen des Kabels

Beim Abspulen des Kabels kann das innen liegende Kabelende aus der Spule heraustreten. Dies tritt ein, wenn die Kabellagen zu locker sind (locker aufgewickelt oder durch Schrumpfung des Spulenkerns). Ein austretendes Kabelende muss sich frei bewegen können. Das Kabelende muss während des Kabelzuges entsprechend neu festgelegt werden.

Beim Ziehen der Kabel muss die dabei auftretende Beanspruchung auf das der Kabelbauart verträgliche Maß begrenzt sein.

Auf horizontalen Strecken und bei gut ausgebauten Kabelgräben mit leicht laufenden Rollen sind beim Windenzug etwa folgende Zugkräfte zu erwarten, Tabelle 8.6 [6].

Tabelle 8.6 Auftretende Zugkräfte

Art der Trasse	**Zugkraft des Kabelgewichts** [in Prozent]
Ohne „größere" Krümmungen	15 bis 20
Mit 2 Bögen je 90°	20 bis 40
Mit 3 Bögen je 90°	40 bis 60

Beim Einziehen in Stahl- oder Kunststoffrohre können trotz Schmierung mit geeignetem Kabel-Gleitfett noch größere Zugkräfte erforderlich sein. Bei mehreren Krümmungen bis zu insgesamt 300° können die Zugkräfte bis auf 100% des Kabelgewichtes ansteigen [6].

Die Zugkraftübertragung vom Zugseil auf das Kabel erfolgt entweder durch einen Ziehstrumpf, einen Ziehkopf oder eine angeformte Zugöse an den Drähten einer zugfesten Bewehrung.

Der Ziehstrumpf besteht aus einem Stahlgeflecht mit angeformter Zugöse. Er wird zunächst durch Stauchung aufgeweitet, ganz über das Kabel geschoben und am Ende mit Bindedraht festgelegt. Beim Zug schnürt sich das Stahlgeflecht ein und liegt am Kabelmantel fest an. Glatte Kabelmäntel werden zur besseren Haftung mit einem selbstklebenden Band umwickelt. Kabelziehstrümpfe gibt es auch in längsgeteilter Ausführung. Systeme aus drei Einleiterkabeln können sowohl gemeinsam in einem Ziehstrumpf wie auch mit drei Einzelstrümpfen an einer gemeinsamen Zugöse gezogen werden, Bild 8.14.

Tabelle 8.7 Zulässige Biegeradien und Zugkräfte für ausgewählte Nieder- und Mittelspannungskabel

Pos.	Kabeltyp	U_0/U [kV]	Kabelgewicht ca. [kg/m]	Außendurchmesser min. [mm]	Min. zul. Biegeradius[1] [m]	Max. zul. Zugkraft mit Ziehstrumpf [kN]
1	NAYY – J 4 x 35 RE	0,6/1	1,15	27	0,32	4,2
2	NAYY – J 4 x 150 SE	0,6/1	3,10	44	0,53	18,0
3	NYY – J/O 4 x 10 RE	0,6/1	0,75	17	0,20	2,0
4	NYY – J 5 x 6 RE	0,6/1	0,68	17	0,20	1,5
5	NYY – J 5 x 10 RE	0,6/1	0,93	20	0, 24	2,5
6	NA2XS2Y 3 x 1 x 185 RM/25[2]	6/10	3,75	69	1,04	16,7
7	NA2XS2Y 1 x 185 RM/25	6/10	1,25	32	0,48	5,6
8	NA2XS2Y 1 x 500 RM/35	6/10	2,55	43	0,65	15,0
9	NA2XS2Y 3 x 1 x 150 RM/16/25[2]	12/20	3,75	73	1,10	13,5
10	NA2XS2Y 1 x 150 RM/16/25	12/20	1,25	34	0,51	4,5
11	NA2XS2Y 1 x 240 RM/25	18/30	2,05	43	0,65	7,2
12	N2XSY 1 x 35 RM/16	12/20	0,99	27	0,41	1,75
13	NA2XS2Y 1 x 630 RM/35	12/20	3,20	51	0,77	18,9

1) Beim einmaligen Biegen können die Biegeradien äußerstenfalls auf die Hälfte der in der Tabelle genannten Werte verringert werden, wenn fachgemäße Bearbeitung, wie Vorwärmen des Kabels und Biegen über Schablone nach DIN VDE 0298 Teil 1, sichergestellt ist. Bei der maschinellen Legung wird der 1,5- bis 2-fache Wert der hier genannten Werte empfohlen.

2) Werte für verseiltes Kabelsystem (für den Biegeradius verseilter Systeme ist der Bündeldurchmesser einschließlich Verseilfaktor nach DIN VDE 0299-1 berücksichtigt; er beträgt für drei Adern 2,16).

Bild 8.14 Ziehstrümpfe a) für drei Einleiterkabel b) für Einleiterkabel

Der Ziehkopf, sein Einsatz ist nur bei Kabeln mit Kupferleitern sinnvoll, wird direkt mit den Drähten der Leiter (außer konzentrische Leiter und Schirme) verbunden, Bild 8.15.

Das offene Kabelende muss zum Schutz gegen Feuchtigkeit wasserdicht abgedichtet werden.

Angeformte Zugösen an der Stahldrahtbewehrung werden vom Kabelhersteller oder nach dessen Angabe angebracht. Die zulässige Zugkraft gibt der Kabelhersteller an.

Die Verbindung von Ziehköpfen, Ziehstrümpfen und Zugösen mit dem Zugseil erfolgt durch einen Schäkel, Bild 8.16. Bei Rohrdurchzügen empfiehlt sich ein Schäkel mit „Schlitzbolzen".

Zum Drallausgleich kann ggf. ein Drallfänger zwischengeschaltet werden.

Beim Ziehkopf und beim Ziehstrumpf werden die Zugkräfte praktisch von den Leitern aufgenommen.

Bild 8.15 Ziehkopf

Bild 8.16 Schäkel

Bei Kabeln mit einem Metallmantel oder mit einer Bewehrung oder mit Metallmantel und Bewehrung wird eine kraftschlüssige Verbindung zwischen Ziehstrumpf und Leitern nicht erreicht, jedoch tragen diese Bauelemente zur Zugfestigkeit bei. Diese Verhältnisse werden durch die Anwendung einer empirisch ermittelten Formel (unter Verwendung des Faktors K) für die Ermittlung der zulässigen Zugbeanspruchungen in Abhängigkeit vom Kabeldurchmesser berücksichtigt, Tabelle 8.8. Für Kabel mit zugfester Spezialbewehrung wird die Zugfestigkeit vom Kabelhersteller angegeben.

Tabelle 8.8 Ermittlung der zulässigen Zugkräfte

Ziehart	Kabelbauart	Formel	Faktor
mit Ziehkopf an den Leitern	Alle Kabelbauarten	$P = \sigma \bullet S$	$\sigma = 50\ N/mm^2$ (Cu-Leiter) $\sigma = 30\ N/mm^2$ (Al-Leiter)
mit Ziehstrumpf	Kunststoffkabel, ohne Metallmantel und ohne Bewehrung (z.B. NAYY)	$P = \sigma \bullet S$	$\sigma = 50\ N/mm^2$ (Cu-Leiter) $\sigma = 30\ N/mm^2$ (Al-Leiter)
	Alle drahtbewehrten Kabel (z.B. NYFGbY)	$P = K \bullet d^2$	$K = 9\ N/mm^2$
	Kabel ohne zugfeste Bewehrung:	$P = K \bullet d^2$	
	Einmantelkabel (z.B. N(A)KBA; N(A)KLEY)	$P = K \bullet d^2$	$K = 3\ N/mm^2$
	Dreimantelkabel (z.B. N(A)EKEBA)	$P = K \bullet d^2$	$K = 1\ N/mm^2$

P Zugkraft [N]
σ Zugspannung [N/mm^2]
S Leiternennquerschnitt [mm^2]
d Kabelaußendurchmesser in mm
K Faktor, abhängig von Konstruktion des Kabels [N/mm^2]

Bei gleichzeitiger Legung von drei einadrigen Kabeln mit einem gemeinsamen Ziehstrumpf gelten ebenfalls die Werte nach Tabelle 8.8, wobei zur Errechnung der zulässigen Zugkräfte bei drei verseilten einadrigen Kabeln drei Kabel und bei drei unverseilten einadrigen Kabeln zwei Kabel zugrunde gelegt werden.

Die zulässigen Zugkräfte P ergeben sich aus dem Produkt von zulässigen Zugspannungen der Leiter σ und Summe der Leiternennquerschnitte S.

Bei der Legung dürfen zur Vermeidung von Schäden folgende Kabeltemperaturen nicht unterschritten werden:

PVC-isolierte Kabel	−5 °C
Papierisolierte Kabel	+5 °C
VPE-isolierte Kabel mit PE-Mantel	−20 °C
VPE-isolierte Kabel mit PVC-Mantel	−5 °C

Diese Temperaturen gelten für das Kabel, nicht für die Umgebungstemperatur. Bei niedrigeren Temperaturen muss das Kabel vorgewärmt werden. Dies kann z.B. durch mehrtägige Lagerung in einem warmen Raum oder durch spezielle Warmluftgeräte erreicht werden. Während des Kabeltransportes muss das Kabel durch eine entsprechende Abdeckung vor zu hohem Wärmeverlust geschützt werden.

Auf den Kabelspulen ist ein Pfeil angebracht. Dieser Pfeil gibt die Richtung an, in der Spulen am Boden gerollt werden sollen, damit sich die Kabellagen beim Rollen nicht lockern.

Beim Abspulen der Kabel von der aufgebockten Spule muss sich die Spule entgegen der Pfeilrichtung drehen. Das Kabel wird stets oben von der Spule abgezogen. Beim Abziehen darf sich die Spule nicht zu schnell drehen, sie muss, falls kein maschineller Antrieb vorhanden ist, mit einer Bohle gebremst werden, siehe Bild 8.17. Läuft die Spule schneller, als das Kabel gezogen wird, besteht die Gefahr, dass das Kabel gestaucht und geknickt wird.

Die aufzubringenden Zugkräfte sind geringer, wenn die Zugrichtung so gewählt wird, dass Bögen möglichst am Anfang der Trasse überwunden werden, das Kabel also mit geringer Vorlast das Hindernis überwindet.

Das Legen der Kabel im offenen Graben kann auf verschiedene Weise erfolgen:

- Legen von Hand durch Abziehen von der Spule und Austragen der Kabel oder Ziehen über Rollen
- Legen von Hand vom fahrenden Kabelwagen
- Maschineller Kabelzug

Das **Legen von Hand** ist wegen des Personalbedarfs nur bei leichten Kabeln und kurzen Längen wirtschaftlich. Beim Austragen des Kabels treten keine wesentlichen Reibungskräfte auf, jedoch kann das Kabel unkontrolliert auf Biegung beansprucht werden. Beim Ziehen von Hand über Rollen kann die Zugkraft über die Kabellänge verteilt werden. Es muss aber verhindert werden, dass durch zu starkes Schieben vom hinteren Bereich das Kabel gestaucht wird.

Wird das Kabel von der liegenden Spule oder von Kabelringen **vom fahrenden Fahrzeug** abgezogen, darf es nicht einfach abgehoben werden, da das Kabel verdreht würde. Die Spule bzw. der Ring müssen beim Abzug des Kabels gedreht werden. Diese wenig aufwändige Legeart lässt sich nur bei entsprechenden örtlichen Gegebenheiten (freier Fahrweg, keine Rohre) durchführen. Die Fahrzeuggeschwindigkeit und die Spulendrehung müssen aufeinander abgestimmt sein.

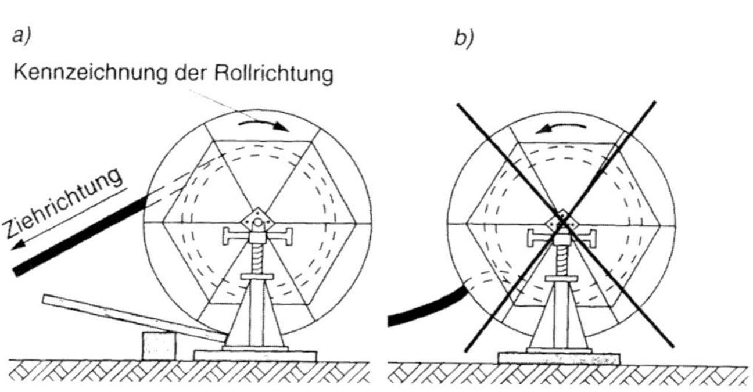

Bild 8.17 Kabelspule
a) richtige Lage (mit einfacher Spulenbremse)
b) falsche Lage

Der **maschinelle Kabelzug** mit einer Winde ist ohne Schädigung des Kabels nur möglich, wenn die auftretende Zugkraft die zulässige Zugkraft nicht überschreitet. Um die Einhaltung der zulässigen Zugkraft sicherzustellen, muss die Winde folgende Bedingungen erfüllen:

- Stufenlos regelbare Zuggeschwindigkeit von 0 bis 20 m/min
- Gut lesbare (auch während des Betriebes) Zugmesseinrichtung, möglichst mit Diagrammschreiber, der die Zugkraft und die gezogene Kabellänge in geometrischer Abhängigkeit angibt
- Stufenlos einstellbare Zugkraftbegrenzung, die bei Erreichen des Einstellwertes automatisch und unverzüglich den Ausziehvorgang unterbricht
- Automatische Regelvorrichtung, die einen gleichmäßigen Seilzug sicherstellt (Ausgleich des sich ändernden Windungsdurchmessers)
- Notstoppschalter, mit dem bei Gefahr der Kabelzug sofort unterbrochen werden kann

Um eine eindeutige Kommunikation aller am Kabelzug beteiligter Personen sicherzustellen, empfiehlt sich der Einsatz einer entsprechenden Zahl von Funksprechgeräten.

Wird die zulässige Zugkraft an der Winde überschritten, kann hier die Zugkraft gemindert werden, indem eine oder mehrere Legemaschinen (Kabelraupen bzw. Kabelschubgerät, z.B. Bild 8.13) eingesetzt werden, die das Kabel zusätzlich schieben oder ziehen.

Nach der Kabellegung sollte die durch den Ziehstrumpf oder Ziehkopf beanspruchte Kabellänge, etwa 2 m, abgeschnitten und verkappt werden.

Für einadrige Kabel in Dreiphasensystemen gibt es folgende Legevarianten:

- Legen von einer Spule, bedeutet Legung in drei Zügen
- Legen von drei Spulen, bedeutet Legung in einem Zug
- Legen eines herstellerseitig verseilten Systems von einer Spule

Einadrige Kabel können **von einer Spule** nacheinander gezogen werden. Bei dieser Legeart, die nur bei kurzen Längen zu empfehlen ist, muss das System anschließend im Kabelgraben gebündelt werden.

Wenn es die örtlichen Verhältnisse zulassen, sollten drei Kabel **von drei Spulen** mit einem Ziehstrumpf oder einem speziellen Ziehstrumpf für drei Einleiterkabel gezogen werden. Die Kabel können vor dem Einlauf in den Graben gebündelt werden.

Mittelspannungskabel bis etwa 185 mm^2 können zu einem System **verseilt auf einer Spule** geliefert werden. Das arbeitsaufwändige Bündeln und die Nacharbeiten, die sich durch unterschiedliche Längen an Bögen ergeben, entfallen.

Werden die Kabel in einer Ebene gelegt, sollte Folgendes beachtet werden:

Liegen mehrere Systeme parallel, können die Kabel im Abstand von 8 m bis 10 m durch Kennstreifen gekennzeichnet werden, um bei einer späteren Freilegung die Identifizierung zu erleichtern.

Kabel im Drehstrombetrieb dürfen wegen der Magnetisierungsverluste nicht einzeln in Stahlrohren liegen oder durch Bewehrungskörbe von Gebäuden geführt werden.

Bei der Parallellegung mehrerer Kabel eines Systems sollte mit Rücksicht auf eine gleichmäßige Stromverteilung die Anordnung so gewählt werden, dass sich eine etwa gleich große Induktivität ergibt (Abstände, Phasenanordnung). Je geringer der Abstand zwischen den Kabeln, desto geringer ist der Blindwiderstand.

Bei der Legung papierisolierter Kabel mit „normaler“ Massetränkung (im Gegensatz zu Haftmassekabeln) dürfen mit Rücksicht auf die Wanderung der Tränkmasse bestimmte Höhenunterschiede nicht überschritten werden. Bei Steilstrecken bestehen bis zu einem Gefälle bis 4% keine Einschränkungen, bei einem Gefälle bis 10% darf der Streckenabschnitt 500 m nicht überschreiten.

Bei senkrechter Verlegung dürfen die Höhenunterschiede nach der Tabelle 8.9 nicht überschritten werden. Diese Werte gelten für die Enden der Kabel (z.B. Mastaufführungen).

Tabelle 8.9 Zulässige Höhenunterschiede für Massekabel bei senkrechter Verlegung

Kabelart	Nennspannung U_0/U	Zul. Höhenunterschied
Gürtelkabel und H-Kabel	< 3,6/6	50
	< 6/10	20
Dreimantelkabel	< 6/10	30
	> 6/10 bis 18/30	15

8.1.3.2.6 Bettung, Deckung und Kennzeichnung

Bettung

Die Kabel sollten möglichst in Sand oder verdichtbarem Boden ohne Steine gebettet werden, um einerseits günstige Voraussetzungen für die Wärmeabfuhr zu schaffen, andererseits eine Beschädigung der Kabel beim Verdichten des Füllbodens in der Kabelzone zu vermeiden.

Aktuelle Kabelbauarten (harte PE-Mäntel) und entsprechende Legearten (z.B. Einpflügen) relativierten die ursprüngliche Forderung nach Einsanden bzw. Legen in steinfreiem Boden.

Bei der Trassenwahl sollte jedoch auf die Korngrößen des Bodens geachtet werden und ggf. ein Bodenaustausch geprüft werden.

Deckung

Kabel sind gegen nachträgliche mechanische Beschädigung zu schützen. In Erde gelegte Kabel gelten als ausreichend mechanisch geschützt. Eine Abdeckung der Kabel ist demnach nicht zwingend. Wird eine Abdeckung angebracht, so kann das durch Abdecksteine, Kunststoffabdeckungen oder andere Materialien erfolgen. Eine Abdeckung schützt das Kabel beim Verfüllen und Verdichten des Kabelgrabens und hat bei späterer Freilegung eine begrenzte Signalwirkung. Kunststoffabdeckungen sollten eine dauerhafte Signalfarbe haben und können durch einen Aufdruck den Kabelbetreiber benennen.

Kennzeichnung

Die Kabellage kann durch ein Warnband innerhalb des Grabens gekennzeichnet werden. Das Warnband sollte eine dauerhafte Signalfarbe haben und kann den Betreiber des Kabels angeben. In unwegsamem Gelände kann die Kabeltrasse, auch die Lage von Muffen mit Kabelmerksteinen oder Kabelmerkpfählen gekennzeichnet werden.

8.1.3.3 Grabenlose Bauweise

8.1.3.3.1 Einpflügen von Kabel

Sollten es die örtlichen Verhältnisse zulassen (freies Gelände, keine Hindernisse), können Kabel direkt in das Erdreich eingepflügt werden. Dies erfolgt durch einen speziellen Kabelpflug (Bild 8.18) oder durch Traktoren oder Bagger mit Allrad- oder Raupenantrieb, die mit entsprechenden Zusatzgeräten ausgerüstet sind.

Beim Einpflügen wird in einem Arbeitsgang der Boden geöffnet, das Kabel bzw. Rohr eingelegt und der Boden wieder verschlossen. Der Spalt muss in der Regel nicht verfüllt werden, er schließt sich durch die Rückstellkräfte des Erdbodens. Vor dem Einpflügen muss man sich nicht nur nach eventuell vorhandenen Leitungen und Kabeln, sondern auch nach möglicherweise vorhandenen Drainagen erkundigen.

Bild 8.18 Kabelpflug

Es sind Sohlentiefen bis 1,50 m möglich, bei einer Arbeitsbreite von ca. 3 m. In einem Arbeitsgang können je nach Pflugausstattung beispielsweise zwei Systeme Mittelspannungskabel, ein Fernmeldekabel und ein Trassenwarnband eingebracht werden. Die Spulen werden dabei vom Pfluggerät aufgenommen. Bei sehr vielen gleichzeitig zu legenden Kabeln und Rohren können diese auf einem zusätzlichen Fahrzeug transportiert und über Führungsrollen vom eigentlichen Pfluggerät aufgenommen werden. Sehr vorteilhaft ist das Einpflügen in sandigen Böden, die sehr hohe Legegeschwindigkeiten ermöglichen, das Verfahren kann aber auch bei sehr schweren, steinigen Böden eingesetzt werden.

Je nach Pfluggerät wird der Boden entweder nur durch Verdrängung oder mit Hilfe zusätzlicher Vibration des Pflugschwertes geöffnet.

8.1.3.3.2 Steuerbares Horizontal-Spülbohrverfahren

Bild 8.19 zeigt das Prinzip des Spülbohrverfahrens: Der Vortrieb erfolgt durch die schneidenden Strahlen einer Bohrsuspension (Wasser mit Tonbeimischungen), die unter hohem Druck aus den Düsen einer „Spüllanze" austreten. Das gelockerte Erdreich wird zum Teil durch die Bohrung nach außen, zum Teil in das umgebende Erdreich gespült. Die Spüllanze befindet sich an der Spitze eines elastischen Bohrgestänges. Die Lanze ist durch spezielle Gestaltung des Lanzenkopfes steuerbar und kann Hindernissen ausweichen. Ein Sender in der Lanze und ein Ortungsgerät gestatten die Überwachung des Bohrverlaufes. In der Zielgrube wird die Lanze gegen einen Aufweitkopf ausgetauscht, an den das zu legende Kunststoffrohr angehängt wird. Beim Zurückziehen des rotierenden und spülenden Aufweitkopfes wird die Pilotbohrung erweitert und das Rohr eingezogen. In Fällen, in denen ein Kabelgraben nicht möglich ist, z.B. Querungen von Autobahnen, Flüsse oder Bahnanlagen, ist dies in der Praxis bewährte Technik.

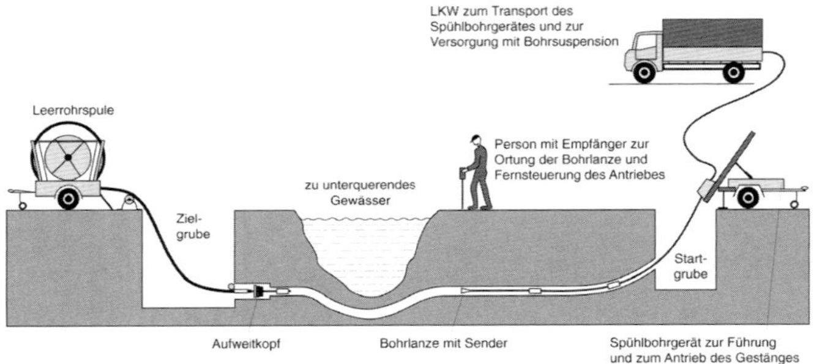

Bild 8.19 Prinzip des Spülbohrverfahrens [5]

8.1.3.3.3 Ungesteuerte Vortriebsverfahren

Die Erdrakete ist ein pneumatisch getriebenes Schlagwerk, das sich durch das radial verdrängte Erdreich arbeitet. Die Rohre können sofort mit dem Schlagwerk oder nachträglich eingezogen werden. Der Einsatz ist auf kurze Längen begrenzt, z.B. zur Erstellung von Hausanschlüssen.

Beim Schlag-Pressverfahren wird ein Stahlrohr mittels eines pneumatisch getriebenen Schlagwerks in der Baugrube durch das Erdreich getrieben. Die einzelnen Rohrabschnitte werden miteinander verschweißt. Nach dem Vortrieb wird das im Rohr befindliche Erdreich aus dem Rohr mittels Spülung oder Bohrschnecke entfernt.

Beim Press-Bohrverfahren werden Stahlrohre hydraulisch durch das Erdreich gepresst. Die einzelnen Rohrabschnitte werden miteinander verschweißt. Während des Pressens wird das Erdreich durch eine Förderschnecke ausgebohrt. Dieses Verfahren eignet sich für größere Längen und Durchmesser.

8.1.3.4 Legen auf Brücken

Beim Bau neuer Brücken sollte der Einbau von später zu belegenden Kunststoffrohren bzw. von Befestigungen für die Rohre vorgesehen werden. Sofern die Brücken keine Kabelkanäle aufweisen, sind die Kabel in Rohre, Halbschalen oder auf Pritschen zu legen. Die Kabel und Kabelträger müssen zuverlässig und korrosionsbeständig befestigt werden. Die Kabel müssen vor Sonneneinstrahlung durch eine Abdeckung geschützt werden. Bei Kabelschutzrohren muss deren temperaturbedingte Längenänderung berücksichtigt werden. In den Muffen sollten die Rohre daher etwa 5 mm Spiel haben.

Im Bereich von beweglichen Widerlagern müssen die Kabel durch einen z.B. S-förmigen Bogen einen Freiraum aufweisen, so dass sie den Bewegungen der Brücke folgen können. Bei Kabeln mit einem Bleimantel ist dessen Schwingungsempfindlichkeit zu berücksichtigen.

Beim Anbringen von Kabeln an Brücken ist die Richtlinie für das Verlegen und Anbringen von Kabel an Brücken (RI-LEI-BRÜ) zu beachten.

8.1.3.5 Legen durch Gewässer

Beim Legen von Kabeln durch Gewässer sind neben regionalen Vorgaben der Wasser- und Schifffahrtsämter sowie ggf. weiterer Behörden die Näherungs- und Kreuzungsvorschriften DIN VDE 0100-520 zu berücksichtigen. Gewässerkreuzungen sind genehmigungspflichtig. Im ersten Projektierungsschritt ist die jeweils zuständige örtliche Verwaltungsbehörde (z.B. Kommunalverwaltung, Rathaus oder Gemeindevertretung) anzusprechen.

Es können die weiter oben genannten grabenlosen Verfahren angewendet werden, abhängig von der Länge der Querung und der Art und Anzahl der Rohre ist das wirtschaftlichste Verfahren auszuwählen.

Weiterhin kann das Kabel bzw. Rohr mit dem Baggerverfahren in der Gewässersohle eingebracht werden.

8.1.3.6 Legen in Gebäuden

Werden Kabel bei waagerechtem Verlauf an Wänden oder Decken mit Schellen befestigt, gelten für die Schellenabstände folgende Richtwerte, damit auch im Kurzschlussfall die auftretenden Kräfte beherrscht werden können:

- bei unbewehrten Kabeln 20-facher Kabeldurchmesser
- bei bewehrten Kabeln 30-facher Kabeldurchmesser

Ein Abstand von 80 cm sollte nicht überschritten werden; größere Abstände sind zulässig, wenn die Kabelkonstruktion höhere Beanspruchungen zulässt (z.B. Stahldrahtbewehrung). Diese Abstände gelten auch für Auflagestellen bei Legung auf Pritschen oder Gerüsten.

Werden Kabel bei senkrechter Legung an Wänden mit Schellen befestigt, dürfen die Schellenabstände je nach dem gewählten Kabel- oder Schellentyp größer sein. Es sollten jedoch Abstände von 1,5 m nicht überschritten werden, siehe Normen der Reihe DIN VDE 0276. Kabelschellen auf einzelnen einadrigen Kabeln dürfen keinen geschlossenen magnetischen Kreis bilden.

Die Kabel dürfen sich an den Befestigungsschellen nicht eindrücken. Gegebenenfalls müssen Schellen mit einer Gegenwanne verwendet werden.

Die zum Einsatz kommenden Kabelschellen müssen entsprechend den auftretenden Kurzschlusskräften dimensioniert und geprüft sein.

Bei der Durchführung von Kabeln durch Außenwände sollten Wanddurchführungen, z.B. Kabelschutzrohre, Schrumpfrohre oder spezielle druckdichte Ein- bzw. Mehrsparteneinführungen, verwendet werden, um das Kabel zu schützen und das Eindringen von Fremdkörpern und Wasser sowie ggf. Gas in das Gebäude zu verhindern. Eine einfache Lösung stellt die sog. Wanddurchführung mit Rollringen dar, siehe Bild 8.20. Bei dieser wird ein sog. Futterrohr beim Errichten der Wand mit eingemauert oder eingegossen. Rohre aus Kunststoff sollten zur besseren Bindung außen eine raue Oberfläche haben. Im Rohr erfolgt die Abdichtung zwischen Kabel und Rohr mittels sog. Rollringe aus synthetischem Kautschuk.

Bei richtiger Zuordnung von Kabel, Rohr und Rollringen ist diese Dichtung bis max. 1 bar wasserdicht und hat eine begrenzte Beweglichkeit, ohne ihre Dichtwirkung zu verlieren. Das Rohr sollte nach außen ein leichtes Gefälle haben.

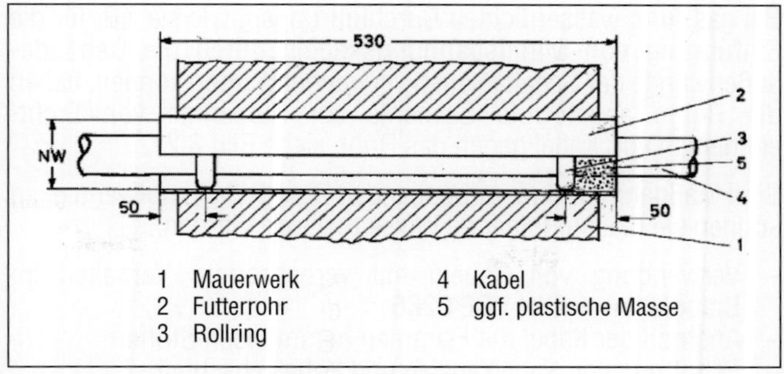

1 Mauerwerk
2 Futterrohr
3 Rollring
4 Kabel
5 ggf. plastische Masse

Bild 8.20 Wanddurchführung mit Rollringen

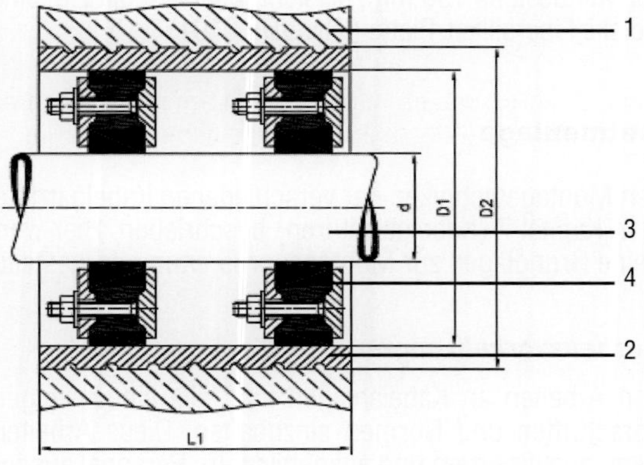

1 Mauerwerk
2 Futterrohr
3 Kabel
4 Dichtungseinsatz

Bild 8.21 Gas- und wasserdichte Wanddurchführung

Bei gas- und wasserdichten Durchführungen, wie sie z.B. für die Einführung von Mittelspannungskabeln durch die Gebäudeaußenwände der Schaltanlagen verwendet werden können, haben die Rohre angeformte Elemente zur Aufnahme von Dichtelementen von Kabel gegen das Rohr, siehe Bild 8.21.

Sind Maßnahmen zum vorbeugenden Brandschutz notwendig, so können sie u.a. auf folgende Weise realisiert werden:

- Verwendung von Kabeln mit verbessertem Verhalten im Brandfall nach DIN VDE 0266
- Anstrich der Kabel mit Flammen hemmenden Stoffen
- Schottung von Kabelkanälen und Kabelschächten
- Kabel auf normal- oder schwerentflammbaren Bauteilen (siehe auch DIN 4102), z.B. Holzwänden, benötigen eine mindestens 300 mm breite, lichtbogenfeste Unterlage oder einen Luftabstand von mindestens 150 mm, als lichtbogenfest gilt z.B. eine 20 mm dicke Fibersilikat-Platte (DIN VDE 0101).

8.2 Kabelmontage

Die einzelnen Montagetechniken der verschiedenen Kabelgarnituren werden in Kapitel 7 (Kabelgarnituren) beschrieben. Hier werden allgemeine Grundlagen zur Montagevorbereitung dargestellt.

8.2.1 Sicherheitsvorkehrungen

Im Zuge von Arbeiten an Kabelanlagen sind alle einschlägigen Gesetze, Vorschriften und Normen einzuhalten. Diese Arbeiten dürfen nur von qualifiziertem und ausgebildetem Personal ausgeführt werden. Weitere Hinweise können Kapitel 12 entnommen werden.

8.2.2 Vorbereitung der Kabel zur Montage

Zur Vermeidung einer mechanischen Überbeanspruchung der Kabel dürfen die in Tabelle 8.2 angegebenen Mindestbiegeradien nicht unterschritten werden. Beim einmaligen Biegen, z.B. vor Endverschlüssen, dürfen die Biegeradien ggf. auf die Hälfte verringert werden, wenn eine fachgemäße Bearbeitung, wie Erwärmen auf 30 °C und Biegen über Schablone, sichergestellt ist, siehe Normen der Reihe DIN VDE 0276.

An VPE-isolierten Mittelspannungskabeln mit einem PE-Mantel kann zwischen Schirm und Erdreich ein Spannungspotential bis in den kV-Bereich entstehen. Die Ursache ist die elektrostatische Aufladung. Um eine Gefährdung durch die Schreckreaktion zu vermeiden, kann das Kabel gezielt entladen werden. Werden leitfähige Schrumpfkappen (Leiter, Schirm und Kappe auf gleichem Potential) verwendet und liegt die Kappe an der Spulenwand an (z.B. mittels Schelle), wird kein wesentliches Potential auftreten, da die Feuchtigkeit der Spule das Potential gegen Erde ableitet.

8.2.2.1 Absetzen des Kabels

Für das Absetzen der Kabel sind je nach Kabelbauart (papierisoliert oder kunststoffisoliert, PVC- oder PE-Mantel usw.) verschiedene Spezialwerkzeuge vorzuhalten und einzusetzen. Die Absetzmaße der einzelnen Kabelaufbauelemente sind den Montageanleitungen der Kabelgarnituren zu entnehmen und zwingend einzuhalten.

8.2.2.2 Entfernen der äußeren Leitschicht

In älteren Mittelspannungskabeln vorhandene graphitierte äußere Leitschichten werden mit einem chemischen Reinigungsmittel restlos abgewaschen. Zu beachten sind die Sicherheitshinweise des Herstellers.

Extrudierte äußere festverbundene Leitschichten werden mit einem speziellen Schälgerät entfernt. Die Leitschicht muss vollständig entfernt werden; dabei ist es unumgänglich, dass ein Teil der Isolierung mit abgeschält wird. Dieser abgeschälte Teil darf aber nur wenige Zehntelmillimeter betragen. Es ist besonders wichtig, dass das Schälmesser kanten- und riefenfrei ist. Es könnten sonst durch die Beschädigung der Isolierung im Betrieb Feldüberhöhungen entstehen, die wiederum Teilentladungen hervorrufen können.

Bei abziehbaren Leitschichten bildet sich eine kleine Stufe, Diese muss mit Leitlack ausgeglichen werden, damit in dem Hohlraum zwischen Isolierung und Feldsteuerelement keine Teilentladung auftreten kann.

Bei papierisolierten Kabeln müssen die Rußpapierlagen vollständig bis zur festgelegten Absetzkante (z.B. Kordelband oder Drahtwickel) abgewickelt und an der Kante sauber abgetrennt werden.

8.2.2.3 Reinigung der Kabel

Kunststoffisolierungen und Kunststoffmäntel müssen immer sorgfältig gereinigt werden, bevor die eigentliche Garnitur montiert wird. Gründe sind eine definierte Haftung und die Vermeidung von Fremdpartikeleinschlüssen.

Die Reinigung kann durch Schmirgeln (rundum, nicht längs, mit Körnung bis max. 150) und/oder chemische Reinigungsmittel erfolgen. Bei PE-Mänteln ist immer Schmirgeln erforderlich, um neben der Reinigung auch eine Vergrößerung der Oberfläche zu erreichen, was die Haftung verbessert.

8.2.2.4 Feuchteprüfung des Kabels

Bei der Montage sollte das Kabel auf Feuchtigkeit untersucht werden. Kabelabschnitte, bei denen sich Wasser im Leiter befindet, müssen abgeschnitten werden. Wasser im Schirmbereich von Kunststoffkabeln ist noch keine unmittelbare Gefährdung, solange keine Korrosionserscheinungen (Grünspan) vorhanden sind. Um spätere Schäden durch Feuchtigkeit zu vermeiden, sollte auch in diesem Fall das Kabel so weit zurückgeschnitten werden, bis keine Feuchtigkeit mehr zu erkennen ist. Die Fehlerursache sollte ermittelt und möglichst beseitigt werden.

Bei papierisolierten Kabeln kann Feuchtigkeit durch die „Spratzprobe“ festgestellt werden. Streifen der Papierisolierung werden mit einem Werkzeug in heißes Isolieröl getaucht, bei Feuchtigkeit bildet sich Schaum (Spratzen). Bei etwa 140 °C braucht zwischen Isolierungen mit einer Tränkmasse auf der Basis von Mineralöl und Polyisobuten nicht unterschieden werden, es ist die Verwendung eines Thermometers angezeigt.

8.2.2.5 *Entsorgung von Abfällen*

Bei der Montage sind immer Maßnahmen zum Schutz der Umwelt zu treffen. Hierzu sind alle einschlägigen Gesetze, Richtlinien und Normen einzuhalten. Dies gilt auch für den Transport und die Lagerung der verwendeten Materialien und zum Einsatz kommenden Werkzeuge und Hilfsmittel.

Bei der Montage sind alle anfallenden Abfallarten sach- und fachgerecht zu entsorgen. Besonders zu beachten sind Entsorgungshinweise auf den Verpackungen von gefahrstoffhaltigen Materialien (z.B. Härterkomponente bei Gießharzen).

Speziell für die Entsorgung von Kabelschrott und ausgebauten Garnituren empfiehlt sich die Beauftragung eines qualifizierten Entsorgungsbetriebes.

8.2.3 *Abdichten der Kabelenden*

Sämtliche Kabelenden müssen so abgedichtet sein, dass kein Wasser in das Kabel eindringen kann. Bei Kunststoffkabeln bis 1 kV genügt eine aufgeklebte oder aufgesteckte PVC-Kappe. Bei Kunststoffkabeln über 1 kV sollten leitfähige Warmschrumpfkappen mit Schmelzkleber (siehe Abschnitt 8.2.2) und bei Bleimantelkabeln aufgelötete Bleikappen verwendet werden. Bei Mittelspannungs-Kunststoffkabeln müssen die Adern gegen den Schirmbereich zusätzlich abgedichtet werden, um eventuell im Schirmbereich vorhandenes Wasser am Eintritt in den Leiter zu hindern. Dies erfolgt nur, wenn das Kabel als Ausläufer im Erdreich für spätere Maßnahmen verbleiben soll.

8.2.4 *Erdungsmaßnahmen in Kabelanlagen über 1000 V*

Bei Starkstromkabeln müssen Bewehrungen und metallene Mäntel bzw. Schirme mindestens an einem Ende mit der Erdungsanlage verbunden werden. Sofern bei einseitiger Erdung Berührungsspannungen größer 50 V auftreten, sind abhängig von der Einwirkzeit Maßnahmen zum Schutz gegen zufälliges Berühren erforderlich.

An Muffen sind Bewehrungen und metallene Mäntel bzw. Schirme der zusammen geschalteten Kabel miteinander, bei metallenen Muffengehäusen auch mit diesen zu verbinden. Isoliermuffen dürfen jedoch eingebaut werden, z.B. um Potentialverschleppungen über Kabelmäntel, Bewehrungen oder Schirme zu vermeiden.

8.3 Schutz der Kabelanlagen vor Beschädigungen

An Kabeln treten ungefähr 0,4 Störungen pro 100 km und Jahr durch die Ursache „Fremde Einwirkung“ auf. Durch Beschädigungen von Kabelanlangen entstehen jährlich sehr hohe volkswirtschaftliche Schäden und eine Vielzahl von Versorgungsunterbrechungen. Dies kann man in der FNN „Störungs- und Schadensstatistik“ bei Beteiligung an dieser Statistik nachlesen.

Schäden an Kabelanlagen entstehen weniger durch fehlerhaftes Material, sondern vielmehr durch unsachgemäße Verarbeitung und durch fremde Einwirkung an der im Erdreich befindlichen Kabelanlage.

Als Fremdverursacher ist der fahrlässig handelnde Schädiger zum Schadensersatz verpflichtet (§ 823 BGB) und muss darüber hinaus ggf. wegen fahrlässiger Baugefährdung (§ 323 StGB) mit einer Strafe rechnen. Fahrlässig im vorliegenden Zusammenhang handelt insbesondere, wer im Rahmen der ihm obliegenden Verkehrssicherungspflicht der Erkundigungspflicht nach unterirdischen Versorgungsleitungen nicht nachkommt. Wem, wann und gegenüber wem diese Verkehrssicherungspflicht obliegt, ist in anerkannten Regeln der Technik und Unfallverhütungsvorschriften festgelegt und darüber hinaus von der Rechtsprechung durch entsprechende Grundsätze entwickelt worden. In den anerkannten Regeln der Technik und Unfallverhütungsvorschriften heißt es zur Erkundigungspflicht nach Kabeln u.a.

in der BGV C22 „Bauarbeiten“ in § 16 (1):

Vor Beginn von Bauarbeiten ist durch den Unternehmer zu ermitteln, ob im vorgesehenen Arbeitsbereich Anlagen vorhanden sind, durch die Personen gefährdet werden können.

Sind Anlagen nach Absatz (1) vorhanden, so sind im Benehmen mit dem Eigentümer oder Betreiber der Anlage die erforderlichen Sicherungsmaßnahmen festzulegen und durchzuführen.

Bei unvermutetem Antreffen von Anlagen nach Absatz (1) sind die Bauarbeiten sofort zu unterbrechen. Der Aufsichtsführende ist zu verständigen.

in DIN VDE 0105 „Betrieb von Starkstromanlagen“ im Abs. 3.1.3:

Vor dem Beginn von Tiefbauarbeiten muss die für diese Arbeiten verantwortliche Person Auskunft über Kabel- und Leitungstrassen einholen.

Die Erkundigungspflicht ist ferner in der höchstrichterlichen Rechtsprechung bestätigt und konkretisiert worden und wird hier aus der Fachkunde, insbesondere von Unternehmern abgeleitet, die sich gewerbsmäßig mit Tiefbau-, Abbruch- und Erdarbeiten befassen. Nach dieser Rechtsprechung genügt es nicht, Rückfrage beim Auftraggeber oder bei den Baulastträgern (z.B. Tiefbauämter der Gemeinden) zu halten. Die Gerichte verlangen, dass die Erkundigungen ausschließlich bei den zuständigen Versorgungsunternehmen eingeholt werden.

Die Erkundigungspflicht obliegt den im Bauunternehmen Verantwortlichen selbst (vergleiche dazu insbesondere BGH: NJW 1971, S. 1313 f. und OLG Köln Vers. R 1976, 791).

Kommt es zu einem Kabelschaden und verweigert der Schädiger den Schadensersatz unter Hinweis auf die angetroffene zu geringe Legetiefe der Kabel, kann auf das Urteil des LG Ravensburg vom 21. 12. 1967 (RDE 1968, 21) Bezug genommen werden. In diesem Urteil ist ein anzunehmendes Mitverschulden des EVU an der Entstehung des Kabelschadens unter Hinweis darauf verneint worden, dass die bei der Legung der Kabel einzuhaltende Regeltiefe durch nachträgliche Bodenniveau-Änderungen ihrerseits Abweichungen erfahren haben kann.

9 Zuverlässigkeit durch Qualitätssicherung

9.1 Qualitätsmanagement

Starkstromkabelanlagen müssen über lange Zeiträume eine zuverlässige Energieversorgung sicherstellen. Dazu werden qualitativ hochwertige Betriebsmittel benötigt, die wiederum von qualifiziertem Personal bestimmungsgemäß eingebaut und betrieben werden müssen. Hierzu ist es erforderlich, dass die Qualitätsmanagementsysteme aller Beteiligten – Hersteller der Betriebsmittel, Betreiber der Anlagen sowie Tiefbau- und Montageunternehmen – ineinander verzahnt sind.

Um eine Vergleichbarkeit von Qualitätsmanagementsystemen zu erhalten, werden diese nach der entsprechenden Normenreihe EN ISO 9000 geprüft und zertifiziert. Speziell für Netzbetreiber wurde das sogenannte Technische Sicherheitsmanagement (TSM) entwickelt. Mit dem Erhalt des entsprechenden Zertifikats hat der Netzbetreiber den Nachweis erbracht, Energie zuverlässig verteilen zu können.

Ein wichtiges operatives Werkzeug aus diesem Gesamtsystem ist eine praktizierte Qualitätssicherung (QS).

Die Hersteller von Kabel und Garnituren stellen durch ihre QS-Systeme sicher, dass die Anwender einwandfreie Produkte erhalten. Basis dafür sind einerseits die einschlägigen DIN-VDE-Produkt- und -Prüfnormen und andererseits eindeutig definierte Anwenderforderungen in z.B. Spezifikationen, Werknormen oder auch Technischen Standards o.Ä.

Hersteller, Netzbetreiber und Tiefbau- und Montageunternehmen erarbeiten gemeinsam in nationalen und internationalen Normungsgremien verbindliche Standards (Normen), wie z.B. DIN EN VDE ISO.

Im Kapitel 10 (Prüfungen) werden wesentliche Prüfverfahren und Normen zu den Starkstromkabelanlagen beschrieben. Im Kapitel 15 (Normen) sind die wichtigsten Normen für Starkstromkabelanlagen gelistet.

9.2 Auswahl von Hersteller und Auftragsvergabe

Zur Absicherung der Qualität reicht es nicht aus, lediglich ein zertifiziertes Qualitätsmanagementsystem und normenkonform produzierte Kabel und Garnituren sowie Tiefbau- und Montageleistungen zu fordern. Es hat sich vielmehr in jahrzehntelanger Erfahrung gezeigt, dass ohne eine vorherige Überprüfung von Herstellern, Produkten und Leistungserbringern ein langjähriger und störungsfreier Betrieb nicht möglich ist.

Eine Möglichkeit der Umsetzung ist ein Präqualifikationsverfahren, in welchem die Leistungsfähigkeit des Unternehmens anhand eines Fragenkataloges vor Ort durch den Anwender selbst oder einen zu beauftragenden Experten überprüft wird. Der Inhalt eines Fragenkataloges ist exemplarisch in den „Erläuterungen für die Ausschreibungspraxis“ [18] dargestellt.

Nach dem Bestehen dieser Präqualifikation kann ein Zertifikat ausgestellt werden, in welchem dem Auftragnehmer eine Zulassung erteilt wird. In einer Ausschreibung kann sich der Hersteller bzw. Leistungserbringer nun bewerben und nach Erhalt von einer Auftragsbestätigung liefern.

Bei einer Auftragsvergabe nach wirtschaftlichen Gesichtspunkten ist nicht allein der Preis entscheidend. Weitere Kriterien sind beispielsweise:

- Einhaltung der Anwenderanforderungen (z.B. Technische Spezifikation, aktuelle Reklamationsquote)
- Eigenschaften der Produkte (Aufbauqualität, Langzeitverhalten, Umweltfreundlichkeit, Betriebserfahrungen usw.)
- Fertigungsverfahren, Forschung und Entwicklung, Umweltschutz
- Qualitätsmanagement (QM) beim Hersteller (durchgeführte Prüfungen, Prüffeldausstattung, Umsetzung des QM-Systems und QM-Vereinbarungen mit Vorlieferanten)
- Leistungsfähigkeit und Struktur des Lieferanten (Lieferkapazität, Serviceleistungen, Geschäftsabwicklung, Mängelabwicklung, Bonität usw.)

Nur bei Beachtung aller Kriterien kann die Qualität der Kabel und Garnituren gesichert werden.

9.3 Wareneingangsprüfung

Bei den Wareneingangsprüfungen werden die angelieferten Produkte auf bedingungsgemäße Lieferung überprüft; sie ermöglichen weiterhin die vergleichende Beurteilung verschiedener Hersteller sowie die Rückkopplung der Ergebnisse mit dem Ziel einer Anpassung der Prüfschärfe, falls erforderlich. Wareneingangsprüfungen können in drei Stufen unterteilt werden:

1. Eingangskontrolle
2. Qualitätskontrolle
3. Qualitätsprüfung

Die **Wareneingangskontrolle** sollte bei jeder Lieferung durchgeführt werden, bei Anlieferung am Lager durch dortiges Personal, bei Anlieferung an anderen Orten (z.B. Baustelle) durch den entgegennehmenden Mitarbeiter. Dabei wird kontrolliert:

- sachgemäßer Transport/Anlieferung
- äußere Unversehrtheit (Inaugenscheinnahme Kabel, Spulen, Verpackung Garnituren)
- ordnungsgemäße Kennzeichnung (Kabel, Spulen, Verpackung Garnituren)
- Übereinstimmung von Bestellung und Lieferung (Vollzähligkeit und Vollständigkeit)

Bei der durch Personal mit spezifischen Produktkenntnissen stichprobenartig durchgeführten **Qualitätskontrolle** werden bestimmte Eigenschaften des Produkts (z.B. Aussehen, Funktion, Beschaffenheit, Abmessungen) überprüft.

Im Rahmen der weitergehenden **Qualitätsprüfung** durch qualifiziertes Prüfpersonal kann – nach einem bestimmten Stichprobenumfang oder bei Qualitätskontrollen festgestellten Auffälligkeiten – bei Kabeln z.B. durch eine Aufbauprüfung geprüft werden, ob der Aufbau der Norm entspricht. Um im Fall einer festgestellten Abweichung diese im Zuge der sich daraus ergebenden Reklamation belegen zu können, ist eine entsprechende Ausrüstung (z.B. optisch/elektronisches System zur Wanddickenmessung) und Dokumentation erforderlich (Bild 9.1). Dies wird im Abs. 10.3.2 näher beschrieben.

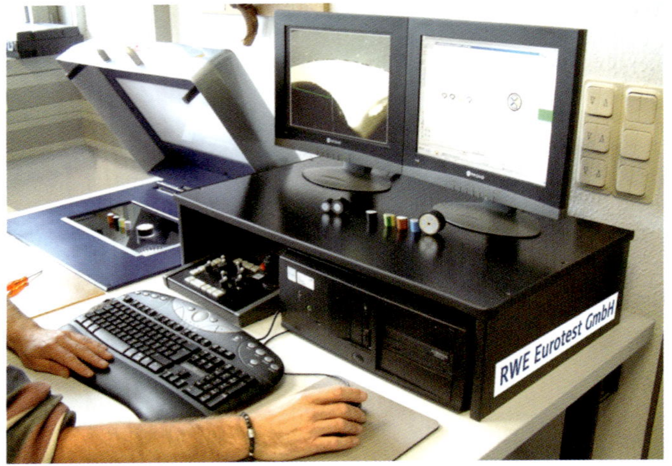

Bild 9.1 Messplatz zur Aufbauprüfung von Kabeln in einem Prüflabor

Falls bei Wareneingangskontrollen Mängel festgestellt werden, müssen unverzüglich entsprechende Maßnahmen, in der Regel zusammen mit dem Hersteller bzw. Lieferanten, eingeleitet werden.

Sollten keine eindeutigen Vorschriften für das zu prüfende Kabel bzw. die zu prüfende Garnitur bestehen, empfiehlt es sich, diese bilateral zwischen Hersteller und Anwender verbindlich zu beschreiben.

9.4 Transport und Lagerung

Die Behandlung der Kabel beim Transport hat wesentliche Auswirkungen auf die Zuverlässigkeit der Kabelanlage.

Die für den Transport der Kabel verwendeten Spulen müssen sich in einem einwandfreien Zustand befinden, um eine Beschädigung der Kabel auszuschließen. Insbesondere gilt dies für Spulenkern, Einlaufschnecke und Flanschinnenseiten (z.B. keine hervorstehenden Nägel). Ein stabiler Zustand der Spulen ist ferner erforderlich, um deren sachgemäße Abladung und Handhabung zu gewährleisten. Die korrekte Rollrichtung der Spule ist durch eine entsprechende Kennzeichnung auf der Spulenscheibe (Richtungspfeil) anzugeben. Ein wetterfestes Spulenschild muss gut lesbar Hersteller, Kabellänge und Kabelkurzzeichen (Typ, Aderzahl, Nennquerschnitt und Nennspannung) enthalten. Vom Rand der Spulenscheibe bis zur äußeren Kabellage muss ein ausreichender Abstand eingehalten werden; Angaben dazu enthalten die Normen der Reihe DIN VDE 0276 und DIN 46391.

Die Kabelenden müssen so befestigt sein, dass sich die Enden während des Transports nicht lösen können. Ein „Durchnageln" des Kabels ist nicht zulässig. Die Kabelenden müssen während des Transports und der Lagerung wasserdicht verschlossen sein. Sie sind mit Endkappen abzudichten, die einen dauerhaften, feuchtigkeitsdichten Abschluss zwischen Mantel und Kappe sicherstellen. Bei VPE-isolierten Mittelspannungskabeln mit PE-Mantel ist die Verwendung leitfähiger Endkappen empfehlenswert, um eventuell im Kabel vorhandene elektrostatische Aufladungen abzuleiten.

Die Beladung der Lieferfahrzeuge muss so erfolgen, dass eine sachgemäße Abladung der Spulen möglich ist. Kabelspulen mit einem Durchmesser über 1 m sind mit waagerecht liegender Spulenachse zu transportieren und zu lagern, um ein Ineinanderfallen der Kabellagen durch Erschütterungen zu vermeiden. Während des Transports sind die Spulen zuverlässig zu sichern, um ein Weg- bzw. Ineinanderrollen oder Verrutschen auszuschließen. Dies gilt auch bei ggf. erforderlichen Umladungen zwischen Herstellerwerk und Lieferadresse. Es ist sicherzustellen, dass die Kabel beim Transport, Umladen und Lagern durch Hebemittel oder andere Gegenstände nicht eingedrückt und damit beschädigt werden.

Es muss auch dafür Sorge getragen werden, dass auf dem Lagerplatz und dem Transportweg keine scharfen oder spitzen Gegenstände in die Spule bzw. an das Kabel gelangen. Der Lagerplatz muss so beschaffen sein, dass die Kabelspulen nicht in den Boden einsinken können.

Bei Transport und Lagerung von Garnituren müssen die jeweiligen Anforderungen des Herstellers eingehalten werden (z.B. Umgebungsbedingungen, max. Verwendungsdauer).

9.5 Legung und Montage

Schon bei der Auswahl der Kabeltrasse sind die Gegebenheiten für die Kabellegung zu beachten. Berücksichtigt werden müssen auch andere Leitungen im Zuge der Kabeltrasse. Im Zuge der Trassierung muss entsprechend den örtlichen Gegebenheiten (z.B. Bodenbeschaffenheit und Oberfläche) das angemessene Legeverfahren, eventuell abschnittsweise, festgelegt werden.

Bei der Kabellegung ist, je nach Legeverfahren, auf einen ordnungsgemäßen Kabelgraben und eine sorgfältige Einsandung (falls erforderlich) bzw. Wiederverfüllung zu achten (siehe Kapitel 8). Bei verrohrten Strecken ist sicherzustellen, dass die Kabelmäntel an der Rohreinführung nicht beschädigt werden und die Rohre frei von Verunreinigungen bleiben. Die in den jeweiligen DIN-VDE-Bestimmungen angegebenen niedrigsten zulässigen Legetemperaturen und die kleinsten zulässigen Biegeradien dürfen nicht unterschritten werden.

In jedem Fall muss das Kabel im Zuge der Legung sorgfältig beobachtet werden, alle Besonderheiten sind festzuhalten. Die Protokollierung der Zugkräfte ist empfehlenswert (Zugkraftschreiber). Kritische Stellen sollten nach der Kabellegung kontrolliert und dazu bei Verdacht auf Beschädigungen gegebenenfalls auch aufgegraben werden. Es empfiehlt sich, nach der Kabellegung eine Mantelprüfung entsprechend DIN VDE 0276 durchzuführen, da so Beschädigungen des Mantels festgestellt werden können.

Die Montage der Garnituren muss streng nach den Montageanleitungen des Herstellers erfolgen. In jedem Fall ist auf Sauberkeit zu achten. Auch wenn die Montage der heute üblichen vorgefertigten Garnituren wesentlich einfacher ist als die früher angewandte Wickeltechnik, so sind doch in jedem Fall neben einer Schulung der Monteure Sauberkeit und Sorgfalt Voraussetzung für eine lange Funktionsfähigkeit der Muffen und Endverschlüsse.

Der Schulung von Monteuren ist ein besonderes Augenmerk zu widmen. Wichtig ist, dass alle Mitarbeiter, die das Kabel legen und montieren, qualitätsbewusst arbeiten, wovon sich der Auftraggeber durch entsprechende Qualifizierungs- und Überwachungsmaßnahmen überzeugen sollte. Viele Tiefbau- sowie Montagefirmen tragen diesem Gedanken durch entsprechende Schulungen und zum Teil eigene Qualitätsmanagementsysteme Rechnung.

Für den Bereich des Tiefbaus ist hier insbesondere auf das „RAL-Gütezeichen Kabelleitungstiefbau“ hinzuweisen, das an Fachunternehmen nach erfolgreichem Ausgang einer eingehenden Prüfung gemäß detaillierten Kriterien vergeben wird. Nähere Einzelheiten können [19] entnommen werden. Auch in der „ATB-BeStra“ (Allgemeine Technische Bestimmungen für die Benutzung von Straßen durch Leitungen und Telekommunikationslinien) [20] wird hierauf Bezug genommen. Die Forderung, dass Planung und Bauausführung von Tiefbaumaßnahmen im öffentlichen Verkehrsraum von einschlägig qualifizierten Fachfirmen mit Erfahrung durchzuführen sind, kann u.a. durch den Nachweis des RAL-Gütezeichens Kabelleitungstiefbau erfüllt werden.

10 Prüfung von Kabel und Garnituren

10.1 Begriffe und Definitionen

Man unterscheidet verschiedene Prüfarten zur Sicherstellung der geforderten Eigenschaften unter verschiedenen Umgebungsbedingungen bzw. -einflüssen. Ein wesentliches Unterscheidungsmerkmal ist die Prüfung des Produktes (Kabel, Garnituren, Anschluss- und Verbindungselemente) an sich und die Prüfung der gesamten Kabelanlage vor der Inbetriebnahme sowie nach unterschiedlichen Betriebsdauern (z.B. Fehlerortung oder Diagnose).

Folgende Prüfarten können zur Anwendung kommen, wobei die ersten fünf gelisteten Prüfungen beim Hersteller und die weiteren fünf beim Anwender durchgeführt können:

1. Entwicklungsprüfung
2. Typprüfung oder Präqualifikationsprüfung
3. Stückprüfung, Auswahlprüfung
4. Fingerprintprüfung
5. Werksinterne Prüfungen
6. Wareneingangsprüfung
7. Abnahmeprüfung
8. Vor-Ort-Prüfungen
9. Fehlerortung
10. Diagnose

10.2 Prüfungen beim Hersteller

Hierzu zählen die Prüfungen, die der Hersteller zur Sicherstellung der geforderten bzw. vereinbarten Produktqualität durchführt. Hierzu gehören die Simulation der Betriebsbeanspruchungen, der Nachweis des Langzeitverhaltens durch beschleunigte und erhöhte Belastung der Produkte und die Dimensionierung zum jeweiligen Anwendungsfall.

10.2.1 *Entwicklungsprüfung*

Diese ist erforderlich, wenn ein bestehendes Produkt weiterentwickelt oder ein neues Produkt entwickelt wird. Je nach Komplexität können mehrere Zwischenschritte erforderlich sein. Die Prüfung besteht aus mehreren Prüfbausteinen. Diese Prüfsteine können aus bestehenden einschlägigen Prüfnormen entnommen werden oder aus fachfremden Normen, weil es in den einschlägigen Normen noch keine entsprechende Prüfung gibt, die für die geforderte Funktion den Nachweis erbringt. Es kann unter Umständen sogar erforderlich werden, dass Prüfbausteine komplett neu zu definieren sind, z.B. Kesseldruckprüfung an supraleitenden Kabeln. In den verschiedenen Stadien der Entwicklung können Prüfungen an Prüfkörpern, Modellanordnungen und schließlich am kompletten Produkt mit ggf. angepassten Prüfparametern und/oder Anforderungen durchgeführt werden. Diese Prüfungen werden kontinuierlich und permanent auch nach kleinen Material- oder Prozessänderungen in den Entwicklungslabors der Hersteller durchgeführt.

10.2.2 *Typprüfung oder Präqualifikationsprüfung*

Die Typprüfung dient dem grundsätzlichen Nachweis der Betriebstauglichkeit sowie der in den einschlägigen Normen beschriebenen Eigenschaften. Die Typprüfung umfasst diverse elektrische und nichtelektrische Produkteigenschaften, die detailliert für Kabel bis 30 kV in den Normen der Reihe DIN VDE 0276 und bei Garnituren bis 30 kV in den Normen der Reihe DIN VDE 0278 festgelegt sind. Die Typprüfung wird entweder in akkreditierten Prüflabors oder im Herstellerwerk unter Aufsicht eines akkreditierten Prüflabors durchgeführt. Nach erfolgreichem Abschluss der Typprüfung erhält das Produkt des Herstellers ein Zertifikat.

Die Präqualifikationsprüfung ist zu vergleichen mit der Typprüfung und wird nur an Kabeln und Garnituren für 110 kV nach VDE 0276-632 durchgeführt.

Da Höchstspannungskabelanlagen gemäß DIN VDE 0276-633 sehr kundenspezifisch sind, erfolgt die Auslegung projektbezogen. Das heißt, die erforderlichen Nachweise der Betriebstauglichkeit gemäß Anwenderanforderung und in Anlehnung an Norm aus anderen Spannungsebenen werden im Rahmen einer speziellen Präqualifikationsprüfung erbracht.

10.2.3 Stückprüfung, Auswahlprüfung

Stück- und Auswahlprüfungen sind Bestandteile der Typprüfung für Kabel bis 30 kV. Die Stückprüfung umfasst die Prüfung des Leiterwiderstandes, der Spannungsfestigkeit und der Teilentladung (nur bei Hochspannung). Diese Prüfung muss an jeder ausgelieferten Spule durchgeführt werden.

Die Auswahlprüfung umfasst ausschließlich nichtelektrische Prüfungen, die die Abmessungen, Kennzeichnung, Längsschrumpfung und Wärmedehnung beinhaltet. Die Prüfung muss an 10% der Fertigungslänge durchgeführt werden.

Werden bei Stück- und Auswahlprüfung von den normativen Anforderungen stark abweichende Messergebnisse ermittelt, kann dies zum Verlust des Typprüfzertifikates führen.

10.2.4 Fingerprintprüfung

Fingerprintprüfungen sind gemäß der Definition der Normenreihe nach DIN VDE 0278-631 für Kabelgarnituren bis 30 kV Prüfungen, um die Eigenschaften der Werkstoffe oder Komponenten, die in Kabelgarnituren verwendet werden, festzustellen und später zu bestätigen. Mit diesem Schnell- bzw. Kurztest kann der Anwender sich von der „Gleichheit" des Materials überzeugen, also prüfen, dass keine signifikanten Änderungen seitens des Herstellers erfolgt sind. Dies kann z.B. die Topfzeit bei Gießharzen oder die freie Schrumpfung bei Warmschrumpfschläuchen sein.

10.2.5 Werksinterne Prüfungen, Abnahmeprüfung

Werksinterne Prüfungen sind vom Hersteller individuell festgelegte Prüfungen, mit denen z.B. der Fertigungsprozess überwacht wird. Dies können sowohl kontinuierliche Prüfungen sein, z.B. automatische Wanddickenmessung, oder Entnahme von Kabelstücken aus dem laufenden Prozess, z.B. Prüfung von Einschlüssen in der Isolierung mittels Aufklartest. Die Prüfungen können Prüfbausteine aus den einschlägigen Normen bzw. o.g. Absätzen sein.

Abnahmeprüfungen können individuell vereinbart werden und stellen den Übergang des Produktes vom Hersteller zum Kunden dar. Die Prüfungen können Prüfbausteine aus den einschlägigen Normen bzw. o.g. Absätzen sein. Die Prüfungen können sowohl im Herstellerwerk oder an der Baustelle durchgeführt werden.

10.3 Prüfungen beim Anwender

Hierzu zählen die Prüfungen, die beim Anwender zur Sicherstellung der geforderten bzw. vereinbarten Produktqualität sowohl bei der Anlieferung (Wareneingang bzw. Abnahme an Baustelle), vor der Inbetriebnahme und nach Erfordernis im Betrieb befindlicher Kabelanlagen durchführt werden können.

10.3.1 Wareneingangsprüfungen

Hierzu zählt neben der in Abs. 9.3 beschriebenen Eingangskontrolle die Qualitätsprüfung, bei der ausgewählte Prüfungen aus der Typprüfung oder Stückprüfung, Auswahlprüfung oder Fingerprintprüfung angewendet werden. Der Prüfumfang, Häufigkeit und Prüfequipment sind individuell beim Anwender festzulegen und können auch durch externe Prüfdienstleister übernommen werden.

10.3.2 Abnahmeprüfung

Abnahmeprüfungen können individuell vereinbart werden und stellen den Übergang des Produktes vom Hersteller zum Kunden dar. Die Prüfungen können Prüfbausteine aus den einschlägigen Normen bzw. o.g. Absätzen sein. Die Prüfungen können sowohl im Herstellerwerk als auch an der Baustelle durchgeführt werden.

10.3.3 Inbetriebnahmeprüfungen

Inbetriebnahmeprüfungen sind Vor-Ort-Prüfungen, bei denen die gesamte Kabelanlage auf Betriebssicherheit überprüft wird. Inbetriebnahmeprüfungen werden sowohl bei Neuanlagen, Erweiterungen/Änderungen als auch Reparaturen durchgeführt.

Weitere Vor-Ort-Prüfungen sind die Fehlerortung, die ereignisorientiert durchgeführt wird, siehe Abschnitt 10.3.4, und die Prüfungen nach unterschiedlichen Betriebsdauern zur Zustandsbewertung, auch als Diagnose bezeichnet, die mit verschiedenen Prüfarten durchgeführt wird, siehe Abschnitt 10.3.5.

Für die Inbetriebnahmeprüfungen einer Kabelanlage sind folgende Gründe zu nennen:

- Feststellen des ordnungsgemäßen Zustandes
- Auffinden von Schwachstellen
- Überwachung bei der Errichtung
- Feststellung von Beschädigungen durch Dritte

Das **Feststellen** des ordnungsgemäßen (einschaltbereiten) Zustandes erfolgt aus Sicherheitsgründen. Es soll vermieden werden, dass durch Einschalten bei einem eventuellen Fehler Personen gefährdet oder Anlagenteile geschädigt werden. Zur Notwendigkeit der Prüfung heißt es u.a. in der Unfallverhütungsvorschrift „Elektrische Anlagen und Betriebsmittel" BGV A3:

> *Prüfungen*
>
> *§ 5. (1) Der Unternehmer hat dafür zu sorgen, dass die elektrischen Anlagen und Betriebsmittel auf ihren ordnungsgemäßen Zustand geprüft werden.*
>
> *1. vor der ersten Inbetriebnahme und nach einer Änderung oder Instandsetzung vor der Wiederinbetriebnahme durch eine Elektrofachkraft oder unter Leitung und Aufsicht einer Elektrofachkraft und*
>
> *2. in bestimmten Zeitabständen. Die Fristen sind so zu bemessen, dass entstehende Mängel, mit denen gerechnet werden muss, rechtzeitig festgestellt werden.*

§ 5. (2) Bei der Prüfung sind die sich hierauf beziehenden elektrotechnischen Regeln zu beachten.

Die Forderung nach Abs. 1. und 2. gilt u.a. als erfüllt, wenn die elektrischen Anlagen und Betriebsmittel ständig durch eine Elektrofachkraft überwacht werden. Als ständig überwacht gelten elektrische Anlagen und Betriebsmittel z.B. in stationären Betrieben oder Elektrizitätsversorgungsunternehmen, die jeweils dauernd Elektrofachkräfte beschäftigen, deren Aufgabenbereich auch die Instandhaltung und Überwachung der elektrischen Anlagen und Betriebsmittel umfasst.

In der Normenreihe DIN VDE 0276 heißt es:

Sollen Kabelanlagen auf „Spannungsfestigkeit" geprüft werden, ist das Verfahren „Prüfung mit Gleichspannung" (nur für Niederspannung) oder „Prüfung mit Wechselspannung" (ab Mittelspannung) anzuwenden.

Spannungsprüfungen an Kabelanlagen sind demnach nicht generell vorgeschrieben.

Das **Auffinden von Schwachstellen,** die während der Errichtung der Kabelanlage entstehen, dient der Vermeidung späterer Betriebsstörungen. So werden Versorgungsunterbrechungen, Beanspruchung der Anlagen durch Fehlerströme und Überspannungen und außerplanmäßige Reparaturzeiten vermieden.

Die **Überwachung** bei der Errichtung der Kabelanlage dient der Vermeidung von Schäden während der Legung von Kabel und Montage der Kabelgarnituren. Diese Überwachung liegt heute primär in der Hand der Leistungserbringer durch Selbstverantwortung. Es werden nur Stichproben an der Baustelle durch den Auftraggeber (Betreiber der Kabelanlage) zur Sicherstellung der vereinbarten Leistung durchgeführt. Hierzu werden Checklisten oder vom Betreiber erstellte Richtlinien zur Bewertung der Leistung an der Baustelle verwendet. Diese können auch für eine Bewertung des Leistungserbringers verwendet werden, wenn diesen Checklisten ein Punktesystem hinterlegt wurde. Nach Vertragsende bzw. Rahmenvertragslaufzeit können anhand dieser Bewertungen Zulassungen ausgesprochen oder auch wieder zurückgezogen werden.

Die **Feststellung von Beschädigungen** der Kabelanlage **durch Dritte**, die während Baumaßnahmen (z.B. Gas, Wasser, Abwasser, Telekommunikation oder Straßenbaulastträger) verursacht worden, ist schwierig, da die Fehler oftmals erst nach langer Betriebszeit Störungen zur Folge haben, die mit den Methoden der Fehlerortung lokalisiert werden, siehe Abschnitt 10.3.4. Kann ein Schadensverursacher ermittelt werden, besteht die Möglichkeit, ihn zur Schadensregulierung heranzuziehen.

Bei Niederspannungskabel wird in der Regel lediglich eine Drehfeldprüfung vorgenommen. Sollte eine Spannungsprüfung gefordert sein, dann wird in der DIN VDE 0276-603 eine Gleichspannungsprüfung mit einer Spannung von 5,6 kV bis 8 kV und einer Prüfdauer von 15 min bis 30 min empfohlen. Die Spannungsprüfung an PVC-isolierten Niederspannungskabeln, die Feuchtigkeit enthalten, sollte mit einer niedrigeren Prüfspannung (etwa 3 kV bis 4 kV) durchgeführt werden, um eine unnötige Schädigung durch die Prüfspannung zu vermeiden.

Eine Mantelprüfung kann nur bei geschirmten Kabeln durchgeführt werden.

Bei den in Mittelspannungsnetzen durchgeführten Inbetriebnahmeprüfungen an Kabelanlagen unterscheidet man in Mantel- und Spannungsprüfungen. Die Mantelprüfung wird von den meisten Anwendern durchgeführt; Spannungsprüfungen der Isolierung werden dagegen nur vereinzelt angewendet. Beide Prüfungen sind in DIN VDE 0276 beschrieben.

Die **Mantelprüfung** hat sich als eine einfache und zuverlässige Methode zur Feststellung von äußeren Kabelbeschädigungen erwiesen. Sie wird mit Gleichspannung durchgeführt. Bei Kabeln mit einer Papier-Masse-Isolierung ist eine Mantelprüfung nur möglich, wenn das Kabel mit einer Kunststoffhülle ausgestattet ist. Entsprechend DIN VDE 0276 werden PE-Mäntel mit Gleichspannung bis 5 kV und PVC-Mäntel mit Gleichspannung bis 3 kV geprüft.

Innere Fehler, die nicht mit einer Beschädigung des Außenmantels einhergehen, können mit einer Mantelprüfung nicht erkannt werden. Sollen entsprechende Prüfungen durchgeführt werden, so kommt die **Spannungsprüfung** mit Gleichspannung, Wechselspannung mit 45 Hz bis 65 Hz oder Wechselspannung mit 0,1 Hz (VLF, very low frequency) zum Einsatz. Je nach Isolierstoff werden bei Mittelspannungskabeln in DIN VDE 0276-620 Prüfpegel und -zeiten, wie in Tabelle 10.1 angegeben, empfohlen.

Bei papierisolierten Kabeln wird für Spannungsprüfungen bereits seit vielen Jahrzehnten mit Erfolg die Gleichspannungsprüfung eingesetzt. Der apparative Aufwand ist gering und die Aufdeckung von betriebsgefährdenden Fehlstellen ist bei papierisolierten Kabeln erfahrungsgemäß mit ausreichender Sicherheit möglich.

Tabelle 10.1 Spannungsprüfungen an Mittelspannungskabeln; Vorzugswerte für Prüfpegel und -zeiten

Isolierstoff	Prüfspannung	Prüfpegel	Prüfzeit
PVC und Papier	Gleichspannung	5,6–8 U_0	15–30 min
	Wechselspannung 45–65 Hz	2 U_0	30 min
	Wechselspannung 0,1 Hz	3 U_0	30 min
VPE	Wechselspannung 45–65 Hz	2 U_0	60 min
	Wechselspannung 0,1 Hz	3 U_0	60 min

Für die Spannungsprüfung VPE-isolierter Mittelspannungskabel (gilt auch für PE-isolierte Kabel) ist die Gleichspannung aus mehreren Gründen ungeeignet. Bei neuen Kabelanlagen oder nach Reparaturen führt die Gleichspannungsprüfung nicht zu Teilentladungen, auch wenn diese bei Betriebsspannung hohe Werte erreichen und so innerhalb kurzer Zeit zu einem Fehler führen würden. Bei gealterten Kabeln wird bei einer Gleichspannungsbeanspruchung der für die Aufdeckung inhomogener leitender Fehlstellen (z.B. water-tree) erforderliche Umschlag in einen ersten Teildurchschlag und der dann schließlich zum Aufdecken der Fehlstelle führende Prozess des electrical-treeing im Allgemeinen nicht initiiert. Andererseits besteht bei einer hohen Gleichspannungsbeanspruchung geschädigter bzw. betriebsgealterter VPE-isolierter Kabel das Risiko, dass die Isolierung in Folge von Durchschlägen während der Prüfung, die wiederum Wanderwellenvorgänge auf dem Kabel hervorrufen, einer zusätzlichen

Spannungsbeanspruchung ausgesetzt wird, die schließlich zu einer ungewollten Schädigung des Kabels im Rahmen der Prüfung führen kann.

In den letzten Jahren wurden umfangreiche Entwicklungsarbeiten mit dem Ziel durchgeführt, hard- und softwaremäßig leicht handhabbare Prüfmethoden zu entwickeln, die zuverlässige Hinweise auf die Betriebstüchtigkeit geben und das Kabel nicht schädigen [21, 22]. Zurzeit werden verschiedene Verfahren, vor allem die Prüfung mit 0,1-Hz-Wechselspannung und die Prüfung mit Wechselspannung 45 Hz bis 65 Hz (Resonanzprüfanlage), eingesetzt. Problematisch bei reinen Spannungsprüfungen – auch bei der 0,1-Hz-Spannungsprüfung – ist, dass sie nur eine „Ja/Nein-Aussage“ liefern, d.h., die Kabelanlage hat entweder die Prüfung bestanden oder ist durchgeschlagen. Um weitergehende Aussagen über die Betriebstüchtigkeit zu ermöglichen, können in Verbindung mit Spannungsprüfungen z.B. Teilentladungsmessungen durchgeführt werden (siehe Abschnitt 10.3.5).

Die verschiedenen Verfahren zur Vor-Ort-Prüfung von Kabelanlagen wurden in vergleichenden Untersuchungen im Detail betrachtet; nähere Einzelheiten können [23] entnommen werden.

10.3.4 Fehlerortung

10.3.4.1 Fehlerarten in Kabelnetzen

Fehler in Kabelnetzen können an Kabeln, Muffen und Garnituren bedingt z.B. durch Transport, Legung, Bauarbeiten oder Materialalterung auftreten. Bei der Ortung von Kabelfehlern werden diese in [24] aber nicht nach deren Ursachen, also z.B. Korrosionsfehler, Belastungsfehler etc. unterschieden, sondern nach der Art der Fehler. Dabei sind vier verschiedene Arten zu nennen, die auch in Kombination auftreten können. Unterschieden wird hierbei zwischen:

- Erdschluss
- Aderschluss
- Leitungsunterbrechung
- intermittierenden Fehlern

Außerdem ist bei Kabelfehlern zwischen nieder- und hochohmigen Fehlern zu unterscheiden, wobei als Grenze häufig der Wellenwiderstand des Kabels benannt wird. Die Betrachtung der Fehler als hoch- oder niederohmig ist im Allgemeinen sehr schwierig und teilweise auch irreführend, da Fehler selten nur hoch- oder nur niederohmig sind. Der Fehlerwiderstand muss als zeitlich variabel betrachtet werden, da selbst „satte" Kurzschlüsse freibrennbare und hochohmige Fehler durch Feuchte niederohmig sein können.

Erdschlüsse sind Fehler, bei denen es zwischen mindestens einer Ader des Kabels und dem Erdreich zu einem Kontakt kommt. Von einem Kontakt wird gesprochen, wenn der nach VDE-Norm [25] vorgegebene Isolationswiderstand von mindestens 1000 Ω pro Volt Betriebsspannung unterschritten wird. Der Fehler kann sowohl hoch- als auch niederohmig sein und sich zeitlich bedingt durch äußere Einflüsse verändern. Typische Beispiele für Erdschlüsse sind Mantelfehler mit defekten Mantelisolierungen durch Risse, Schnitte etc.

Als **Aderschlüsse** werden Verbindungen bezeichnet, deren Widerstand geringer ist als der minimale Isolationswiderstand, der für diesen Leiter vorgeschrieben ist. Der Widerstand des Aderschlusses kann dabei bei einigen MΩ liegen, aber auch 0 Ω betragen und somit ein „satter" Kurzschluss sein.

Von einer **Leitungsunterbrechung** wird gesprochen, wenn der ohmsche Widerstand eines Leiters in Längsrichtung größer ist als der eigentliche Leiterwiderstand. In der Regel handelt es sich hierbei um Aderabrisse, die durch Bauarbeiten, Bergsenkungen, aber auch durch starke thermische Erwärmung der Leiter z.B. durch Aderschlüsse, hervorgerufen sein können.

Bei **intermittierenden Fehlern** handelt es sich um zwischenzeitig oder kurzzeitig auftretende Fehler, bei denen aus hochohmigen Fehlern vorübergehend niederohmige Fehler werden. Ein typisches Beispiel für einen intermittierenden Fehler ist z.B. eine Übergangsmuffe, in die Feuchtigkeit eindringt. Durch die Feuchtigkeit verändert sich der Isolationswiderstand derart, dass es zu einem Stromfluss zwischen einzelnen Leitern oder Leiter und Erdreich kommt. Ist die Energie genügend hoch, verdampft die eingedrungene Feuchtigkeit, wodurch der Isolationswiderstand ansteigt. Der Fehler ist somit wieder hochohmig. Intermittierende Fehler sorgen also für vorübergehende Stromausfälle bei Kunden, sind aber in gewisser Weise „selbstheilend", was eine Ortung erschweren kann.

Im Folgenden werden nur die Methoden der Fehlerortung im Nieder- und Mittelspannungsnetz beschrieben. In Hochspannungsnetzen kommen spezielle Verfahren zum Einsatz bis hin zur dauernden Überwachung der Kabelanlagen.

10.3.4.2 Methoden der Fehlerortung

Grundsätzlich ist die Fehlerortung in Niederspannungsnetzen in zwei Bereiche wie in Bild 10.1 unterteilt: in Vor- und Nachortung. Diese Unterteilung ist notwendig, da keines der auf dem Markt befindlichen Vorortungssysteme in der Lage ist, Fehler punktgenau vorzuorten. So ist nach einer Vorortung immer eine Nachortung notwendig, da die Trassenpläne der Energieversorgungsunternehmen (EVU) aus verschiedenen Gründen nicht metergenau sind. Gründe hierfür sind unter anderem die nicht genaue Lage der Kabel in den Trassen und die teilweise parallele Führung von Kabeln an Abzweigmuffen entgegen den in den Trassenplänen eingezeichneten direkten Abgängen.

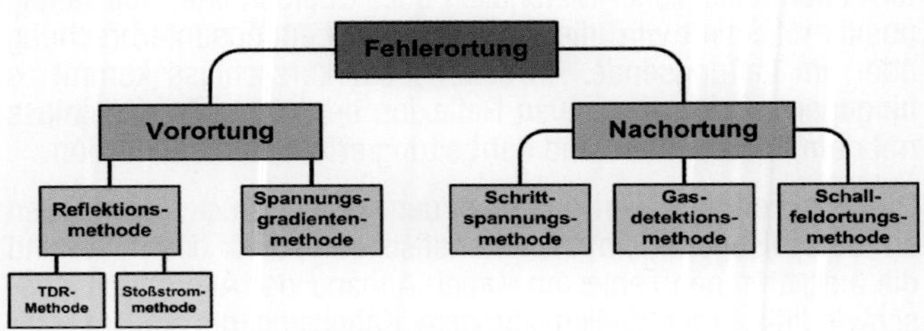

Bild 10.1 Übersicht der Fehlerortungsmethoden

Mit den verschiedenen Verfahren der Nachortung wird auf einer begrenzten Strecke der Fehlerort metergenau geortet. Eine metergenaue Aussage ist hierbei völlig ausreichend, da bei einer anschließenden Reparatur eine Ausschachtung mit einem Abstand zu jeder Seite des Kabels erfolgt, um den Fehler beheben zu können.

10.3.4.3 Verfahren zur Fehlervorortung

Im Wesentlichen sind zwei Verfahren zur Vorortung von Fehlern auf dem europäischen Markt verfügbar. Ein Verfahren beruht auf der Reflexionsmethode oder daran orientierten Methoden, ein weiteres Verfahren auf dem Spannungsfallprinzip. Die Reflexionsmethoden sind dabei im Wesentlichen in die TDR- und Stoßstrommethode zu unterteilen.

10.3.4.3.1 TDR – Time Domain Reflection (Impulsreflexionsmethode)

Bei der Impulsreflexionsmethode wird ein Impuls mit niedriger Spannung auf einen Leiter gegeben. Dieser Impuls läuft in Form einer Welle über den Leiter. Dabei ist die Ausbreitungsgeschwindigkeit abhängig vom Kabelmaterial. Tritt eine Veränderung des Materials beim Durchlaufen der Welle auf, so kommt es an dieser Stelle zu einer teilweisen oder vollständigen Reflexion der Welle. Zu Teilreflexionen kommt es z.B. bei Übergängen zwischen Leitern unterschiedlicher Materialien oder Querschnitte. Vollständig positiv reflektiert wird die Welle an einer Leitungsunterbrechung oder am Leitungsende. An einem Leiterkurzschluss kommt es hingegen zu einer negativen Reflexion der Welle. Bei Abschluss mit dem Wellenwiderstand der Leitung erfolgt keine Reflexion.

Die reflektierten Wellen laufen auf dem Leiter zurück und ergeben am Einspeisepunkt ein charakteristisches Bild für das Kabel und die aufgetretenen Fehler im Kabel. Anhand der Ausbreitungsgeschwindigkeit der Wellen auf dem Kabel und der Laufzeit der Wellen zurück bis zum Einspeisepunkt lässt sich die Distanz zu jeder Änderung im Leiter bestimmen und damit auch die Entfernung zum Kabelfehler. Dabei ist auf Grund des doppelten Weges, den der Impuls zurücklegt, die Fehlerentfernung mit der halben Laufzeitgeschwindigkeit (v/2) zu berechnen.

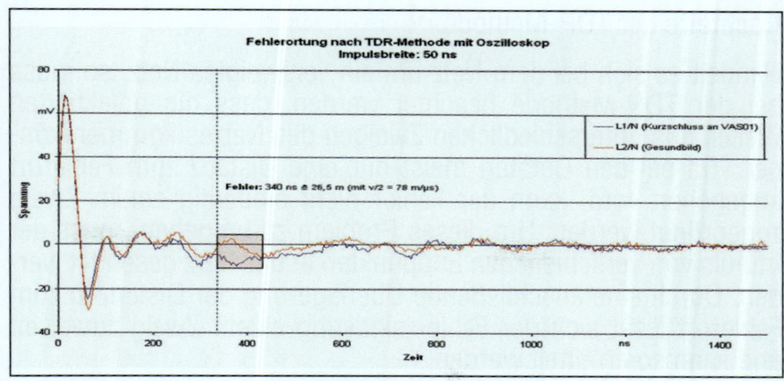

Bild 10.2 Exemplarisches Diagramm einer TDR-Messung

Ein Beispiel für ein Reflexionsbild nach TDR ist in Bild 10.2 dargestellt. In dieser Abbildung sind Gesund- und Fehlerbild eines Kabels übereinander gelegt. Im markierten Bereich ist ein deutlicher Unterschied der beiden Kurven zu erkennen, was auf den Fehlerort schließen lässt. Dieses Diagramm hat eine Sendeimpulsbreite von 50 ns. Die gestrichelte Linie markiert den Fehlerort und Anfangswert für die nicht deckungsgleichen Kurven. Die rote Markierung gilt für den ersten, nicht deckungsgleichen Bereich.

Bei den modernen am Markt verfügbaren Geräten werden die Reflexionsbilder teilweise von den Geräten analysiert, und der Anwender erhält bei eindeutigen Ergebnissen bereits die Distanz zum Fehler. Die Praxis zeigt, dass die Fehlerdistanz mit Abweichungen von ca. 3% bestimmt wird.

Vorteile der TDR-Methode:

- Das System ist sehr schnell einsatzbereit.
- Es ist sehr kompakt und handlich.
- Das System kann auch unter Spannung eingesetzt werden, so dass ein Abtrennen der Hausanschlüsse nicht zwingend notwendig ist.

Nachteile der TDR-Methode:

Handelt es sich bei dem Netz um ein verzweigtes Netz, so muss bei der TDR-Methode beachtet werden, dass die reflektierten Wellen aus unterschiedlichen Zweigen des Netzes kommen können. Da bei den Geräten meist nur eine Distanz zum Fehlerort angegeben wird, kann der Fehler nicht eindeutig einem Zweig zugeordnet werden. Um dieses Problem zu umgehen, muss der Impuls von verschiedenen Endpunkten in das Netz gesendet werden. Durch eine anschließende Überlagerung der Distanzen zum Fehlerort lässt sich der Fehler eindeutig einem Zweig zuweisen und kann so ermittelt werden.

Bei der TDR-Methode kommt es bedingt durch die Überlagerung von Reflexionen aus den unterschiedlichen Verzweigungen sehr schnell zu nicht mehr deutbaren Reflexionsbildern. Die TDR-Methode ist nur für niederohmige Fehler gut geeignet.

10.3.4.3.2 Stromimpulsmethode

Die Stromimpulsmethode ist dem TDR-Verfahren sehr ähnlich. Wie bei der TDR-Methode wird auch bei der Stromimpulsmethode ein Impuls auf das Netz gegeben und ein Reflexionsbild analysiert. Bei dem Impuls handelt es sich anders als bei der TDR-Methode jedoch um einen Hochspannungsimpuls, der einen Durchschlag an der Fehlerstelle provoziert.

Die Höhe des Impulses beeinflusst in aller Regel auch die Güte der Messung, wobei eine Belastung des Netzes mit hohen Spannungsimpulsen auch zu neuen Schäden führen kann. Empfohlen wird allerdings, mit Impulshöhen von mindestens 2,5 kV, besser aber größer 3 kV zu arbeiten. Einige Messteams setzen bei der Fehlerortung mit Kabelmesswagen für Mittelspannungsnetze Impulsspannungen bis 8 kV ein. Hier gilt, dass durch Austesten von verschiedenen Impulsspannungen gute Ergebnisse erzielt werden können.

Anhand der Laufzeiten zwischen den transienten Anteilen, aber auch teilweise anhand der Schwingfrequenz der transienten Anteile des Impulses, der bei der Entladung am Fehlerort entsteht, erfolgt die Ortung. Bei Nutzung der Schwingfrequenz wird die Induktivität über die Schwingkreisformel bestimmt. Dazu muss allerdings die Kapazität der Messanordnung bekannt sein. Die Stoßkapazität des Stoßgenerators ist deutlich größer als die des Kabels, wodurch die Kabelkapazität vernachlässigbar wird. Mit der bekannten Kapazität, der ermittelten Induktivität und den Formeln zur Laufzeitgeschwindigkeit lässt sich die Fehlerdistanz bestimmen. Dieses Verfahren ist nahezu unabhängig von Abzweigen, Leitungsübergängen etc.

Bild 10.3 zeigt ein typisches Reflexionsbild von einem Kurzschluss, welcher mit der Stromimpulsmethode mittels Oszilloskop aufgenommen wurde. Deutlich zu erkennen sind die abklingenden Impulse. Die Fehlerdistanz wird wie bei der TDR-Methode auch über die Signallaufzeit bestimmt. Da die Größe der Stoßkapazität nicht bekannt ist, ist eine Distanzberechnung über Kapazität und Induktivität nicht möglich. In diesem Fall ist eine Signalausbreitungsgeschwindigkeit von v = 69,55 m/µs zugrunde gelegt. Bestimmt wird die Laufzeit aber nicht wie bei der TDR-Methode über die Laufzeit vom Einspeisepunkt bis zum Fehler, sondern zwischen zwei ansteigenden Flanken. Die Laufzeit zwischen den Flanken ergibt umgerechnet über die Signallaufzeit von 4,4 µs eine Fehlerdistanz von 306 m. Problematisch ist, wie bei der TDR-Methode auch, die Zuweisung von Fehlern auf die verschiedenen Stränge in einem Niederspannungsnetz, da nur die Distanz vom Einspeisepunkt bis zum Fehlerort bekannt ist, nicht aber der Weg. Die Abweichung des Verfahrens liegt wie bei der TDR-Methode bei ca. 3%.

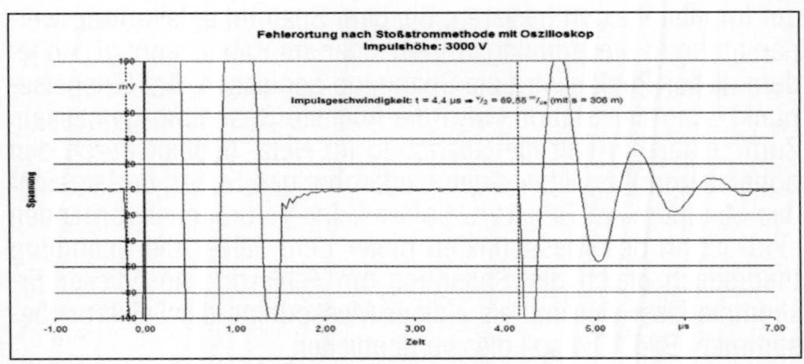

Bild 10.3 Exemplarisches Diagramm eines Stoßstromimpulses mit Reflexion bei einer Impulshöhe von 3000 V (hier: Teilungsverhältnis 1000:1)

Vorteile der Stoßstrommethode:

- Gegenüber dem Spannungsfallprinzip wird mit dem Impulsreflexionsverfahren automatisch das ganze Netz untersucht. Nicht genügend Messpunkte sind hier eher unwahrscheinlich.

Nachteile der Stoßstrommethode:

- Wie bei der TDR-Methode muss auch bei der Impulsreflexionsmethode beachtet werden, dass die reflektierten Wellen aus unterschiedlichen Zweigen des Netzes kommen können. Somit kann auch bei dieser Methode der Fehler nicht eindeutig einem Zweig zugeordnet werden.
- Bei diesem Verfahren wird in der Regel ein Impuls mit höherer Spannung als der Nennspannung auf das Netz gegeben, weshalb alle Kunden vom Netz getrennt werden müssen, um Schäden zu vermeiden. Da es in den letzten Jahren zunehmend schwieriger geworden ist, Zugang zu den Hausanschlüssen zu bekommen, ist dies ein großer Nachteil der Stoßstrommethode. Gegebenenfalls müssen sogar Hausanschlüsse getrennt und später neue Hausanschlussmuffen gesetzt werden.
- Durch die Bereitstellung der hohen Spannungsimpulse ist ein relativ voluminöses Messsystem erforderlich.

10.3.4.3.3 Spannungsgradientenmethode

Messverfahren nach der Spannungsgradientenmethode (Spannungsfallprinzip) unterscheiden sich völlig von den Verfahren, die auf Impulsreflexion basieren. Bei dem Spannungsfallprinzip werden mehrere Messpunkte im Netz oder am Kabel benötigt. An jedem dieser Punkte wird die Spannung gemessen. Am Einspeisepunkt, also der Station, wird die höchste Spannung gemessen. Zum Fehler hin fällt die Spannung im Netz, bedingt durch den hohen Stromfluss über einen niederohmigen Fehler, und erreicht das Minimum am Fehlerort. Sofern keine Verbraucher vorhanden sind, ist an den Messpunkten hinter dem Fehler die Spannung theoretisch gleich der Spannung am Fehlerort. Aus dieser Erkenntnis lässt sich mittels einiger Messpunkte der Fehlerort bestimmen. Bild 10.4 soll dies verdeutlichen.

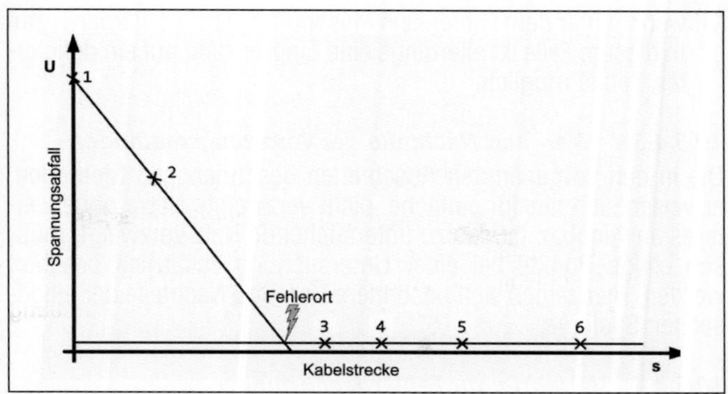

Bild 10.4 Schematische Darstellung des Spannungsfalls bei einem Fehler im Netz

In Abbildung 10.4 ist der Spannungsfall über der Strecke aufgetragen. Punkt 1 steht dabei für die Spannung an der Einspeisung, also der Station. Der Punkt 2 befindet sich ein Stück weiter im Netz vor dem Fehler. Die Punkte 3 bis 6 befinden sich hinter dem Fehler. Werden nun Geraden durch die Punkte 3 bis 6 sowie 1 und 2 gezogen, entsteht ein Schnittpunkt der beiden Geraden. Dieser Schnittpunkt spiegelt den Ort des Fehlers wider. Ist nun die Distanz zwischen Messpunkt 1 und 2 bekannt, lässt sich diese als Referenz verwenden, um die Distanz von Messpunkt 1 zum Fehlerort zu bestimmen, da der Spannungsfall proportional zur Strecke ist.

Vorteile der Spannungsgradientenmethode:

- Es ist kein Trennen der Verbraucher vom Netz notwendig. Allerdings müssen Messpunkte in den Haushalten am Netz oder an anderen Stellen zur Verfügung stehen.
- Die einzelnen Komponenten sind sehr kompakt und leicht zu transportieren.

Nachteil der Spannungsgradientenmethode:

- Tritt in Abzweigen oder am Ende eines Kabels ein Fehler auf, besteht die Möglichkeit, dass dieser Fehler nicht geortet wird, wenn hinter dem Fehler kein Messpunkt platziert werden kann. In diesem Falle ist allerdings eine Eingrenzung auf ein definiertes Gebiet möglich.

10.3.4.3.4 Vor- und Nachteile der Vorortungsmethoden

Die in den vorgenannten Abschnitten beschriebenen Methoden, erweisen sich nur für einfache, nicht verzweigte Netze ohne weiteres anwendbar. Ist das zu untersuchende Netz verzweigt, müssen einige Punkte bei einer Untersuchung zusätzlich beachtet werden. Hier zeigen sich besonders Vor- und Nachteile der eingesetzten Systeme.

10.3.4.4 Verfahren zur Fehlernachortung

Die Nachortung ist bei der heutigen Fehlerortung ein notwendiges Mittel, um Fehler exakt einzumessen. Zwar können die Angaben einer Fehlervorortung metergenau sein und damit eine Nachortung scheinbar überflüssig machen, praktisch sind aber reale Kabeltrassen nicht identisch mit den entsprechenden Trassenplänen. Dies ist z.B. durch Höhenunterschiede im Terrain, welche nicht vollständig in allen Kabellängen der Trassenpläne berücksichtigt sind, durch nicht vollständig gerade Kabelführung in den Trassen oder nicht exakt T-förmig abgehende Abzweige an Muffen etc. bedingt. Die Methoden der Fehlernachortung erlauben hier eine metergenaue Einmessung der Fehlerstelle. Die beiden wesentlichen Methoden sind die Schrittspannungsmethode, die nur für Mantelfehler eingesetzt werden kann, und die Schallfeldortung. Eine dritte Methode ist die Gasdetektionsmethode.

10.3.4.4.1 Schrittspannungsmethode

Für die Schrittspannungsmethode zur Erkennung von Kabelmantelfehlern wird mit einem empfindlichen Gleichspannungs-Millivoltmeter gearbeitet. Es werden zwei Erdspieße mit dem Voltmeter verbunden, wobei die Distanz der beiden einzustechenden Spieße bei einigen Geräten fix, bei anderen Geräten nur durch die Messleitungslänge begrenzt ist. Das Netz muss dabei an Spannung liegen, damit ein messbarer Spannungsfall vorhanden ist.

Nach einer Vorortung wird z.B. ein getaktetes Gleichspannungssignal auf das Netz gegeben. Aus der Polarität des gemessenen Wertes ergibt sich die Fehlerrichtung. Bei einem Wechsel der Polarität ist der Fehlerort überschritten worden. Zur Erhöhung der Empfindlichkeit kann die Distanz der beiden Erdspieße im Erdreich erhöht oder ein Messverstärker zugeschaltet werden. Durch Einstechen der Spieße in das Erdreich wird der Fehler eingegrenzt. Dieses Verfahren funktioniert in aller Regel ab einer Distanz von ca. 10 m Entfernung vom Fehler. Mit variablen Messkabeln ist abhängig von den Bodenbeschaffenheiten in einigen Fällen bereits eine Ortung ab einer Entfernung von 40 m vom Fehler möglich. Bei Mantelfehlern ist eine Ortung bis auf wenige Zentimeter genau möglich.

10.3.4.4.2 Schallfeldortungsmethode

Für die Verwendung dieser Methode ist ein Stoßgenerator am Einspeisepunkt des Netzes notwendig. Mit dem Stoßgenerator werden getaktete Hochspannungsimpulse auf das Kabel gegeben, die zu Überschlägen am Fehlerort führen. Die Überschläge haben ein akustisches und magnetisches Signal zur Folge. Bei der Schallortungsmethode wird mit einem Bodenmikrofon die Stelle der maximalen Entladungslautstärke gesucht. An der Fehlerstelle werden die Schallwellen auf dem Weg durch das Erdreich bis zum Mikrofon am geringsten gedämpft und haben somit das stärkste akustische Signal zur Folge. Da es bei der reinen Schallortung zu Problemen durch Nebengeräusche kommen kann, wird in der Regel parallel zum akustischen auch das magnetische Signal gemessen, welches ebenfalls bei einer Entladung an der Fehlstelle entsteht. Dabei kann zum einen nach dem Koinzidenzverfahren, also dem gleichzeitigen Vergleich der Stärke beider Signale, oder aber nach dem Distanzverfahren gearbeitet werden. Beim Distanzverfahren werden die Laufzeiten des akustischen und magnetischen Signals verglichen. Da sich magnetische Wellen im Erdreich mit nahezu Lichtgeschwindigkeit, akustische aber nur mit annähernd Schallgeschwindigkeit fortbewegen, wird die Laufzeitdifferenz der Signale bestimmt. Am Ort der geringsten Laufzeitdifferenz befindet sich die Fehlerstelle. Beim Koinzidenzverfahren werden die Maxima von akustischem und magnetischem Signal gesucht, welche sich am Fehlerort befinden. Fehler bei in Rohren verlegten Kabeln können zu Abweichungen der akustischen und magnetischen Ortung führen, da die Schallsignale hier an den Enden des Rohres maximal sein können.

10.3.4.4.3 Gasdetektionsmethode

Bei der Gasdetektionsmethode werden die Gase detektiert, die bei Fehlern an Kabeln und Muffen durch Abbrand entstehen. Die Gase breiten sich im Erdreich aus und können an der Erdoberfläche detektiert werden. Um die Gase mit einem Messgerät zu erfassen, werden Löcher in die Oberfläche gebohrt. Durch den Einsatz von Vorortungsverfahren ist ein Fehlerbereich bereits eingegrenzt. Für eine Nachortung mit der Methode der Gasdetektion sind sieben bis zwölf Bohrungen zur Fehlerfindung ausreichend. Die höchste Gaskonzentration tritt über der Fehlerstelle auf.

10.3.5 Diagnose

Im Gegensatz zu Prüfungen, die nur ein „Ja/Nein-Ergebnis" liefern, versteht man unter Diagnose die quantitative Ermittlung des Zustandes der Kabelanlage. Die aussagekräftigste Methode ist der FGH-Stufentest (FGH: Forschungsgemeinschaft für Hochspannungs- und Hochstromtechnik e.V.). Dieser Test ist eine gemeinsame Entwicklung zwischen den Herstellern und Anwendern. In diesem Test, der seit 1989 allseits anerkannter Stand der Technik ist, wird die Durchschlagsfestigkeit im Labor an einer ausgebauten Kabellänge bestimmt, siehe weiter unten in diesem Absatz. Aus der Durchschlagfestigkeit wird die Diagnose für die Restlebensdauer abgeleitet. Nachteilig ist jedoch der mit der Entnahme des Kabels erforderliche Aufwand. Daher wurden Diagnoseverfahren entwickelt, die vor Ort angewendet werden können.

Eine **Diagnose** wird mit einem vergleichsweise niedrigeren Spannungspegel durchgeführt und untersucht das dielektrische Verhalten der Isolierung. Bei ordnungsgemäßer Anwendung ist eine Vorschädigung der Prüfstrecke durch das angewandte Diagnoseverfahren nicht zu befürchten. Aus den mit der Diagnose gewonnenen Ergebnissen kann über eine Korrelation mit bekannten Kabeldaten die aktuelle Betriebszuverlässigkeit des untersuchten Prüflings ermittelt und auf die Restnutzungsdauer bzw. auf die Restfestigkeit geschlossen werden.

Bei der Diagnose unterscheidet man zwischen **global** und **lokal wirkenden Verfahren**.

Ein **lokal wirkendes Verfahren** sucht nach einzelnen Fehlstellen im Dielektrikum einer Kabelstrecke, die außerdem auch ortsbezogen zugeordnet werden können. Hierfür hat sich die Messung von Teilentladungen (TE) als gebräuchliches Verfahren etabliert.

Bei den **global wirkenden Verfahren** wird das Verhalten des Dielektrikums nach Anregung durch eine moderate Spannung entweder im Zeit- oder im Frequenzbereich untersucht und pauschal bewertet. Im Ergebnis erhält man eine Aussage über das Gesamtvolumen des untersuchten Dielektrikums (d.h. die gesamte Kabelstrecke inkl. Garnituren), ohne dass lokal wirkende Eigenschaften, z.B. Fehlstellen in Verbindungsgarnituren, ortsbezogen identifizierbar sind.

10.3.5.1 FGH-Stufentest

Beim sog. FGH-Stufentest wird an das ca. 15 m lange Kabelstück eine Spannung von 2 x U_0 über 5 Minuten angelegt und dabei eine Teilentladungsmessung (TE) durchgeführt. Nach einer Pausenzeit bis 60 Minuten wird eine Spannung von 4 x U_0 über 15 Minuten angelegt und anschließend wird die Spannung alle 5 Minuten um 1 x U_0 bis zum Durchschlag erhöht. Die 3 Stufen für die Restlebensdauerbestimmung lauten sinngemäß:

- $> 10\ U_0$ – Kabel ohne Bedenken weiter betriebsbereit
- $> 6\ U_0$ – Kabel sollte innerhalb der nächsten 2 Jahre ausgetauscht werden
- $< 3\ U_0$ – Kabel sollte schnellstmöglich ausgetauscht werden

Ursachen für einen Durchschlag bei niedrigen Spannungen können u.a. die sog. water-trees (Wasserbäumchen, wegen ihrer verästelten Erscheinungsform) sein. Diese können bei Vorhandensein von Unregelmäßigkeiten, Feuchtigkeit oder Wasser und elektrischem Feld im Isolierstoff entstehen und eine elektrische Schwächung verursachen, die bis zum Durchschlag führen kann.

Daher kann zusätzlich zum Stufentest an VPE-(bzw. PE-)isolierten Kabeln von der Durchschlagsstelle eine mikroskopische Untersuchung durchgeführt werden. Hierzu werden um die Fehlerstelle herum sog. Mikrotomschnitte (Schichtdicke ca. 200 µm) angefertigt und mit Methylenblau eingefärbt, um die sog. water-trees sichtbar zu machen.

10.3.5.2 Messung von Teilentladungen

Die Messung von Teilentladungen (TE) soll betriebsgefährdende Stellen in einem Kabel detektieren. Bei dem Messprinzip handelt es sich um ein global wirkendes Verfahren zur Feststellung lokaler Fehlstellen, dass gleichermaßen bei Papier-Massekabeln und VPE-Mittelspannungskabeln wirksam ist. Als Ergebnis erhält man Aussagen zu Orten und Häufigkeiten sowie Intensitäten von TE-Fehlstellen.

Bei Verwendung angemessener Prüfpegel gelten TE-Messungen als weitestgehend zerstörungsfrei. Für die unterschiedlichen Arten von Fehlstellen lassen sich mit den verfügbaren Systemen bisher keine Aussagen treffen.

10.3.5.2.1 Grundlagen und Messprinzip

Unter Einfluss eines elektrischen Feldes kommt es bei Überschreiten einer materialcharakteristischen Feldstärke zu einer Entladung. Wird die Isolierstrecke zwischen spannungsführenden Elektroden nur teilweise überbrückt, so bezeichnet man dies als Teilentladung (TE). Nach Bild 10.5 wird unterschieden zwischen äußeren TE (z.B. an der Oberfläche von Metallelektroden, sicht- und hörbar) und inneren TE (äußerlich nicht sichtbaren Entladungen innerhalb von Isoliermedien in Hohlräumen, Spalten oder an

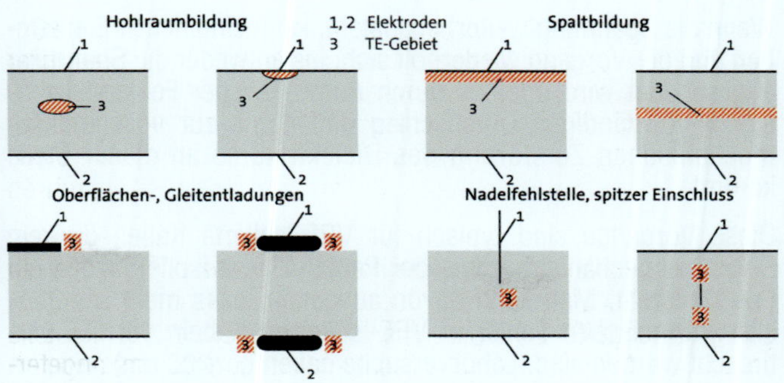

Bild 10.5 Beispielkonfigurationen für Teilentladungen nach [26]

Spitzen) sowie Gleitentladungen (an der Grenzschicht zwischen zwei an- oder übereinanderliegenden Isoliermedien mit unterschiedlichen dielektrischen Eigenschaften, eingeschränkt hörbar).

Wenn Teilentladungen nach kurzer Zeit verlöschen, kommt es nicht zu einem Durchschlag und die Isolierstrecke kann weiterhin in Betrieb bleiben. Eine ausführliche Beschreibung zu TE in elektrischen Betriebsmitteln findet man in [26].

An bzw. in Kabelstrecken können alle drei Ursachen für TE auftreten. Äußere TE können z.T. auch akustisch oder visuell an verschmutzten Endverschlüssen beobachtet werden. Gleitentladungen können in fehlerhaft montierten oder stark gealterten Garnituren auftreten. Innere Teilentladungen können sowohl im Kabeldielektrikum als auch in Garnituren vorhanden sein.

Treten unter Einfluss einer anstehenden Spannung Teilentladungen in einem Hohlraum in einem festen Dielektrikum auf, so erhöht sich durch die zugeführte Wärmeenergie der Druck in diesem Hohlraum. Nach dem Paschen-Gesetz verlöscht bei ausreichendem Druckanstieg zunächst der Lichtbogen. Durch die anschließende Abkühlung baut der zuvor entstandene Druck wieder ab. Dieser Vorgang führt zu einem repetierenden TE-Vorgang und mechanischen Belastungen des Dielektrikums.

Wenn die Spannung weiterhin ansteht, kann eine neue TE entstehen und der Vorgang wiederholt sich, bis entweder die Spannung abgeschaltet wird oder es durch Ausweiten der Fehlerstelle zu einem vollständigen Durchschlag und damit zur vollständigen mechanischen Zerstörung des Dielektrikums an dieser Stelle kommt.

Diese Vorgänge sind typisch für VPE-isolierte Kabel, da kein Selbstheilmechanismus wie bei Papier-Masse-isolierten Kabeln (s.u.) besteht. Man kann davon ausgehen, dass mehr als 95% aller intrinsischen Fehler in VPE-isolierten Kabeln von TE verursacht worden sind. Laborversuche haben gezeigt, dass eine im VPE-Dielektrikum einmal einsetzende TE auch bei zunächst kleinem Pegel innerhalb kurzer Zeit zu einem Durchschlag führen kann [27]. Es ist daher ratsam, derartige TE schon in einem möglichst frühen Zustand zu erkennen. Daher sollte ein Messsystem, das für VPE-isolierte Kabel eingesetzt werden soll, auch bei Messungen vor Ort im Netz eine möglichst hohe Empfindlichkeit aufweisen.

Für Papier-Massekabel gilt eine andere Modellvorstellung. Bei einer TE in einem luftgefüllten Hohlraum zwischen den Papierlagen erhöht sich dort lokal neben dem Druck auch die Temperatur, was zu einer Verringerung der Viskosität der Imprägniermasse in der Umgebung der TE führt. Diese Masse fließt in Richtung des Hohlraums und kühlt dort den Lichtbogen. In der Folge verlöscht die TE und zündet auch nicht wieder, da ja der zuvor vorhandene Hohlraum nun mit Imprägniermasse gefüllt ist. Voraussetzung hierfür ist, dass ausreichend Imprägniermasse vorhanden ist und nachfließen kann. Darüber hinaus begrenzt die nächste Papierlage zusätzlich das weitere Voranschreiten einer Zerstörung.

Anhand dieser kurzgefassten Beschreibung der Vorgänge erkennt man, dass TE in einem Feststoffdielektrikum wesentlich gefährlicher sind als in einem massegetränkten Dielektrikum, da die TE im ersten Fall immer wieder auf die gleiche Stelle „einwirkt“ und der Entladungskanal dabei weiter wächst.

Die Werkstoffe, die bei VPE-isolierten Kabeln eingesetzt werden, haben eine hohe Reinheit und setzen damit einem fortschreitenden Erosionsprozess durch TE wenig entgegen. Bei einer Erosion durch TE entstehen zudem Zersetzungsprodukte, die zu nichtleitfähigen Niederschlägen auf den Hohlraumoberflächen führen und daher auch nicht gefährdungsmindernd wirken können.

Bei PVC-Isoliermischungen können dagegen durch den Lichtbogen der TE Zersetzungsprodukte entstehen, die leitfähig sind. Diese leitfähigen Zersetzungsprodukte schlagen sich auf der Hohlrauminnenseite nieder. Dadurch wird der Hohlraum weitgehend feldfrei und in der Folge können dort auch keine Entladungen mehr stattfinden. Zudem wirken die dem PVC zugesetzten Zuschlagstoffe (z.B. Kreide) als zusätzliche mechanische Barrieren gegen Teilentladungen. Diese Besonderheiten verleihen PVC-Isolierungen die bekannt hohe TE-Resistenz, obwohl es sich, wie beim VPE, um ein Feststoffdielektrikum handelt.

Inhomogenitäten im Kabeldielektrikum gelten als Ausgangspunkte für TE, da dort das ansonsten axialsymmetrische Feld gestört ist. Wesentliche Inhomogenitäten für VPE-isolierte Kabel zeigt Bild 10.6, für Papier-Massekabel Bild 10.7.

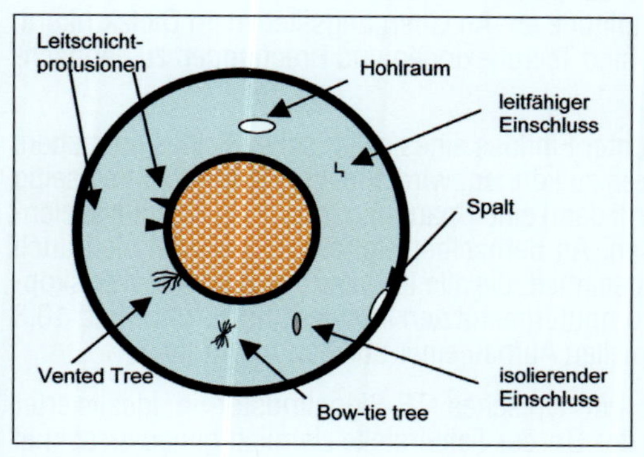

Bild 10.6 Inhomogenitäten in einem extrudierten Feststoffdielektrikum

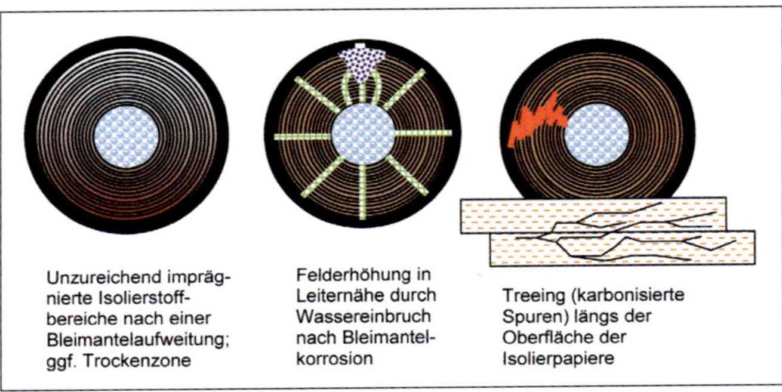

Bild 10.7 Inhomogenitäten in einem geschichteten Dielektrikum

Hohlräume innerhalb von Papier-Massekabeln können z.B. auch durch einen infolge mechanischer Einwirkungen eingedrückten Bleimantel entstehen.

Zur Ortserkennung von TE wird das sogenannte „Wanderwellenverfahren" genutzt. Impulse, die in einem Kabel entstehen, laufen in der Isolierung als „Wanderwellen" zunächst in Richtung der beiden Kabelenden. Bei offenen Kabelenden erfolgt eine Totalreflexion der Wellenamplitude in das Kabel hinein; am Ende steht die doppelte Amplitude an. An Übergangsstellen im Dielektrikum, z.B. Garnituren, sind Teilreflexionen und Brechungen zu beobachten.

TE können nur unter Einfluss eines elektrischen Feldes entstehen. Um TE detektieren zu können, wird zunächst das Kabel beidseitig freigeschaltet und dann eine Spannungsquelle an einem Kabelende angeschlossen. An demselben Kabelende befindet sich auch eine Ankopplungseinheit, die alle Impulse aus dem Kabel auskoppelt und einer computergestützten Auswertung zuführt. Bild 10.8 zeigt den prinzipiellen Aufbau einer solchen Anordnung.

Bild 10.9 zeigt ein typisches TE-Signalmuster in idealisierter Form, aus dem der Ort der Fehlerstelle ziemlich genau errechnet werden kann, wenn die Impulslaufzeiten t_1 und t_2 genau ermittelt werden können und die Kabellänge oder die Impulsausbreitungsgeschwindigkeit hinlänglich bekannt ist. Die blau eingezeichnete Kurve ergibt sich beispielsweise nach einer Filterung der Oberschwingungsanteile.

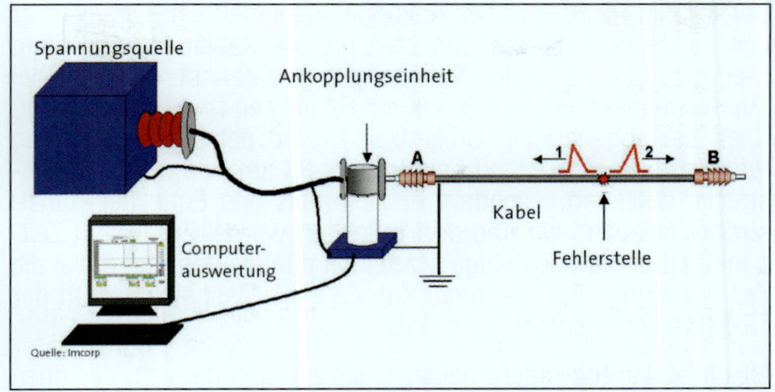

Bild 10.8 Prinzipeller Messaufbau einer TE-Messung an einer Kabelstrecke

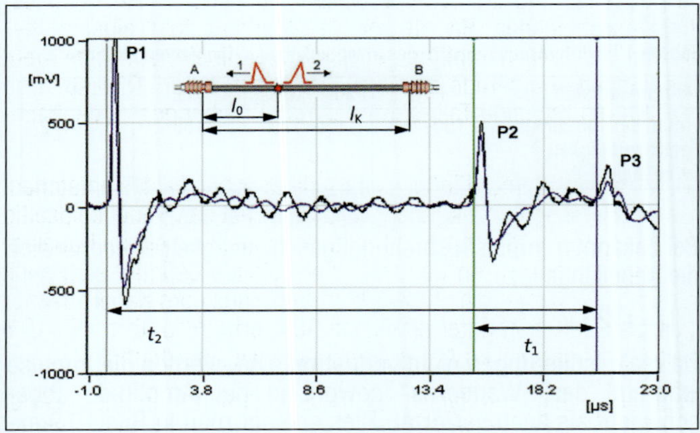

Bild 10.9 TE-Impulsdiagramm zur Fehlerlokalisierung

Bei einer Entladung in der Kabelisolierung teilt sich der dabei entstehende Impuls zunächst in zwei gleich große Impulse auf, die sich von der Fehlerstelle aus in entgegengesetzte Richtungen bewegen. Der Impuls P1 trifft in der Ankopplungseinheit ein, nachdem er von der Fehlerstelle aus die Länge l_0 durchlaufen hat.

Der Impuls P2 trifft in der Ankopplungseinheit ein, nachdem er von der Fehlerstelle aus zunächst bis ans Kabelende und dann wieder zurück bis an den Kabelanfang gelaufen ist. Für die dabei durchlaufene Länge $(l_K - l_0)$ + IK hat P2 die Zeit $t_x = t_2 - t_1$ benötigt. Nach der sogenannten Umlaufzeit t_2 wird der am Kabelanfang reflektierte Impuls P1 nun als Impuls P3 am Anfang der Kabelstrecke detektiert, nachdem er zuvor bis ans Ende der Kabelstrecke gelaufen war und dort reflektiert wurde. Zu diesem Zeitpunkt hat er die Kabellänge l_K zweimal durchlaufen und dabei die Zeit t_2 benötigt. Bei bekannter Kabellänge l_K lässt sich der Ort der TE-Fehlerstelle einfach berechnen.

Ist die Kabellänge nicht bekannt, lassen sich die erforderlichen Daten mit Näherungswerten für die Impulsausbreitungsgeschwindigkeit v_l errechnen. Anhaltswerte für Starkstromkabel sind in Tabelle 10.2 angegeben.

Tabelle 10.2 Impulsausbreitungsgeschwindigkeiten in Isolierwerkstoffen

Isolierwerkstoff	PVC	Papier-Masse	VPE	PE
Impulsausbreitungsgeschwindigkeit v_l in m/µs	150–160	156–170	168	170–172

Bei bekannter Impulsausbreitungsgeschwindigkeit errechnet sich die Kabellänge l_K zu:

$$l_K = t_2/2 \bullet v_l$$

Da reale Isolierungen nicht verlustfrei sind, werden die Impulse während des „Wanderns“ sowohl in der Amplitude abgeschwächt als auch verformt. Dies erkennt man in Bild 10.9 exemplarisch an den unterschiedlichen Amplituden der Impulse

P1 und P3. Zudem weisen die Impulsformen P2 und P3 eine breitere Basis auf. In der Realität sind diese Abschwächungen und Verformungen nicht immer so leicht zu erkennen. Daher ist zur Auswertung von TE-Messungen neben einer leistungsfähigen Software auch eine gehörige Portion Erfahrung unabdingbar.

10.3.5.2.2 Vorgehensweise

Eine TE-Messung und deren Auswertung wird typischerweise nach dem folgenden schrittweisen Vorgehen durchgeführt:

- Möglichst exaktes Erfassen aller Daten der Kabelstrecke
  - Basisdaten (Hersteller, Bauart, Legejahr)
  - Kabeltopologie (Längen, Streckenführung, Muffenorte)
- Vorbereitung des TE-Messsystems
  - Maßnahmen zur Filterung
  - Kalibrierung vom messfernen Ende
- Messung
  - Aufnehmen der Spannungen und TE-Signale bei verschiedenen Prüfspannungspegeln
- Auswertung der aufgezeichneten Messdaten
  - Daten-/Signalanalyse
  - Feststellen der kabelspezifischen TE-Pegel und TE-Häufigkeiten
  - Lokalisieren der TE-Stellen
- Testbericht mit Auswertung und Empfehlungen
  - Angaben zu TE-Aktivitäten für praxisbezogene Spannungsstufen
  - Beurteilen der Zustände der Betriebsmittel anhand der TE-Werte
  - Empfehlung zum weiteren Vorgehen, z.B. Reparatur oder Ersatz

10.3.5.2.3 Störeinflüsse

Bei TE-Messungen an einer Kabelstrecke sind je nach Messort unterschiedliche Störquellen aktiv. Es wird zwischen zufälligen und periodischen Störern unterschieden.

Störquellen können kleine Messsignale aus dem Kabel überdecken und müssen daher möglichst effektiv beseitigt werden. Je größer der Frequenzabstand zwischen dem aus der treibenden Spannungsquelle resultierenden Messsignal und den Störfrequenzen ist, desto effektiver lassen sich die „Nutz-"Signale herausfiltern. Zur Filterung kommen sowohl analoge als auch digitale Filter zum Einsatz.

10.3.5.2.4 Verarbeitung der Messsignale, Signalanalyse

Nach dem Ausfiltern von Störgrößen steht ein mehr oder weniger deutliches Impulsdiagramm gemäß Bild 10.9 zur Verfügung. Ein solches Impulsdiagramm wird zum einen genutzt, um die TE-Fehlstelle ortsgenau zu bestimmen. Bei kurzen Kabellängen erweisen sich hierzu Messgeräte mit einer hohen Bandbreite bzw. hohen Messfrequenz als vorteilhaft, da die Zeitmessung und damit auch die Ortsbestimmung genauer erfolgen können. Für längere Kabelstrecken kann auf eine schmalere Bandbreite bzw. niedrigere Messfrequenz zurückgegriffen werden.

Der Impuls wird weiter dazu genutzt, um Informationen über die mögliche Gefährdung durch TE zu bekommen. Dazu wird der Impuls integriert; die Impulsfläche ist das bestimmende Maß für den angezeigten TE-Pegel. Das jeweils angewandte Integrationsverfahren bestimmt somit die Aussage über eine eventuelle Gefährdung.

Je nach Wahl der verwendeten Integrationsverfahren können für die gleichen Impulsformen unterschiedliche Ergebnisse ermittelt werden. Diese Ergebnisse sind zudem beeinflusst durch kabelstreckenspezifische Verformungsgrade der zu messenden Impulse, die durch das verlustbehaftete Dielektrikum und Brechungen/Verformungen an Unsymmetriestellen, wie z.B. Verbindungsgarnituren, hervorgerufen werden. Bild 10.10 zeigt beispielhaft ein derartig verformtes Messsignal.

Da zur Gefährdungsbeurteilung die Höhe der TE-Pegel momentan als maßgebend betrachtet wird, müssen diese Abschwächungen und Verformungen angemessen berücksichtigt werden. Erste Ansätze zur angemessenen Berücksichtigung sind im Rahmen von Softwarelösungen vorhanden [28].

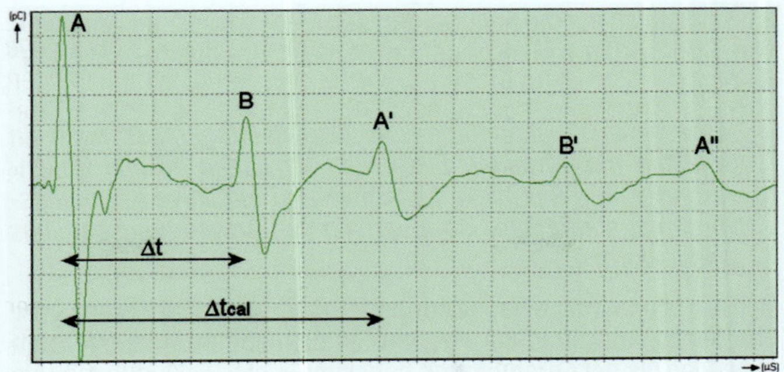

Bild 10.10 Verformungen eines Messsignals durch verlustbehaftete Isolierung und Brechungen an Unsymmetriestellen [28].

Eine Besonderheit stellen TE-Fehlstellen dar, die sich entweder nahe am Anfang oder am Ende des Kabels befinden. Hier kann es bei zu niedriger Messfrequenz zu Impulsüberdeckungen kommen, die eine Auswertung erschweren oder gar unmöglich machen.

Befinden sich z.B. mehrere TE-Fehlstellen im Dielektrikum, kommt es zu Überlagerungen der einzelnen Impulse, deren automatische Auswertung ebenfalls erschwert oder gar unmöglich gemacht wird.

Darüber hinaus wird aus den während eines Messzykluss aufgenommenen TE-Signalen ein „gemittelter Wert" gebildet. Dieses Vorgehen, das u.U. noch mit weiteren Parametern, wie die Dämpfung durch das Dielektrikum, gewichtet wird, trägt zu möglichen Ergebnisabweichungen unterschiedlicher Messgeräte bei.

Eine ausführliche Diskussion dieser besonderen Thematik, auch zur angemessenen Berücksichtigung von Mischkabelstrecken, findet man in [28].

Wenn im Rahmen von TE-Messsystemen von einer Kalibrierung nach DIN EN 60270 [29] gesprochen wird, so bezieht sich dies ausschließlich auf die Kalibrierung des Messkreises. Im Anhang C von [29] wird zu Messungen an Kabeln etc. ausdrücklich vermerkt:

> *„Eine genaue Behandlung von Teilentladungsmessungen an Objekten mit verteilten Elementen, in denen Wanderwellenvorgänge und komplexe kapazitive und induktive Kopplungsvorgänge stattfinden, ist außerhalb des Anwendungsbereichs dieser Norm."*

Bei Anregung mit einer Niedrigstfrequenzspannung (Very Low Frequency, kurz VLF; 0,1 Hz) werden sich andere Impulsformen einstellen als bei Anregung mit höherfrequenten Spannungen (bis 1.000 Hz). Hierdurch können sich bei unterschiedlichen Integrationsverfahren durchaus weitere Abweichungen ergeben.

Aus den oben dargelegten Gründen sind in vielen Fällen nachträgliche manuelle Auswertungen der aufgenommenen und gespeicherten Messdaten unabdingbar.

10.3.5.2.5 Auswertung der Ergebnisse von TE-Messungen

Alle am Markt erhältlichen Messgeräte verfügen über einen automatischen Auswertemodus, der die zuvor gefilterten Signalformen analysiert und als Ergebnis einen TE-Wert anzeigt. Die Erfahrungen haben gezeigt, dass eine individuelle Nachauswertung die Zuverlässigkeit einer TE-Messung erheblich steigern kann, insbesondere bei möglichen Überlagerungen von TE-Impulsen, die eine automatische Auswertung erschweren. Dies kann beispielsweise bei mehrfachen TE-Stellen im Zuge einer Kabelstrecke erforderlich sein, aber auch bei TE-Fehlstellen nahe am Anfang oder am Ende des gemessenen Kabels.

Eine Nachauswertung führt zu einem hohen Zusatzaufwand, wodurch der berechtigte Wunsch an die Hersteller resultiert, diesen Aufwand durch weiter verbesserte Auswertealgorithmen der verwendeten Software zu verringern oder gar zu eliminieren.

Neben der Höhe der TE-Pegel ist es auch hilfreich zu wissen, ob TE bei betriebsrelevanten Spannungspegeln auftreten. Dies gilt insbesondere für die Nennspannung U_0 und die verkettete Spannung 1,73 U_0 in Netzen mit isoliertem Sternpunkt oder kompensierten Netzen. Falls TE bereits bei U_0 festgestellt werden, stehen die Entladungen dauernd an, was insbesondere bei VPE-isolierten Mittelspannungskabeln zu einem baldigen Ausfall führt. Treten in Netzen mit isoliertem Sternpunkt oder in kompensierten Netzen TE zwischen U_0 und 1,73 U_0 auf, so besteht das Risiko, dass bei zeitweiligen Überspannungen (z.B. beim einpoligen Erdschluss) bereits TE zünden. Liegt dann noch die TE-Aussetzspannung unter U_0, so bleibt die Teilentladung weiter bestehen.

Für die Betrachtung dieser Fälle ist es sinnvoll, TE-Einsetz- und TE-Aussetzspannungen (Definition nach [29]) zu kennen. Allerdings lassen sich diese TE-Einsetz- und/oder TE-Aussetzspannungen mit den für Vor-Ort-Messungen verfügbaren Messsystemen nicht erfassen, da gerätespezifisch die Spannungen nur in mehr oder weniger großen Stufen gesteigert werden können und die Aussetzspannung nur mit einem Messsystem über das Ausklingen der Spannungsamplitude näherungsweise erfasst werden kann.

Aus der Zuordnung der einzelnen TE-Impulse zur Phasenlage der treibenden Spannung (sogenannte TE-Pattern) lassen sich weitergehende Aussagen zur Herkunft der Teilentladungen ableiten. Hierzu liegen für Kabelstrecken nur wenige Erfahrungen vor. Auch ist diese Auswertemöglichkeit bisher nicht in allen Messsystemen integriert.

TE-Messungen werden üblicherweise offline, das heißt an abgeschalteten und abgeklemmten Kabelstrecken durchgeführt. Seit einiger Zeit werden zur Messung von TE in Mittelspannungskabeln Online-Verfahren am Markt angeboten, die TE-Erscheinungen unter Betriebsbedingungen (d.h. bei 50 Hz und U_0) erfassen [z.B. 30].

10.3.5.2.6 Zusammenfassung: TE-Messungen

TE-Messsysteme eignen sich zur ortsselektiven Detektion von lokalen Fehlstellen in den Dielektrika von Mittel- und Hochspannungskabeln. Es können nur solche Fehlstellen erkannt werden, die unter Einfluss einer Spannung Teilentladungen entstehen lassen.

Da die TE-Impulse i.d.R. sehr klein sind, ist ein hoher Aufwand zur Eliminierung (sprich: Filterung) externer Störgrößen erforderlich, die natürlich das TE-Signal nicht beeinträchtigen dürfen.

Neben den verlustbehafteten Dielektrika beeinträchtigen auch eventuelle Kopplungsstellen (z.B. Verbindungsmuffen) die Kurvenform der TE-Impulse und erschweren somit die Auswertung. Diese Erschwerung kann auch durch Überlagerungen infolge mehrfacher Störstellen in einer Kabellänge oder Fehlstellen nahe der Kabelenden eintreten. Die Auswertesoftware kann u.U. nicht alle hier geschilderten Beeinflussungen eliminieren. Dann ist eine manuelle Nachauswertung erforderlich.

Es handelt sich hier also um Messverfahren, die neben einer guten Messgeräteausstattung insbesondere umfangreiche Kenntnisse und Erfahrungen der Bedienenden voraussetzen. Es ist zu wünschen, dass die zur Verfügung stehenden Messsysteme und Verfahren weiterentwickelt werden. Dabei ist es unabdingbar, dass die Bedienenden stetig mit den Messsystemen arbeiten und ggf. weiter ausgebildet werden, um diese komplexe Messtechnik optimal nutzen zu können.

Zusammenfassend ergeben sich die folgenden Bewertungen der TE-Messverfahren (hier nur Offline-Verfahren betrachtet):

Vorteile der TE-Messverfahren:

- ortsgenaue Erkennung von Fehlstellen im Kabeldielektrikum,
- sogar mehrere Fehlstellen lassen sich ortsgenau auflösen,
- die ermittelte scheinbare Ladung ist Basis für eine Gefährdungsbeurteilung.

Nachteile der TE-Messverfahren:

- es lassen sich nur TE-behaftete Fehlstellen identifizieren; eine gleichmäßige Alterung (z.B. durch wt) ist nicht detektierbar,
- hoher Messaufwand, oftmals Nachauswertung erforderlich,
- derzeit existieren keine in den VDE-Bestimmungen verankerten Messverfahren und Prüfanforderungen für TE-Messungen an Kabeln vor Ort.

10.3.5.3 *Verfahren zur Zustandsbewertung betriebsgealterter Kabel*

Für die Zustandsbewertung betriebsgealterter Mittelspannungskabel kommen in erster Linie global wirkende Verfahren in Betracht, die das gesamte Volumen des Kabeldielektrikums untersuchen.

Als global wirkende Verfahren zur Untersuchung von VPE-isolierten Mittelspannungskabeln haben sich im Wesentlichen die Messung des Relaxationsstromes (IRC) und der Wiederkehrspannung (RVM), jeweils nach einer Gleichspannungsanregung, durchgesetzt. Die dielektrische Spektroskopie wertet das Verhalten des Dielektrikums nach einer Wechselspannungsanregung in einem weiten Frequenzbereich aus. Diese Verfahren werden gemeinsam als „dielektrische Verfahren“ bezeichnet, da sie die Antwort des Dielektrikums auf eine definierte Anregung aufzeichnen.

Die Messung des Verlustfaktors tan δ bei 0,1 Hz wird ebenfalls zur Zustandsbewertung herangezogen.

Alle Verfahren zur Zustandsbewertung von Mittelspannungskabeln sollen die folgenden Forderungen erfüllen:

- möglichst zerstörungsfreie Anwendung
- belastbare Aussagen zum Zustand
- weitgehende Unempfindlichkeit gegen Störungen
- geeignet für Vor-Ort-Messungen

Das vereinfachte Ersatzschaltbild eines Kabels mit längenbezogenen Impedanzbelägen (Bild 10.11) wird zur Analyse im Rahmen der Verlustfaktormessung herangezogen.

Als Grundlage für die Beschreibung der dielektrischen Verfahren wird aus Bild 10.11 ein für das Kabeldielektrikum im nichtstationären Betrieb relevantes Ersatzschaltbild mit zusätzlichen RC-Gliedern abgeleitet, die die vielfältigen Polarisationserscheinungen im Dielektrikum beschreiben sollen (Bild 10.12).

R_0 und C_0 repräsentieren hierbei die Kabelgeometrie, die Impedanzen R_{pi} und C_{pi} repräsentieren das nichtstationäre Dipolverhalten und gelten als Maßstab für strukturelle und betriebsbedingte Veränderungen des Dielektrikums.

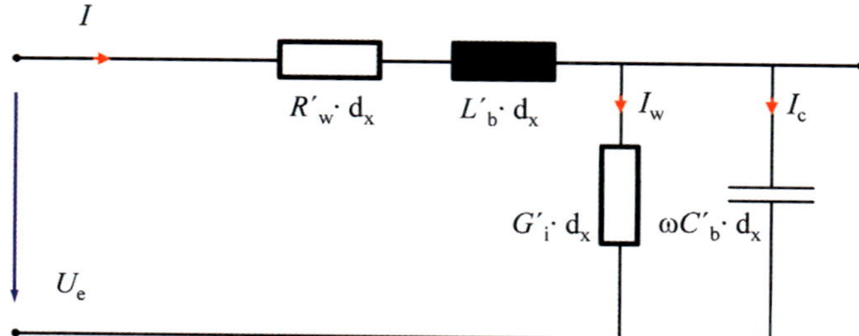

Bild 10.11 Vereinfachtes Ersatzschaltbild eines Kabels mit längenbezogenen Größen

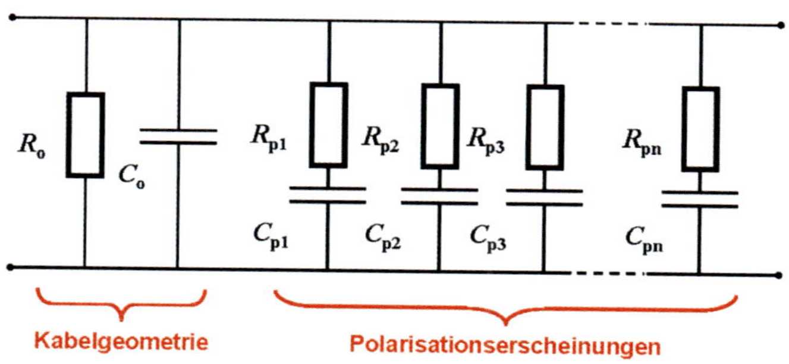

Bild 10.12 Ersatzschaltbild eines Kabeldielektrikums mit Berücksichtigung von Polarisationserscheinungen

Bei diesen global wirkenden Verfahren wird stets das gesamte Dielektrikum einer Kabelstrecke von einem Ende aus gemessen. Somit umfasst die Auswertung auch die sich darin befindenden Garnituren. Hierdurch kann es zu einer Verfälschung der Aussagen für das Kabeldielektrikum kommen.

Wegen der globalen Bewertung der Antworten aus dem Dielektrikum ist unmittelbar ersichtlich, dass bei Mischkabelstrecken die mit diesen dielektrischen Verfahren gewonnenen Ergebnisse keine abgesicherte Beurteilung erlauben.

Alle hier genannten Verfahren können nur offline angewandt werden; d.h., die zu untersuchende Kabelstrecke muss allseitig von den angeschlossenen Betriebsmitteln (möglichst auch von den Schaltgeräten) getrennt werden.

Im Folgenden wird eine kurzgefasste Beschreibung der unterschiedlichen Verfahren zur Zustandsbewertung gegeben.

10.3.5.3.1 Lokal wirkende Verfahren

Im Gegensatz zu global wirkenden Verfahren, die das gesamte Isoliervolumen eines Kabels untersuchen und bewerten, sollen lokal wirkende, zerstörungsfreie Verfahren einzelne, nicht leitfähige Schwachstellen aufdecken. Dies gelingt z.B. durch Messung der Teilentladung in etwaig entstandenen Hohlräumen im Dielektrikum.

Wie bereits erwähnt, sind Teilentladungen in VPE-isolierten Kabeln bereits bei kleinen TE-Pegeln hochgradig gefährdend. Daher eignet sich eine TE-Messung nicht sonderlich zur (prophylaktischen) Zustandsbewertung betriebsgealterter VPE-Kabel. Es verbleiben damit drei Einsatzgebiete, bei denen lokal wirkende TE-Messverfahren erfolgreich eingesetzt werden können:

- Zustandsbewertungen von Papier-Masse-isolierten Kabeln
- Zustandsbewertungen von Kabelgarnituren
- Bewertungen der Montagequalität von Kabelgarnituren

Zustandsbewertungen von Papier-Masse-isolierten Kabeln
Das geschichtete Dielektrikum eines Papier-Massekabels bietet hohe Sicherheit gegenüber einem elektrischen Durchschlag. Zum einen behindern die versetzt aufgebrachten Papierlagen sehr effektiv die Ausbildung eines elektrischen Durchschlagskanals. Zum anderen sorgt im Falle einer Teilentladung in einem etwaigen Hohlraum eines Papier-Masse-isolierten Kabels die nachfließende Masse dafür, dass der Hohlraum nach Erlöschen der Entladung wieder mit Imprägniermasse angefüllt wird.

Dieser Selbstheilmechanismus bleibt nur dann erhalten, wenn im Kabel genug Tränkmasse ausreichender Viskosität vorhanden ist. Durch Änderung der Konsistenz der Tränkmasse (X-Wachsbildung) und/oder Masseverarmung infolge unzureichender Nachtränkung oder niveaubedingter Masseabwanderung kann es jedoch zu bleibenden Hohlräumen kommen, die sogar schon bei Betriebsspannung zu dauernd anstehenden Entladungen führen können. Die jahrzehntelange Erfahrung mit Papier-Massekabeln hat jedoch gezeigt, dass derartige Entladungen durchaus über einen größeren Zeitraum anstehen können, ohne dass es zu einem kurzfristigen Ausfall eines Kabels kommt.

Derzeit gibt es keine verlässlichen Aussagen über die Höhe der zulässigen TE-Pegel bei Papier-Masse-isolierten Kabeln. Sicherlich muss zwischen Dreibleimantel- und Gürtelkabel unterschieden werden. Neben den geografischen Gegebenheiten (Höhenunterschiede in der Trasse) sind auch die bei der Herstellung verwendeten Materialien und Prozesse mit zu berücksichtigen. Hierzu könnte z.B. auch das Herstellungsjahr ein bestimmendes Kriterium sein.

Zustandsbewertungen von Kabelgarnituren
Aus dem Störungsgeschehen in Energieversorgungsnetzen ist bekannt, dass intrinsische Schäden überwiegend auf betriebsgealterte Kabelgarnituren zurückgeführt werden, wenn man das Störungsgeschehen der wt-gefährdeten VPE-Kabel der 1. Generation einmal ausblendet. Diese betriebliche Alterung der Kabelgarnituren, in erster Linie der Verbindungsmuffen, führt zu Hohlraumbildungen, die sich mit Hilfe von Teilentladungsmessungen nachweisen lassen.

Viele Messungen in Papier-Massekabelnetzen haben gezeigt, dass „TE-Nester" vorzugsweise in den Kabelgarnituren lokalisiert werden. Je nach Art der Garnituren können schon geringe TE-Pegel zur Zerstörung führen. Sind dagegen in den Garnituren (sog. Massereservoirs) oder in den angeschlossenen Kabeln ausreichend fließfähige Massereserven vorhanden, führen bei solchen Garnituren auch hohe TE-Pegel nicht zu einem kurzfristigen Ausfall.

Ein für Deutschland geltender Bewertungsansatz zulässiger TE-Pegel in Kabelgarnituren ist nicht bekannt. In [31] werden TE-Grenzwerte für in den Niederlanden übliche Garnituren angegeben.

Bewertungen der Montagequalität von Kabelgarnituren
Bei neu gefertigten Mittelspannungskabeln, die gemäß [4] von einem zuverlässigen, möglichst präqualifizierten Kabellieferanten geliefert worden sind, kann mit hoher Wahrscheinlichkeit davon ausgegangen werden, dass diese Kabel teilentladungsfrei sind. Ein Kabelhersteller muss, neben einer Spannungsprüfung, diese TE-Freiheit für alle Lieferlängen nachweisen. Ähnliches gilt für fabrikneue Kabelgarnituren, wobei an den Einzelelementen natürlich keine elektrischen Stückprüfungen möglich sind.

Bei der Montage dieser Garnituren ist auch bei den heute üblichen, modernen Werkstoffen (Gießharze, Silikon sowie heiß- und kaltverschweißende Elemente) eine sorgfältige Montage unabdingbar. Schon kleinste Nachlässigkeiten bei der Garniturenmontage vor Ort können sich im Laufe des Betriebs zu Störungen ausweiten. Die Montagequalität ist in hohem Maße abhängig vom Know-how und der Sorgfalt des Monteurs und lässt sich nur mit hohem personellen Aufwand überwachen.

Grobe Montagefehler können sich im Rahmen einer Spannungsprüfung vor der Inbetriebnahme der Kabelstrecke zeigen. In der Praxis sind aber wiederholt Fehler beobachtet worden, die im Rahmen der Spannungsprüfung nicht aufgedeckt worden sind, die aber zu einem späteren Zeitpunkt zu einem Versagen der Garnitur im Betrieb geführt haben.

Um einen ungestörten Netzbetrieb zu ermöglichen, ist somit ein frühzeitiges Erkennen schon kleinster Fehler bei einer Garniturenmontage wichtig. In der Praxis wird die Überprüfung einer Garniturenmontage durch eine TE-Messung vor Ort, z.B. vom Kabelende in einer Schaltanlage aus, erfolgen. Wegen der benachbarten elektrischen Betriebsmittel ist hier teilweise mit einem erheblichen Störpegel zu rechnen, der ein u.U. kleines Messsignal von der Fehlerstelle durchaus überdecken kann. Das zur Anwendung kommende Messgerät muss also mit wirksamen Filtermaßnahmen einerseits das Störsignal weitgehend unterdrücken, ohne dass andererseits das Messsignal wesentlich abgeschwächt wird. Dies verlangt neben einem ausreichend empfindlichen Messgerät einen gut ausgebildeten und kontinuierlich mit TE-Messungen und Auswertungen betrauten Anwender.

Alle Verfahren im Überblick, Kombinationsmöglichkeiten

Für Spannungsprüfungen an Mittelspannungskabelstrecken stehen Geräte mit Gleichspannung sowie 0,1 Hz Wechselspannung (mit sinus- und kosinus-rechteckförmiger Spannungsform) und Resonanzspannung zur Verfügung. Diese Geräte sind in der Anwendung anspruchslos, in den VDE-Bestimmungen [32, 33] quasi normiert.

Mit Prüfspannungen können lokale Schwachstellen zum Zeitpunkt der Anwendung aufgedeckt werden. Weitergehende Aussagen zum Kabelzustand sind nicht möglich.

Die Kabelisolierung kommt an einer ersten Schwachstelle zum Durchschlag. Anschließend muss das Kabel repariert und neuerlich geprüft werden, bis innerhalb der vorgesehenen Prüfzeit keine weitere Fehlstelle mehr zum Durchschlag führt. Insbesondere für betriebsgealterte Kabel ist bei diesem Vorgehen ein erhöhter Lebensdauerverbrauch durch wiederholte Prüfungen nicht auszuschließen.

Für die weitestgehend zerstörungsfreie Detektion von lokalen Fehlstellen an oder in Betriebsmitteln stehen auf dem Markt mehrere TE-Messsysteme zur Verfügung. Sie unterscheiden sich im Wesentlichen durch unterschiedliche Spannungsformen und -frequenzen. Da für TE-Messungen an Kabelanlagen vor Ort noch keine Normvorgaben existieren, weisen die einzelnen Gerätelösungen deutliche Unterschiede auf. Dies betrifft sowohl die eingesetzte Hardware, den Aufwand für die Aufbereitung und Auswertung der Messsignale als auch den Bedienungskomfort. Hier zeigen sich deutliche Unterschiede, die sicher auch von den Intentionen der Hersteller (Verkaufsgeräte oder Angebot einer Dienstleistung) getragen sind.

Für eine umfassende Zustandsbewertung bietet es sich an, global und lokal wirkende Verfahren miteinander zu kombinieren. Eine erste globale Analyse stellt den Alterungszustand der Kabelstrecke fest. Diese kann, wie bereits erwähnt, nur an einer reinen VPE- oder Papier-Masse-isolierten Kabelstrecke eingesetzt werden. Zustandsbewertungen mit global wirkenden Verfahren sind bei Mischkabelstrecken wirkungslos und schlimmstenfalls irreführend!

Im Anschluss an eine globale Analyse kann man mit dem TE-Verfahren überprüfen, ob und wo lokale Fehlstellen vorhanden sind, die mit einer globalen Analyse erfahrungsgemäß nicht detektiert werden können. Dieses Vorgehen ist besonders bei Strecken mit Papier-Massekabeln wirksam, da sowohl in den betriebsgealterten Kabeln, überwiegend aber in den betriebsgealterten Garnituren, potentiell Fehlstellen vorhanden sind.

Der Versuch, TE-Fehlstellen in VPE-isolierten Mittelspannungskabeln im Rahmen von prophylaktischen Maßnahmen zu detektieren, führt nicht zwangsläufig zu einem Ergebnis, da schon kleine Teilentladungen bei Betriebsspannung U_0 innerhalb kürzester Zeit zu einem Durchschlag führen. Außer bei Verdacht auf Garniturenfehler erscheint es daher nicht sinnvoll, TE-Diagnosemessungen an betrieblich gealterten VPE-Kabeln durchzuführen. Dagegen kann es aber sehr sinnvoll sein, TE-Messungen im Rahmen der Qualitätsüberwachung von Montagen an neu gelegten Kabelstrecken einzusetzen.

10.3.5.3.2 Global wirkende Verfahren

Bei den global wirkenden Verfahren unterscheidet man:

- IRC (Isothermal Residual Current)
- RVM (Return-Voltage-Methode)
- Verlustfaktor tan δ
- dielektrische Spektroskopie

Bei dem **IRC-Verfahren** wird der isotherme Relaxationsstrom, also der Strom aus dem Dielektrikum bei möglichst konstanter Temperatur nach einer Aufladung der „Polymerbatterie“ des Kabels mit Gleichspannung gemessen und ausgewertet. Bild 10.13 zeigt die Messschaltung und die Verläufe von Strom und Spannung.

Das zu untersuchende Kabel wird möglichst beidseitig freigeschaltet und abgelegt. Gemäß der Messschaltung in Bild 10.13 wird an jeder zu untersuchenden Ader eine geringe Prüfgleichspannung (z.B. U_F = 1 kV) für eine Zeitdauer von ca. 30 min angelegt. Der anfänglich hohe Ladestrom $i_L(t)$ sinkt zum Ende dieser Formierung auf den niedrigen Gleichstromladestrom i_{DC} ab.

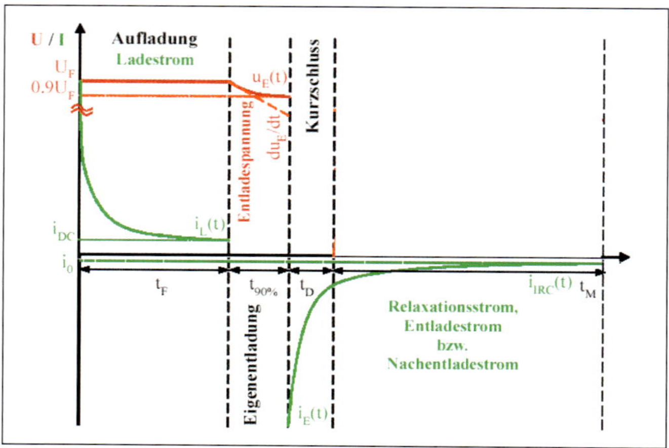

Bild 10.13 Messschaltung und Strom-/Spannungsverläufe beim IRC-Verfahren

Nach dieser Gleichspannungsbeanspruchung erfolgt eine kurzzeitige (ca. 5 s) Entladung, bei der die geometrische Kabelkapazität C_0 (Bild 10.12) entladen wird. Anschließend wird über einen längeren Zeitraum (bis zu 30 min) der zwischen Leiter und Schirm fließende Strom $i_{RC}(t)$ gemessen und aufgezeichnet.

Der zeitliche Verlauf des Relaxationsstromes $i_{IRC}(t)$ spiegelt das dielektrische Verhalten wider. In Bild 10.14a sind drei unterschiedliche, farblich markierte Kurvenverläufe für unterschiedliche Alterungszustände aufgezeichnet. Die ursprünglichen Kurvenverläufe in Bild 10.14a bieten nur geringe Ansätze für eine fundierte Auswertung. Erst wenn die Abszisse logarithmisch unterteilt und auf der Ordinate das Produkt i • t aufgetragen wird, erkennt man deutliche Unterschiede (Bild 10.14b) zwischen den drei Kurven.

Unter der Annahme, dass mit drei R_{pi}-C_{pi}-Gliedern nach Bild 10.12 die für eine Zustandsbeschreibung wesentlichen Polarisationseigenschaften des Kabeldielektrikums dargestellt werden, kann die in Bild 10.15 dargestellte (Summen-)Kurvenform (0) mathematisch in drei unterschiedliche Kurvenformen (1, 2 und 3) auf-

Bild 10.14
Beispielhafte IRC-Stromverläufe a + b

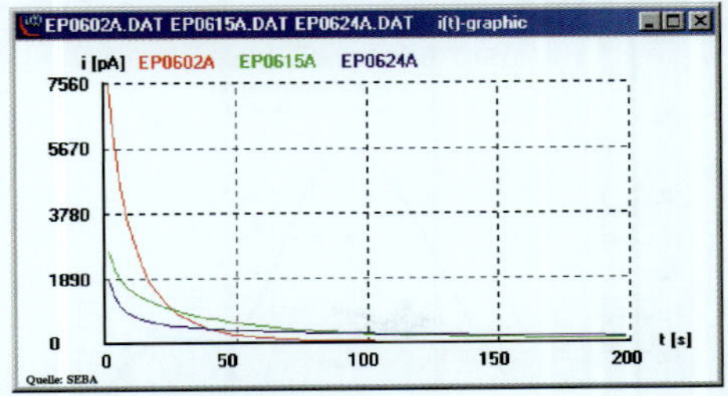

a) ursprünglicher Verlauf

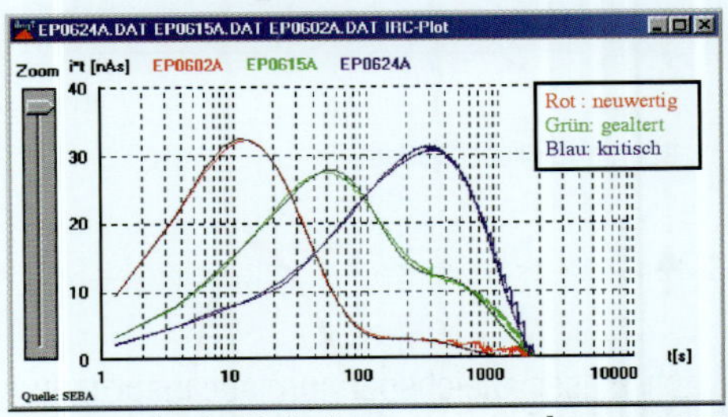

b) umgerechneter Verlauf [Quelle: sebaKMT]

geteilt werden. Bild 10.15a zeigt beispielhaft, dass jeder einzelne dieser drei Kurvenverläufe einer typischen Polarisationserscheinung zugeordnet ist. Je nach Lage und Höhe der jeweiligen Maxima kann auf den Alterungszustand des Dielektrikums geschlossen werden.

Die Alterungsbeurteilung beruht nach [34] auf weitestgehend abgesicherten materialwissenschaftlichen und physikalischen Grundlagen für Polymerisolierungen. Für eine verlässliche Alterungsbeurteilung ist jedoch zu unterscheiden zwischen zweifach extrudierten Kabeln mit fest verbundener innerer und graphitierter äußerer Leitschicht (überwiegend 1. Generation) und dreifach extrudierten Kabeln mit fest verbundener innerer und äußerer Leitschicht (überwiegend 2. Generation).

In [34] werden den gemäß Bild 10.15b unterteilten Alterungsklassen die Aussagen gemäß Tabelle 10.3 über die jeweils untersuchte Kabelstrecke zugeordnet.

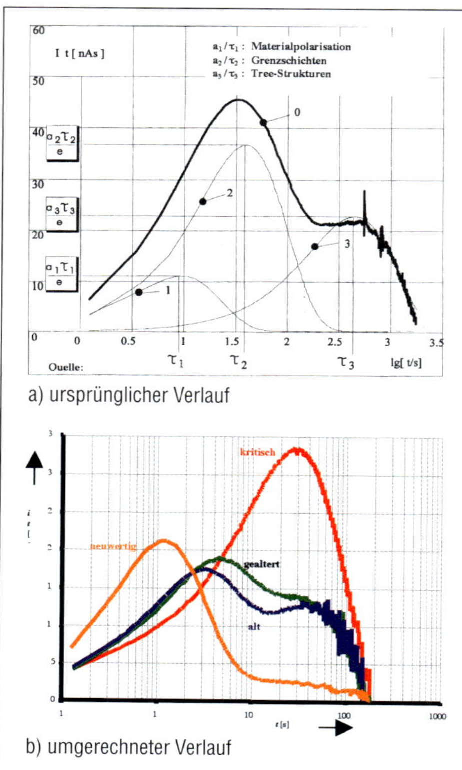

a) ursprünglicher Verlauf

b) umgerechneter Verlauf

Bild 10.15
Typische IRC-Stromverläufe nach [34] a + b

Tabelle 10.3 IRC-Alterungsklassen und deren Interpretationen [34]

IRC-Alterungsklasse	Interpretation für die untersuchte Kabelstrecke
neuwertig	Die Kabelstrecke ist in einem einwandfreien Zustand
gealtert	Die Kabelstrecke ist in einem guten Zustand
alt	Ein sicherer Betrieb ist weiter möglich; die Kabelstrecke sollte jedoch durch regelmäßige Untersuchungen beobachtet werden
kritisch	Die Kabelstrecke muss unter der Voraussetzung einer vorgeschrittenen kritischen Nutzwertminderung dringend weiter beobachtet werden

Im Anschluss an diese Alterungsbeurteilung erfolgt ein Vergleich mit den IRC-Analysen von Kabeln, deren Restfestigkeit durch Stufenspannungstests nach [35] ermittelt worden ist. Diese Daten sind in einer Datenbank hinterlegt und beruhen auf Ergebnissen an neuwertigen Kabeln im Rahmen von herstellerspezifischen Langzeitprüfungen sowie an betrieblich gealterten Kabeln aus dem EVU-Netzbetrieb.

Bisher sind mit dem IRC-Verfahren im Wesentlichen VPE-isolierte Mittelspannungskabel der 1. Generation (Fertigung nach DIN VDE 0273/10.81 und früher, also Kabel mit Homopolymer-Isolierungen) untersucht worden. Daher gelten die per Datenbank zugeordneten Restfestigkeitswerte auch nur für diese Kabelbauarten.

Wenn man die Aussagen der IRC-Analyse auf andere Bauarten und Herstellungszeiträume ausweiten will, müssen deren spezifische IRC-Kurven zusammen mit den jeweiligen Restfestigkeiten ermittelt werden. Mit diesen Ergebnissen besteht dann die Möglichkeit, neue, anwendungsbezogene Datenbanken zu erstellen und verlässliche Aussagen für abweichende Bauarten zu erhalten.

Eine neuere Untersuchung [36] lässt vermuten, dass das IRC-Verfahren nicht für die Zustandserkennung von Papier-Massekabeln geeignet ist.

Da elektrostatische Voltmeter schon seit vielen Jahren verfügbar sind, wurden Rückkehrspannungsmessungen **(RVM = Return-Voltage-Methode)** schon frühzeitig zur Diagnose eines Dielektrikums eingesetzt. In neuerer Zeit wurden diese elektrostatischen Voltmeter durch elektronische Messsysteme ersetzt, die die Rückkehrspannung zeitbasiert aufnehmen, digitalisieren und mit einer geeigneten Software verarbeiten können.

Ähnlich wie beim IRC-Verfahren wird das Kabeldielektrikum mit einer Gleichspannungsquelle über einen Zeitraum von ca. 30 min formatiert, somit die „Kabel-Polymerbatterie" aufgeladen. Nach dem Abtrennen der Spannungsquelle folgt eine kurzzeitige Entladung (ca. 5 s) über einen Widerstand. Die sich anschließend einstellende Wiederkehrspannung zwischen Leiter und Schirm wird gemessen und ausgewertet, siehe Bild 10.16.

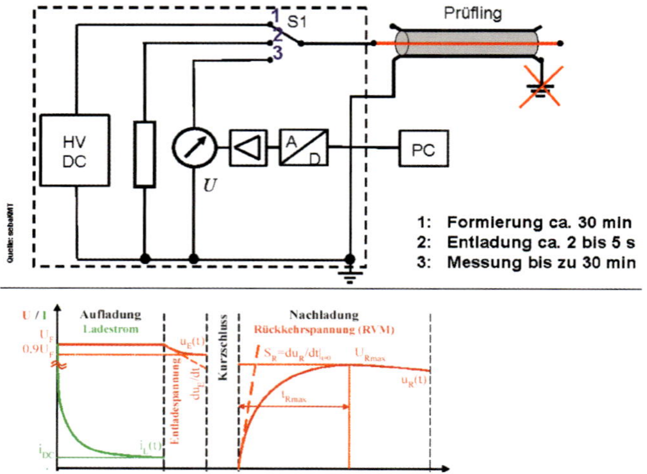

Bild 10.16 Messschaltung und Strom-/Spannungsverläufe bei RVM

Historisch bedingt wurden RVM-Messungen zunächst an Öl-Papier-isolierten Betriebsmitteln, insbesondere bei Transformatoren eingesetzt. Als weiteres Einsatzgebiet kam später die Diagnose von Mittelspannungskabeln hinzu.

Der Kurvenverlauf der RVM-Messung ist stark temperaturabhängig [37]. Diese Temperaturabhängigkeit lässt sich eliminieren, indem man z.B. die bei zwei unterschiedlichen Spannungspegeln gemessenen Rückkehrspannungen ins Verhältnis setzt.

Bild 10.17 zeigt beispielhaft typische Verläufe der Rückkehrspannungen bei unterschiedlichen Anregungsspannungen für ein Papier-Massekabel. Während der Quotient U_{r2}/U_{r1} bei trockenem Dielektrikum (Bild 10.17a) nahezu konstant über die gesamte Messdauer bleibt, sinkt der Quotient U_{r2}/U_{r1} bei nassem Dielektrikum (Bild 10.17b) mit zunehmender Messdauer kontinuierlich.

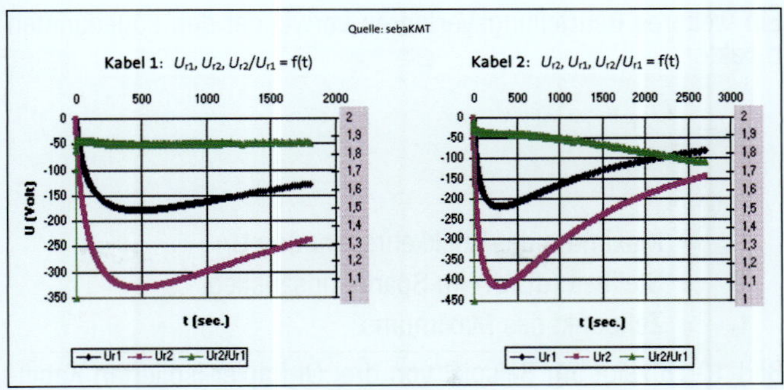

Bild 10.17 Typische RVM-Spannungsverläufe
a) trockenes Kabel 1 b) feuchtes Kabel 2

Auch das Verhältnis der Anfangssteilheiten der Spannungen bei unterschiedlichen Spannungsanregungen bietet Aussagen zum Lebensdauer bestimmenden Feuchtigkeitsgehalt der Isolierung von Papier-Massekabeln. So lässt sich beispielsweise aus dem Quotienten der Anfangssteilheiten bei Spannungsanregung mit 1 kV und 2 kV mit

$$Q_a = \frac{(dU\ /\ dt)_{(t=0)}\ bei\ 2\ kV}{(dU\ /\ dt)_{(t=0)}\ bei\ 1\ kV}$$

eine aussagekräftige Beurteilung des Papier-Masse-Dielektrikums ableiten. Das Verhältnis Q_a hat beim idealen trockenen Papier-Massekabel den Wert 2,0 und geht mit zunehmender Feuchtigkeit gegen den Wert 1,5. Gebräuchlich ist die folgende Beurteilung von Papier-Massekabeln:

2,00 ≥	Q_a	≥ 1,87	trocken
1,87 >	Q_a	≥ 1,65	feucht
	Q_a	< 1,65	nass

Ein weiteres Beurteilungsverfahren verwendet den sogenannten p-Faktor

$$p = \frac{U_m}{S \times t_m}$$

mit

U_m = Maximum der Rückkehrspannung U_r

S = Steilheit (dU/dt) im Spannungsanstieg

t_m = Zeitpunkt des Maximums

Bild 10.18 zeigt am Beispiel von drei Öl-Papier-isolierten Kabelprüflingen typische Kurvenverläufe. Kabel mit einem p-Faktor ≤ 0,1 gelten als ungealtert.

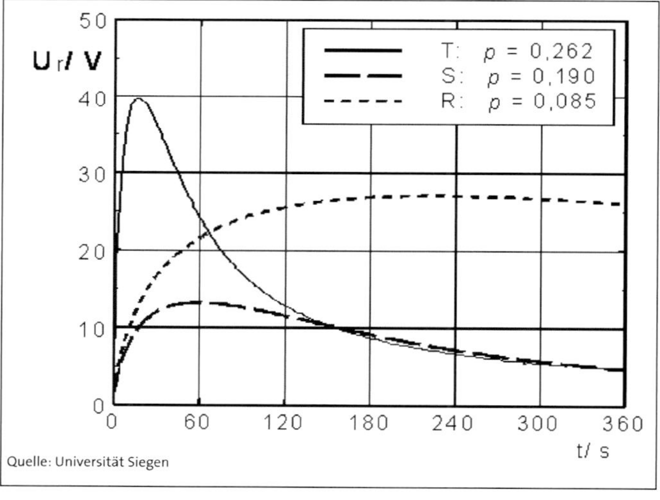

Bild 10.18 Typische Kurven der Rückkehrspannung und zugeordnete p-Faktoren

Aufgrund der sehr geringen spezifischen Leitfähigkeit eines VPE-isolierten Kabels würde es sehr lange dauern, bis bei Gleichspannungsanregung mit z.B. 1 kV der Maximalwert der Rückkehrspannung erreicht wird. Nach [38] beträgt das Maximum der Rückkehrspannungskurve bei Kabeln mit PE/VPE-Isolierung lediglich weniger als 1% der angelegten Spannung. Im Gegensatz dazu erreicht die Rückkehrspannung eines Papier-Massekabels etwa 30% und die eines PVC-Kabels etwa 50% des Wertes der Polarisationsspannung. Daher wären für eine aussagekräftige Beurteilung VPE-isolierter Kabel höhere Ladespannungen als bei Papier-Masse-isolierten Kabeln erforderlich. Hohe Gleichspannungspegel verbieten sich jedoch bei VPE-Isolierungen aus der zuvor geschilderten Anfälligkeit gegenüber Gleichspannungen ausdrücklich. Daher kommt das RVM-Verfahren heute ausschließlich bei der globalen Beurteilung der Dielektrika von Papier-Massekabeln zum Einsatz.

Bei der **dielektrischen Spektroskopie** wird die Antwort des Dielektrikums auf eine Anregung mit Wechselspannungen üblicherweise etwa zwischen 0,1 mHz und 1 kHz ermittelt. Aus Strom- und Spannungswerten errechnet man Real- und Imaginärteil der relativen dielektrischen Leitfähigkeit ε den Verlustfaktor tan δ sowie die Änderungen der Leitfähigkeiten jeweils in Abhängigkeit von der Frequenz und der Spannungshöhe. Aus damit gewonnenen Kurvenverläufen über der Frequenz werden Aussagen zur Zustandsbewertung abgeleitet.

Um zu einer sicheren Beurteilung des Alterungszustandes zu gelangen, sind allerdings zuvor Messungen an neuwertigen Kabeln erforderlich. Kabeldielektrika mit unterschiedlichen Molekularstrukturen (z.B. homo- und copolymere Isolierungen) haben deutlich unterschiedliche Kurvencharakteristika. Um zudem aus den hierbei gewonnenen Alterungsaussagen auch sichere Prognosen für die Restfestigkeiten abzuleiten, sind auch hier Stufenspannungsprüfungen gemäß [35] erforderlich.

Das Verfahren der dielektrischen Spektroskopie ist in [39] zusammenfassend beschrieben und liefert eine Vielzahl von Parametern, die für Diagnosezwecke verwendet werden können. Damit verringert sich, ähnlich wie beim IRC-Verfahren, die Abhängigkeit von lediglich einer Messgröße, z.B. Messung des Verlustfaktors tan δ.

Allerdings sind die Erfahrungen auf Grund des umfassenden Frequenzbereichs auf den Laborbereich begrenzt. Zur Überprüfung der Anwendbarkeit und Aussageschärfe wären weitergehende Untersuchungen an betriebsgealterten Kabelstrecken erforderlich, um dieses vielversprechende Verfahren anwendungsreif zu machen.

Der Verlustfaktor tan δ wird schon seit vielen Jahren verwendet, um den Zustand einer Isolierung zu bestimmen. Er beschreibt gemäß Bild 10.19 das Verhältnis von Wirkstrom zum Blindstrom eines Dielektrikums und wird bestimmt durch den Werkstoff der Isolierung und den Kabelaufbau.

Es ist bekannt, dass sich der Verlustfaktor materialabhängig mit der Temperatur des Dielektrikums z.T. stark ändert. Im für die Zustandsbestimmung hauptsächlich zutreffenden Temperaturbereich zwischen 15 °C und 40 °C ändert sich für VPE-isolierte Kabel dagegen der tan δ nur gering. Allerdings ist bei VPE-isolierten Mittelspannungskabeln eine deutliche Abhängigkeit von der Frequenz zu erkennen.

Bild 10.20 zeigt typische Verläufe des Verlustfaktors tan δ in Abhängigkeit von der Frequenz und dem Kabelzustand. U_{bd} steht dabei für den Wert der Durchschlagsspannung (bd = breakdown) als Vielfaches von U_0.

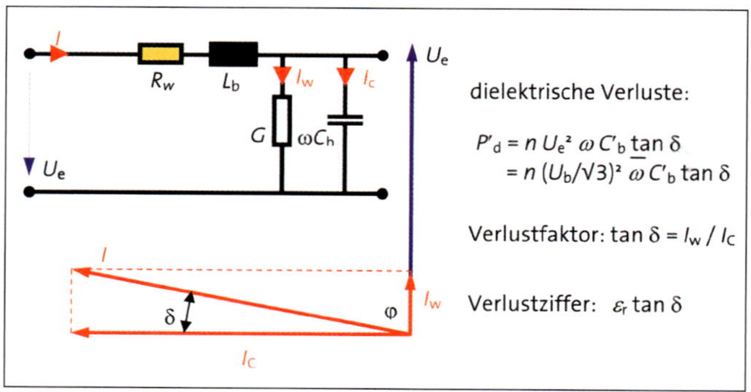

Bild 10.19 Herleitung des Verlustfaktors tan δ

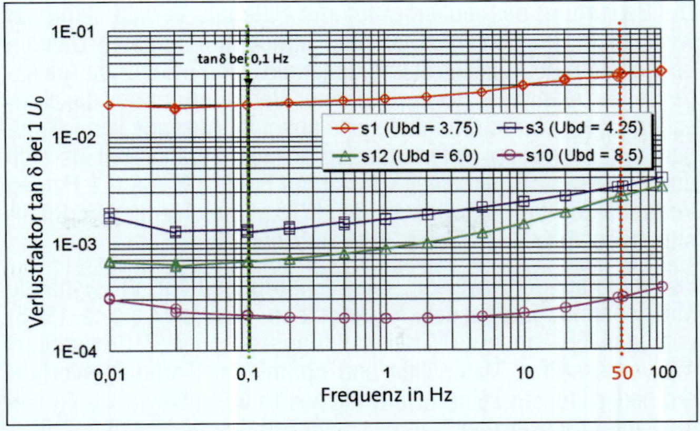

Bild 10.20 Verlauf des Verlustfaktors tan δ über der Messfrequenz für unterschiedlich gealterte VPE-isolierte Mittelspannungskabel [40]

In Bild 10.20 erkennt man deutlich, dass „gute“ Kabel mit einer Durchschlagsspannung von z.B. 8,5 U_0 (unterste Kurve) über den gesamten Frequenzbereich die niedrigsten Verlustfaktoren aufweisen. Zwischen 0,01 Hz und 1 Hz sinkt der Verlustfaktor zunächst auf ein flaches Minimum, um anschließend wieder zu steigen.

Gealterte Kabel mit geringeren Durchschlagsspannungen zeigen deutlich erhöhte Verlustfaktoren. Gleichzeitig verschiebt sich das jeweilige Minimum hin zu niedrigeren Frequenzen < 1 Hz. Insgesamt lässt die Darstellung in Bild 10.20 eine gute Unterscheidung unterschiedlich gealterter Kabel zu, wenn Vergleichskurven bekannt sind.

Die in Bild 10.20 dargestellten Verlustfaktorkurven wurden im Labor an kurzen Kabelmustern ermittelt. Der Einsatz frequenzvariabler Spannungsquellen bei Messungen an Kabeln vor Ort stößt jedoch wegen des hohen Blindleistungsbedarfs schnell an Grenzen. Daher hat sich in Deutschland seit einigen Jahren die Messung des Verlustfaktors tan δ mit einer 0,1-Hz-VLF-Spannungsquelle etabliert.

Die Bewertung des Isolierstoffes mit Hilfe des Verlustfaktors ist wesentlich von den material- und temperaturvariablen Dipoleigenschaften des Dielektrikums abhängig. Eine belastbare Aussage ist nur relativ als Bewertung einer Veränderung der dielektrischen Eigenschaften möglich; eine absolute Aussage kann dagegen nur in groben Unterteilungen erfolgen. Daher hat es sich durchgesetzt, z.B. bei einer konstanten Frequenz von 0,1 Hz den Verlustfaktor tan δ bei zwei deutlich unterschiedlichen Spannungspegeln (z.B. 1 U_0 und 2 U_0) zu bestimmen.

Es ist darauf hinzuweisen, dass Erfahrungen für VPE-isolierte Mittelspannungskabel der „1. Generation“ (Baujahre bis ca. 1985) vorliegen. Für moderne Mittelspannungskabel der „2. Generation“ mit verbesserten Materialien und optimierten Fertigungsverfahren liegen derzeit keine Erfahrungswerte vor, ebenso wenig wie für Papier-Massekabel.

11 Anschluss an Schaltgeräte

11.1 Hausanschlusskästen (HAK) und Kabelverteilerschränke (KVS)

Kabel-Hausanschlusskästen und Kabelverteilerschränke sind keine Kabelgarnituren, sondern Niederspannungs-Schaltgerätekombinationen nach der Begriffsbestimmung in den Normen der Reihe DIN VDE 0660. Da diese Betriebsmittel jedoch in der Praxis Teile der Kabelanlagen sind, werden sie hier mit aufgeführt.

11.1.1 Hausanschlusskästen

Kabel-Hausanschlusskästen sind die Übergabestelle vom öffentlichen Verteilungsnetz zur Verbraucheranlage. Sie gehören zu den Betriebsanlagen der EVU. Kabel-Hausanschlusskästen gibt es in folgenden Bauformen:

- Kastenbauform DIN 43627 zur vorzugsweisen Anbringung in Innenräumen
- Schrankform zur Aufstellung im Freien (z.B. als „Kabelverteilerschrank“ nach DIN 43629 Teil 4, der sog. Hausanschlusssäule)
- Wandeinbaukästen (eine Norm DIN 43627 Teil 3)

Zurzeit sind Hausanschlusskästen in Kastenbauform in DIN 43627 „Kabel-Hausanschlusskästen für NH-Sicherungen (Niederspannungs-Hochleistungs-Sicherungen) Größe 00 bis 100 A, 500 V und Größe 1 bis 250 A, 500 V“, jeweils für drei Sicherungen nach DIN 43620, genormt. Diese Norm enthält Abmessungen und Anforderungen. Die Abmessungen sind so festgelegt, dass sie den thermischen Beanspruchungen (Abführung der Verlustwärme der Sicherungseinsätze) Rechnung tragen. Die Kästen entsprechen der Schutzart IP 54 nach DIN 40050, haben eine Anschlussmöglichkeit für den Potentialausgleichsleiter, können eine Abdeckung gegen zufälliges Berühren spannungsführender Teile während der Montage haben und eine plombierbare Verschlussschraube. Die HAK dürfen einen getrennten Konsumentenraum haben und können so ausgelegt sein, dass sie auch als Freileitungs-HAK einsetzbar sind.

11.1.2 Kabelverteilerschränke

Kabelverteilerschränke (KVS) bestehen aus dem Gehäuse und dem Sockel, der das Gehäuse trägt. Das Gehäuse ist mit drei Sammelschienen zur Aufnahme von NH-Sicherungsleisten bis 660 V, 100 A bis 630 A, dreipolig nach DIN 43623 und einer N-/PEN-Leiter-Sammelschiene ausgestattet. Der Sockel hat zur Erleichterung der Kabelmontage an der Vorderseite eine bei geöffneter Tür herausnehmbare Sockelplatte.

Begriffe, Anforderungen und Prüfungen für Kabelverteilerschränke sind in DIN VDE 0660 Teil 503 genormt. Geprüft wird die Einhaltung der Grenzübertemperatur, die mechanische Festigkeit gegen Schlag, Verwindung und bei Kälte, die Festigkeit der Türen und die Beständigkeit der Werkstoffe (Korrosionsschutz, Wärmebeständigkeit, Entflammbarkeit).

11.2 Kabelanschluss in der Mittel- und Hochspannung

Schaltanlagen > 1 kV sind in der Normenreihe DIN VDE 0670 beschrieben. Der Kabelanschluss an diese erfolgt mit den in Kapitel 7 (Kabelgarnituren) beschriebenen Betriebsmitteln, Endverschlüssen für Freiluft- oder Innenraumanwendungen sowie Kabelsteckteilen.

12 Arbeitssicherheit und Gefährdungsbeurteilung

12.1 Arbeitssicherheit

Die Arbeitssicherheit wird im gleichnamigen Band dieser Fachbuchreihe ausführlich behandelt. Daher wird hier nur auf die hauptsächlichen Maßnahmen zur Arbeitssicherheit bei Arbeiten an Kabelanlagen hingewiesen.

12.1.1 Schutz vor elektrischen Gefahren

In Starkstromanlagen bis 1000 V sind Schutzmaßnahmen zum Schutz von Personen gegen gefährliche Körperströme bei indirektem Berühren sicherzustellen. So müssen „Körper" an einen Schutzleiter angeschlossen werden. „Körper" ist ein berührbares, leitfähiges Teil eines elektrischen Betriebsmittels, das normalerweise nicht unter Spannung steht, das jedoch im Fehlerfall unter Spannung stehen kann. Im Niederspannungskabelnetz sind Muffen, Endverschlüsse und Anschlusskästen mit einem metallenen Gehäuse „Körper". Der Schutzleiter im Kabel ist der grüngelb gekennzeichnete Leiter. Auch ein konzentrischer Leiter oder Metallmantel aus Aluminium oder Kupfer kann Schutz- oder PEN-Leiter sein.

Bei Arbeiten an elektrischen Anlagen bestehen die elektrischen Gefahren durch Berühren spannungführender Teile und das Initiieren eines Kurzschlusslichtbogens. Um diesen Gefahren vorzubeugen, wurden verbindliche Vorschriften (DIN VDE 0105-100 sowie BGV A3, und weitere) erlassen. Personen, die an elektrischen Anlagen arbeiten, müssen mindestens eine Unterweisung nach BGV A3 (elektrotechnisch unterwiesene Personen) haben. Diese Unterweisung ist Bestandteil in der Ausbildung zur Elektrofachkraft mit Zulassung nach DIN VDE 0105.

Der wichtigste Grundsatz für alle Arbeiten an elektrischen Anlagen sind die 5 Sicherheitsregeln. In dem diesbezüglichen Auszug aus DIN VDE 0105 „Betrieb von Starkstromanlagen, Teil 1: Allgemeine Festlegungen" wird dort angegeben:

Vor Beginn der Arbeiten an der Anlage sind in der angegebenen Reihenfolge die folgenden „5 Sicherheitsregeln“ einzuhalten:

1. *Freischalten*
2. *Gegen Wiedereinschalten sichern*
3. *Spannungsfreiheit feststellen*
4. *Erden und Kurzschließen*
5. *Benachbarte unter Spannung stehende Teile abdecken oder abschranken*

Ausführliche Erläuterungen zu den 5 Sicherheitsregeln werden in den o.g. Normen und Richtlinien gegeben. Hier kurz die wesentlichen Aussagen:

Zu 1. Freischalten
Freischalten gilt für alle Arbeiten an elektrischen Anlagen, Ausnahme Arbeiten unter Spannung (AuS). Freischalten muss allpolig erfolgen und bedeutet, dass die Trennstrecke nicht durch einen Überschlag überbrückt werden kann (z.B. allpoliges Abschalten eines Lasttrennschalters).

Zu 2. Gegen Wiedereinschalten sichern
Freigeschaltete Anlagen sind gegen Wiedereinschalten zu sichern. Dies kann durch Sperren des Schaltmechanismus, inklusive vorhandener Hilfsspannungen und -geräte erfolgen. Dies gilt auch für ferngesteuerte Anlagen; hier gilt besondere Aufmerksamkeit bei der Verriegelung gegen Wiedereinschalten. Alle Schaltanlagenteile müssen funktionsfähig sein und sind durch das unverlierbare Anbringen des Verbotsschildes „gegen Wiedereinschalten gesichert“ zu versehen.

Zu 3. Spannungsfreiheit feststellen
Die Spannungsfreiheit wird vor Arbeitsbeginn mit den dafür vorgegebenen Prüfgeräten an jeder Ausschaltstelle und an allen Arbeitsstellen allpolig festgestellt.

Zu 4. Erden und Kurzschließen

Das Erden und Kurzschließen wird mit steigender Spannung komplexer. Hierfür sind spezielle Erdungs- und Kurzschließeinrichtungen für den jeweiligen Anwendungsfall einzusetzen. Diese Einrichtungen müssen auch die entsprechende geprüfte bzw. nachgewiesene Kurzschlussfestigkeit für den Anwendungsfall haben und sind in der Nähe der Arbeitsstelle sichtbar anzubringen. Werden bei Prüfungen und Messungen diese kurzzeitig entfernt, sind entsprechende Sicherungsmaßnahmen zu treffen.

Zu 5. Benachbarte unter Spannung stehende Teile abdecken oder abschranken

Sind benachbarte unter Spannung stehende Anlagen nicht freizuschalten, sind diese durch geeignete Abdeckmaßnahmen oder Sperreinrichtungen (z.B. Aufstellen von Baken oder Schranken) vor unbeabsichtigtem Berühren zu sichern.

Eine „sechste" Regel ist die Erteilung einer sog. Verfügungserlaubnis (VE) zur Freigabe der Arbeit durch den Anlagen- bzw. Arbeitsverantwortlichen, die nach Durchführen der 5 Sicherheitsregeln erfolgt.

Hier noch ein paar zusätzliche Erläuterungen und Ausnahmeregelungen für Fachleute:

- Bei Kabeln sowie deren Zubehörteilen darf, nachdem an den Ausschaltstellen die Spannungsfreiheit festgestellt worden ist, vom Feststellen der Spannungsfreiheit an der Arbeitsstelle abgesehen werden, wenn das Kabel von der Ausschaltstelle bis zur Arbeitsstelle eindeutig verfolgt werden kann oder das Kabel eindeutig ermittelt ist, z.B. durch Kabelpläne, Bezeichnungen, Kabelsuchgeräte, Kabelauslesegeräte. Kann das frei geschaltete Kabel nicht eindeutig festgestellt werden, so sind vor Beginn der eigentlichen Arbeiten andere Sicherheitsmaßnahmen gegen Gefährdung der Arbeitenden zu treffen.
- In Anlagen mit Nennspannungen bis 1000 V darf vom Erden und Kurzschließen abgesehen werden, wenn der spannungsfreie Zustand durch „Freischalten", „Gegen Wiedereinschalten sichern" und „Spannungsfreiheit feststellen" sichergestellt ist.

- Bei Arbeiten an Kabeln mit Nennspannungen über 1 kV, z.B. an Endverschlüssen und Muffen, und bei Arbeiten an elektrischen Betriebsmitteln mit Nennspannungen über 1 kV, die über Stichkabel angeschlossen sind, z.B. Motoren, darf vom Erden und Kurzschließen an der Arbeitsstelle abgesehen werden, jedoch muss an allen Ausschaltstellen geerdet und kurzgeschlossen werden.
- Beim Übergang von Kabel auf Freileitung ist bei Kabelarbeiten an der Übergangsstelle zu erden und kurzzuschließen.

Bei Arbeiten unter Spannung (AuS) sind gesonderte Maßnahmen einzuhalten, diese sind in den Normen der Reihe DIN VDE 0680, 681 und 682 beschrieben. Hier kurze Hinweise zu Maßnahmen zu PSA, Werkzeugen und Hilfsmitteln:

- Eine zusätzliche Maßnahme zur Erhöhung der Arbeitssicherheit kann die Ausbildung zum Ersthelfer und Unterweisungen in der Herz-Lungen-Wiederbelebung der ausgebildeten Elektrofachkraft oder elektrotechnisch unterwiesenen Person sein.
- Bei allen Spannungsprüfungen muss sichergestellt sein, dass durch die Prüfung niemand gefährdet wird und die Prüfspannungen an den Anlagenteilen, an denen das Kabel angeschlossen ist, keine Schäden verursachen. Gegebenenfalls muss mit dem Hersteller dieser Anlage eine Vereinbarung getroffen werden (z.B. bei fabrikfertigen typgeprüften Anlagen).
- Nach einer Gleichspannungsprüfung sind die Kabel über geeignete (hochohmige) Widerstände zu entladen und ausreichend lange zu erden.

Grundsätzlich gilt bei allen Prüfungen an elektrischen Betriebsmitteln, dass die Anweisungen der Gerätehersteller und ggf. unternehmensinternen Richtlinien zu beachten sind.

12.1.2 Schutz vor weiteren Gefahren

Kunststoffmäntel, besonders PE-Mäntel, dürfen wegen der Verletzungsgefahr und der Beschädigungsgefahr für das Kabel nicht mit dem Kabelmesser, sondern nur mit den entsprechenden Spezialwerkzeugen abgesetzt werden. Rundumschnitte lassen sich z.B. mit einer geeigneten Schnur, Längsschnitte mit der Mantelschneidzange herstellen.

Flüssiggas ist auch im gasförmigen Zustand schwerer als Luft und kann sich in Vertiefungen (z.B. Gruben und Kanälen) sammeln.

Daher ist die Lagerung und Aufstellung von Gasbehältern unzulässig:

- in Räumen, deren Fußboden allseitig tiefer liegt als der umgebende Erdboden, so dass ein Abfluss ausgetretenen Gases ins Freie nicht möglich ist;
- in Räumen, in denen sich Gruben, Kanäle oder Abflüsse zu Kanälen, Kellereingänge oder sonstige Verbindungen zu Kellerräumen befinden;
- in Räumen, in denen sich Zündquellen befinden.

Kleinstflaschen (0,425 kg) dürfen jedoch an diesen Stellen für die Dauer der Arbeit, für die sie benötigt werden, ausnahmsweise aufgestellt werden (Merkblatt für Flüssiggas).

Flüssiggasanlagen dürfen unter Erdgleiche betrieben werden, wenn ausreichende natürliche Lüftung oder Zwangslüftung die Ansammlung zündfähiger Gas-Luft-Gemische wirksam verhindert und die Flüssiggasanlagen während der Gasentnahme unter ständiger Aufsicht besonders ausgebildeter Bedienungspersonen stehen (Richtlinien für die Verwendung von Flüssiggas).

Außer bei Kleinstflaschen müssen die Gasanlagen eine Leckgassicherung haben.

Zur Verhütung von Verbrennung durch heiße Vergussmasse müssen Behälter zum Schmelzen, Transportieren und Vergießen so beschaffen sein, dass heiße Vergussmasse nicht überlaufen oder verspritzen kann. Wird Vergussmasse geschmolzen oder wird mit heißer Vergussmasse gearbeitet, so hat der Unternehmer die erforderlichen Schutzausrüstungen und Schutzmittel zur Verfügung zu stellen. Diese sind von den Beschäftigten zu benutzen. Es sind Schutzhandschuhe mit Stulpen, Schutzbrille und Sicherheitsschuhe zu tragen. Zum Löschen von in Brand geratenen heißen Massen sind geeignete Löschmittel (Pulverlöscher) bereitzuhalten und zu verwenden (Sicherheitsregeln ortsveränderlicher Schmelzöfen für Bitumen, Teer und ähnliche Stoffe). Auf keinen Fall Wasser verwenden, da es zu einer Verpuffung kommen würde.

Bei der Verarbeitung von PUR-Gießharz Schutzhandschuhe tragen, um Verletzungen an Schnittkanten der Gebinde und Hautkontakt mit dem Gießharz zu vermeiden. Der Härter (z.B. Isocyanat) ist gesundheitsschädlich. Nach dem Mischvorgang einen Teil des Gemisches in die Härterdose geben und umrühren, um den Härterrest aufzunehmen. Dosen mit durchgemischten Harz-/Härter-Rückständen können wie Haushaltsmüll entsorgt werden.

Bei Arbeiten mit chemischen Reinigungsmitteln sind die gemäß Gefahrstoffverordnung angegebenen Maßnahmen zu beachten und die entsprechende Schutzausrüstung (Handschuhe, Brille) zu tragen.

12.2 Gefährdungsbeurteilung

Eine Gefährdungsbeurteilung ist im Arbeitsschutzgesetz in § 5 und § 6 sowie Betriebssicherheitsverordnung in § 3 und § 4 und in der Gefahrstoffverordnung in § 7 beschrieben.

In diesem Abschnitt wird die Gefährdungsbeurteilung strukturiert dargestellt, wie sie beim Netzbetreiber angewendet werden kann. Sie soll mögliche Gefahrenquellen aufzeigen, um die daraus resultierenden Maßnahmen zu beschreiben, die von einzusetzenden bzw. eingesetzten Betriebsmitteln in Starkstromkabelgarnituren sowohl bei der Errichtung als auch im Betrieb ausgehen könnten. Diese muss zwischen Hersteller der Betriebsmittel und dem Anwender abgestimmt werden. Für die Dokumentation der Gefährdungsbeurteilung können nachfolgende Punkte auch gleichzeitig als Leitfaden für die Durchführung der Gefährdungsbeurteilung genutzt werden.

Die Gefährdungsbeurteilung sollte durch die Arbeitssicherheitsfachleute erstellt und begleitet werden.

Nach folgenden Schritten kann vorgegangen werden:

1. Festlegung der Tätigkeiten mit/an dem jeweiligen Arbeitsmittel.
2. Für jede Tätigkeit ist eine Liste auszufüllen.

3. Feststellung der Relevanz möglicher Gefährdungen, z.B. mechanische Gefährdungen, elektrische Gefährdungen, einschließlich der möglichen Wechselwirkungen mit anderen Arbeitsstoffen, Arbeitsmitteln und der Arbeitsumgebung.
4. Kurzbeschreibung der relevanten Gefährdungen.
5. Für jede erkannte Gefährdung muss überprüft werden, ob und welche technischen, organisatorischen und/oder personenbezogenen Schutzmaßnahmen diesbezüglich erforderlich sind.
6. Kurzbeschreibung der gewählten Schutzmaßnahmen.
7. Ist eine Schutzmaßnahme erforderlich, aber nicht vorhanden, so ist ein Handlungsbedarf gegeben und die Zuständigkeit festzulegen.
8. Die benötigte Schutzmaßnahme muss umgesetzt und ihre Wirksamkeit überprüft werden.

Der Hersteller muss sicherstellen, dass sein Produkt so beschaffen ist, dass bei bestimmungsgemäßer Verwendung oder vorhersehbarer Fehlanwendung Sicherheit und Gesundheit von Verwendern und Dritten gewährleistet wird.

Das Betriebsmittel (z.B. 1-kV-Abzweigmuffe mit PUR-Gießharz) stellt nach dem GPSG ein technisches Arbeitsmittel dar. Der Hersteller hat für alle üblichen Betriebstätigkeiten eine Beurteilung möglicher Gefährdungen unter Beachtung üblicher Verhaltensregeln (EFK, EuP) anzugeben. Zu den üblichen Betriebstätigkeiten zählen z.B.:

- Errichtung, Anschluss und Inbetriebnahme
- Abrüstung (Teilersatz einzelner Komponenten, Ersatz der Muffe)

Die Gefährdungsbeurteilung für die vorgenannten Betriebstätigkeiten ist nach Gefährdungsfaktoren zu differenzieren. Gefährdungsfaktoren können sein:

- Mechanische Gefährdungen
- Elektrische Gefährdungen
- Gefährliche Arbeitsstoffe

- Biologische Gefährdungen
- Brand- und Explosionsgefährdungen
- Thermische Gefährdungen
- Physikalische Umgebungseinflüsse
- Physische Belastungsfaktoren
- Psychische Belastungsfaktoren
- Sonstige Gefährdungen

Aus der Herstellerdokumentation muss der Anwender alle einschlägigen Informationen entnehmen können, damit er alle Gefahren, die von dem technischen Arbeitsmittel während der üblichen oder vernünftigerweise vorhersehbaren Gebrauchsdauer ausgehen und die ohne entsprechende Hinweise nicht unmittelbar erkennbar sind, beurteilen und sich dagegen schützen kann.

13 Zukunftstechnologien in der Kabeltechnik

Neben den „klassischen“ Komponenten der Kabelanlagen, die in den vorangegangenen Abschnitten dargestellt wurden, existiert eine Reihe innovativer Techniken, von denen im Folgenden einige kurz beschrieben werden sollen, deren Bedeutung wahrscheinlich zunehmen wird. Vor dem Hintergrund steigender dezentraler Einspeisungen und des Drucks der Öffentlichkeit und der Politik werden „Verkabelungen“ auch in höheren Spannungsebenen künftig immer stärker gefordert werden.

13.1 Gasisolierte Leitungen (GIL)

Gasisolierte Leitungen (GIL) können als koaxiale Aluminiumrohrleiter beschrieben werden und bestehen aus einem inneren Leiterrohr und einem äußeren Mantelrohr (Bild 13.1).

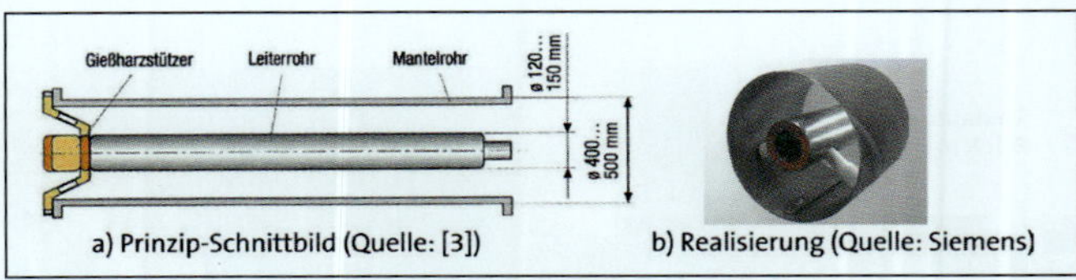

Bild 13.1 Gasisolierter Rohrleiter für Höchstspannung

Diese werden derzeitig aus wirtschaftlichen Gründen nur in der Höchstspannung eingesetzt.

Der Innenleiter führt Höchstspannungspotential und ist gegen den geerdeten Mantel mit Gießharzstützern abgestützt. Als Isoliermedium wird – ähnlich wie in gasisolierten Schaltgeräten – ein unter Druck stehendes Gasgemisch eingesetzt, das aus Schwefelhexafluorid (SF_6) und Stickstoff (N_2) besteht. Auf Grund der sehr guten dielektrischen Eigenschaften ist ein relativ geringer Isolationsabstand ausreichend, so dass der Außendurchmesser einer 380-kV-GIL rund 500 mm beträgt.

Die modular aufgebaute Leitung wird vor Ort mittels eines automatisierten Prozesses orbital verschweißt. Die Legung erfolgt entweder in Schächten oder Tunneln (Bild 13.2) oder direkt im Erdboden. Dabei ist eine elastische Biegung der Rohre möglich [41].

Die Eigenschaften einer GIL stellen praktisch eine Kombination von Freileitungen und Kabeln dar. Die elektrischen Verluste entsprechen etwa denen eines Kabels und betragen somit nur rund ein Drittel der Verluste einer Freileitung. Gegenüber dem Isoliermedium VPE hat die Gasisolierung eine höhere elektrische Festigkeit. Die thermische Grenzleistung beträgt, je nach Art der Legung, zwischen 1.800 und 2.600 MVA [42] und liegt damit deutlich über der eines VPE-isolierten Kabels und im gleichen Bereich wie eine Freileitung. Wegen der deutlich geringeren Betriebskapazität der GIL im Vergleich zu feststoffisolierten Kabeln fließt auch ein wesentlich kleinerer Ladestrom, so dass bei langen Übertragungsstrecken die Abstände zwischen zwei Kompensationseinrichtungen etwa drei- bis viermal so lang sein können wie bei einer „klassischen" Höchstspannungskabelstrecke.

Bild 13.2 Praktische Ausführung einer gasisolierten Leitung [7]

13.2 Supraleitende Kabel

Schon seit etwa 100 Jahren ist das Phänomen der Supraleitung bekannt, und rund ein Vierteljahrhundert liegt es zurück, dass keramische Hochtemperatur-Supraleiter (HTSL) entdeckt wurden [43]. Auf Grund der Sprungtemperaturen der HTSL über 77 K – also etwa –200 °C – war nunmehr eine Kühlung mit flüssigem Stickstoff möglich, so dass der Aufwand für die Kühlanlagen gegenüber der früheren sehr kostenintensiven Kühlung mit flüssigem Helium auf rund die Hälfte reduziert werden konnte [44]. Dennoch stehen auch nach aktuellem Entwicklungsstand den sehr positiven Eigenschaften der Supraleitung noch die hohen Kosten für die Kühleinrichtungen gegenüber, die bislang Anwendungen in Anlagen der Energieübertragung und -verteilung in großer Verbreitung verhindert haben.

Potentielle Anwendungsfälle für die Supraleitung in der elektrischen Energietechnik sind neben Kabeln u.a. Motoren und Generatoren, Transformatoren, Magnetenergiespeicher und Kurzschlussstrombegrenzer [45].

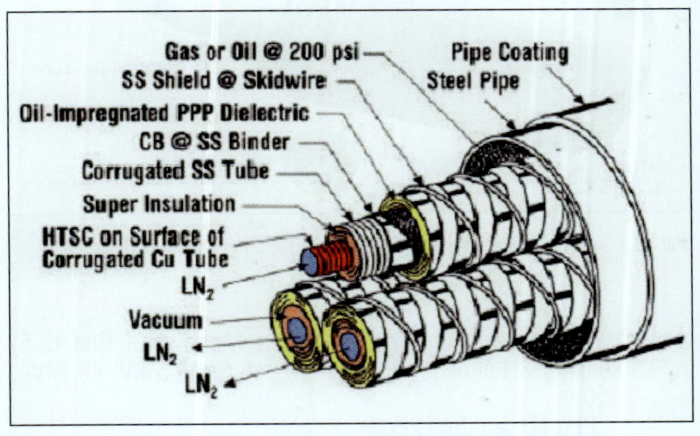

Bild 13.3 Aufbau eines Supraleiterkabels mit warmem Dielektrikum

Im Bereich der supraleitenden Kabel wurden weltweit bislang rund 25 Pilotprojekte realisiert bzw. begonnen. Die Längen der Strecken liegen im Bereich einiger zig bis hundert Meter; die Kabel sind für Spannungen im Bereich zwischen 12 und 154 kV konzipiert. Realisierte bzw. geplante Projekte sind derzeit insbesondere in den USA und in Japan zu besichtigen. Die folgende Aufstellung gibt einige aktuelle Beispiele:

- Nexans / AMSC / LIPA 1 (Long Island) (s. Bild 13.4)
  - koaxial, Einzelleiter, 138 kV, 574 MVA, 600 m
  - Inbetriebnahme April 2008
  - Folgeprojekt LIPA 2 mit weiterentwickelten HTSL-Tapes, Inbetriebnahme 2010/2011

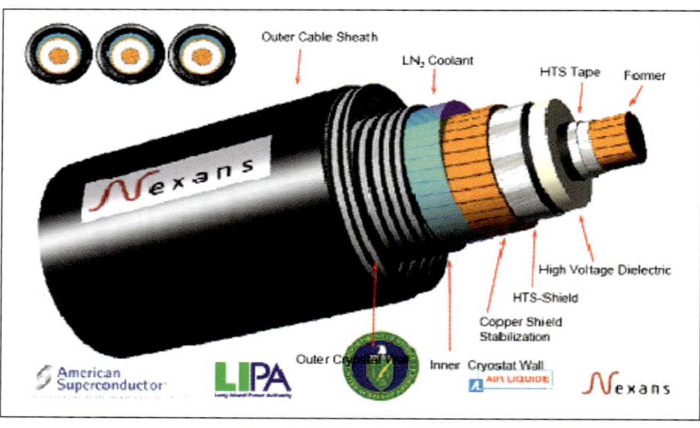

Bild 13.4 Aufbau eines koaxialen Supraleiterkabels mit kaltem Dielektrikum [Quelle: Nexans]

- IGC-Superpower / Sumitomo / Niagara Mohawk (s. Bild 13.5)
  - koaxial, 3 Leiter in einem Kryostaten, 34,5 kV, 48 MVA, 350 m
  - in Betrieb seit Juni 2006
  - in gleicher Konstruktion wurde in 2007 ein 30-m-Kabel mit Leiter der 2. Generation gefertigt

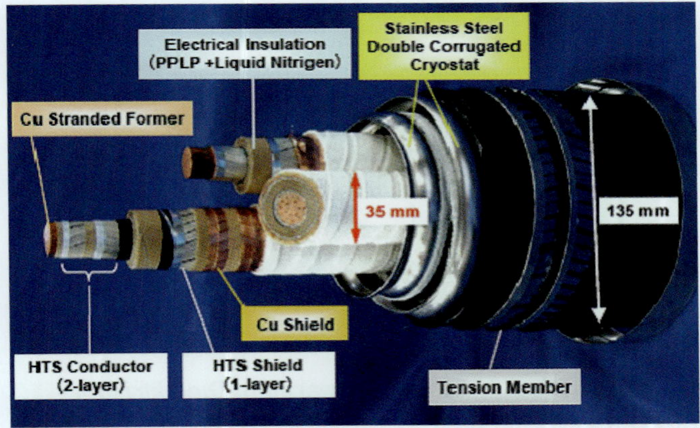

Bild 13.5 Drei Koaxialkabel in einem gemeinsamen Kryostaten [Quelle: Sumitomo]

- Southwire / nkt / Entergy (AEP-Bixby, Columbus, Ohio) (s. Bild 13.6)
  - triaxial, 13,2 kV, 68 MVA, Länge 200 m
  - in Betrieb seit August 2006
- Southwire / nkt / Entergy (New Orleans)
  - Projekt im Rahmen der Modern Grid Initiative, gestartet in 2007
  - Projektvolumen 26,6 Mio. US $, Förderquote 50%
  - triaxial, 13,8 kV, 60 MVA, Länge 1760 m
  - z. Zt. (2010) Projektierungsphase

Die technologische Führerschaft bei Entwicklung und Fertigung supraleitender Kabel liegt aktuell in Deutschland (nkt cables, Köln; Nexans, Hannover).

Mögliche Anwendungsfälle werden derzeitig in Deutschland bei den Netzbetreibern diskutiert.

Beim Aufbau supraleitender Kabel lassen sich grundsätzlich drei Bauarten unterscheiden, die nachfolgend beschrieben werden.

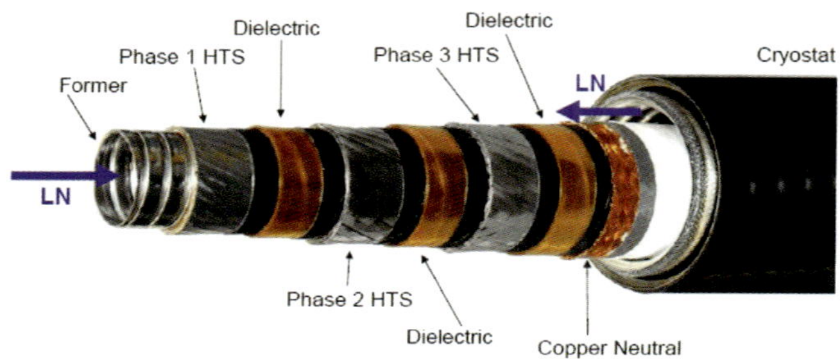

Bild 13.6 Aufbau eines Triaxial-Kabels [Quelle: nkt cables]

13.2.1 Klassischer Aufbau mit warmem Dielektrikum

Dieser Typ wird vor allem als Retrofit-Kabel favorisiert. Vorteil ist, dass konventionelle Isoliermaterialien verwendet werden können und dielektrische Verluste auf Umgebungstemperaturniveau anfallen und nicht von der Kälteanlage abgedeckt werden müssen (Bild 13.3).

13.2.2 Koaxialkabel mit kaltem Dielektrikum

Da jede einzelne Phase auch einen supraleitenden Schirm hat, entfallen die Verluste durch die Mantelströme, und ein aufwändiges Cross-Bonding (Auskreuzen der Schirme in bestimmten Abständen) kann entfallen. Vorteil der koaxialen Anordnung ist weiterhin, dass das Kabel nach außen feldfrei ist und somit keine Akzeptanzprobleme wegen elektromagnetischer Felder zu erwarten sind (Bild 13.4). Ein weiterer Vorteil der einzelnen Phasen ist darin zu sehen, dass zur Erhöhung der Verfügbarkeit eine vierte „Reserve-Phase“ mitgelegt und im Fehlerfall kurzfristig aktiviert werden kann.

13.2.3 Koaxialkabel mit kaltem Dielektrikum und gemeinsamer thermischer Isolierung der drei Phasen

Der Vorteil dieser Konstruktion gegenüber der zuvor genannten einphasigen Konstruktion ist der geringere konstruktive Aufwand sowie geringere Kälteverluste (Bild 13.5). Nachteilig hinsichtlich der Verfügbarkeit ist, dass im Fehlerfall alle drei Phasen betroffen sind.

13.2.4 Triaxialkabel

Bei dieser Bauart wird ein komplettes Dreiphasen-Kabel konzentrisch aufgebaut (Bild 13.6). Das Dielektrikum ist dabei konstruktionsbedingt ebenfalls kalt.

Vorteil der Triaxial-Konstruktion ist dank des sehr kompakten Aufbaus der geringe Materialbedarf. Gleichzeitig sind die Kälteverluste sehr gering. Nachteilig ist hier, dass im Fehlerfall das komplette System ausfällt.

13.2.5 Beispiele für realisierte Trassen mit supraleitenden Kabeln

Die Bilder 13.7 und 13.8 zeigen in den USA realisierte Projekte mit den in den Abschnitten 13.2.2 und 13.2.4 beschriebenen supraleitenden Kabeln von Nexans und nkt cables.

Zu erkennen ist jeweils das an die Endverschlüsse angeschlossene Kabel und der Übergang auf das Freiluftschaltfeld. Analog zu den unterschiedlichen Konstruktionen der Kabel (Nexans: Hochspannung, drei Phasen in jeweils separatem Rohr, Bild 13.7; nkt cables: Mittelspannung, triaxiale Anordnung der drei Phasen in einem gemeinsamen Rohr, Bild 13.8) ist auch die Ausprägung der Endverschlüsse.

Unter Einbeziehung der Betriebs- und Wartungskosten sind supraleitende Kabel heute im Vergleich zu VPE-isolierten Kabeln aus wirtschaftlicher Sicht (noch) nicht konkurrenzfähig. Anwendungen können sich aber dort ergeben, wo mit herkömmlichen Technologien keine weitere Kapazitätserhöhung mehr erzielt werden kann. Interessant ist das supraleitende Kabel auch in Verbindung mit einem supraleitenden Strombegrenzer bzw. durch die zurzeit diskutierte mögliche Realisierung eigener strombegrenzender Eigenschaften des Kabels.

Bild 13.7 Anlage mit supraleitendem 138-kV-Kabel von Nexans in Long Island, New York

Bild 13.8 Anlage mit supraleitendem 13,2-kV-Kabel von nkt cables in Columbus, Ohio

13.3 Hochspannungs-Gleichstrom-Übertragung (HGÜ)

Für die Übertragung hoher Leistungen über große Distanzen sowie die Netzanbindung von Offshore-Windparks wird bereits seit geraumer Zeit auch die Hochspannungs-Gleichstromübertragung diskutiert (HGÜ), weil hier die Drehstromübertragung mit Kabeln an ihre Grenzen stößt, insbesondere wegen des hohen kapazitiven Blindleistungsbedarfs, der wiederum eine deutliche Begrenzung der realisierbaren Übertragungslängen zur Folge hat. Dieser Nachteil ist bei der HGÜ nicht gegeben.

In HGÜ-Strecken eingesetzte Kabel stellen spezielle Entwicklungen dar [46]. Die klassische Technik sind auch hier papierisolierte Kabel.

Realisierte HGÜ-Strecken findet man insbesondere im Bereich der Seekabel. Eine Kabelstrecke verbindet beispielsweise bereits seit 1994 Schweden und Deutschland (Baltic Cable). Die Übertragungsleistung beträgt 600 MW bei einer Betriebsspannung von 450 kV [47].

Erst seit kurzer Zeit können in modernen HGÜ-Anlagen („HGÜ-Light", „HGÜ-plus" [48]) auch spezielle VPE-isolierte Hochspannungskabel eingesetzt werden (Bild 13.9).

Bild 13.9
HGÜ-Seekabel mit VPE-Isolierung [Quelle: Google]

14 Normung und Gremien

14.1 Normung

Normung ist die Vereinheitlichung und Festlegung von Maßen, Dimensionen, Prüfungen und Richtlinien in einvernehmlichen Normen, die gemeinschaftlich in Fachgremien erarbeitet wurden. Diese Gremien setzen sich zusammen aus Fachleuten der interessierten Kreise, wie Hersteller, Anwender, Verbände und Behörden. Die Normung hat sich insbesondere in den letzten 15 Jahren sehr stark internationalisiert. Hintergründe sind das stärkere Zusammenwachsen der Länder der Welt, und auch durch die zunehmende Globalisierung der Wirtschaft kommt der Normung eine besondere Bedeutung zu.

Die Normung

- stellt Sicherheit für Menschen und Produkte her,
- ist freiwillig und steht im Dienste der Allgemeinheit und Öffentlichkeit,
- fördert die Rationalisierung und Qualitätssicherung,
- vermeidet Aufwand bei der internen Regelsetzung und dient somit dem Unternehmenserfolg,
- ist kein Selbstzweck und erstellt unter dem Gesichtspunkt der Anwendung,
- soll sprachlich einwandfrei und leicht verständlich sein,
- muss gleichen Aufbau und Gliederung haben und einheitliche Begriffe verwenden,
- soll den Stand der Technik beschreiben,
- stellt einen Bestandteil der bestehenden Wirtschafts-, Sozial- und Rechtsordnung dar.

Diese vorgenannten Punkte entbinden aber nicht, je nach Größe des Unternehmens und in der notwendigen Detailtiefe, von der Erstellung von unternehmensbezogenen Richtlinien, Werknormen oder Technischen Spezifikationen zur wirtschaftlichen Beschaffung der Produkte und Dienstleistungen. [49]

14.2 Gremien und deren Normen

Die nachfolgenden Gremien erstellen Normen, die auch für die Kabeltechnik relevant sind:

- DIN = Deutsches Institut für Normung
- VDE = Verband der Elektrotechnik Elektronik Informationstechnik e. V.
- DKE = Deutsche Elektrotechnische Kommission (gemeinsames Organ von DIN und VDE)
- CENELEC = Europäisches Komitee für elektrotechnische Normung
- IEC = Internationale Elektrotechnische Kommission
- BG = Berufsgenossenschaften
- FGSV = Forschungsgesellschaft für das Straßen- und Verkehrswesen (Die FGSV arbeitet satzungsgemäß im Auftrage des Bundesministers für Verkehr.)

Diese Gremien geben folgende Normen heraus:

- DIN = DIN-Normen
- DKE = DIN-Normen und DIN-VDE-Normen auf dem Gebiet der Elektrotechnik
- CENELEC = EN (Europäische Normen), HD (Harmonisierungsdokumente)
- IEC = IEC-Publikationen
- BG = Unfallverhütungsvorschriften (UVV), Vorschriften der Berufsgenossenschaften (BGV)
- FGSV = Merkblätter und Zusätzliche Technische Vertragsbedingungen und Richtlinien (ZTV)

Neben diesen allgemeinen Normen gibt es weitere Normen, wie Bestimmungen der Bundesländer, der Straßenbaulastträger, Telekommunikationsunternehmen, Transportunternehmen (z.B. Bahn), der Wasserstraßenämter, der Fachverbände und der Konzessionsträger.

In Deutschland werden Normen durch das DIN herausgegeben. Bis 1941 war der VDE alleiniger Herausgeber der elektrotechnischen Normen. Seit 1970 werden die VDE-Bestimmungen unter der Kurzbezeichnung DIN VDE geführt. Die Geschäftsordnung der „Deutschen Elektrotechnischen Kommission“ (DKE) nimmt die Aufgabe der Normungs- und Vorschriftenarbeit wahr.

Seit wenigen Jahren gibt es nun den Trend zur weiteren Internationalisierung der Normen. In Deutschland werden im Bereich der Elektrotechnik fast ausschließlich nur noch EN-Normen oder auch IEC-Normen als national gültige DIN-EN-VDE-Bestimmungen in Kraft gesetzt. Diese Regelung wurde durch die Verträge innerhalb der EU festgelegt. Deutschland ist in einer Vielzahl von Gremien weltweit im Einsatz. IEC wurde bereits 1904 gegründet mit dem Ziel der Sicherstellung der Zusammenarbeit der technischen Verbände der Welt. Die für Europa zuständige Organisation CENELEC wurde 1972 aus Vorläuferorganisationen gegründet. Ziel ist der Abbau von Handelshemmnissen auf Grund technischer Festlegungen.

14.2.1 VDE-Bestimmungen

VDE-Bestimmungen sind zugleich DIN-Normen und enthalten sicherheitstechnische Festlegungen, zu denen jedermann Anträge stellen kann. Die erste VDE-Bestimmung für Kabel (Normalien für Gleichstromkabel bis 700 V) erschien 1903. Zuständig für die Starkstromkabeltechnik innerhalb der DKE sind das Komitee K 411 „Starkstromkabel und isolierte Starkstromleitungen“, das Unterkomitee UK 411.1 „Starkstromkabel“ und der Arbeitskreis AK 411.1.2 „Garnituren und Verbinder für Starkstromkabel“, mit Sitz in der Stresemannallee 15, 60596 Frankfurt a. M. Weiterhin ist unter dem K 411 das UK 411.2 angesiedelt, das sich mit der Normung von Starkstromleitungen beschäftigt.

DIN-VDE-Bestimmungen werden zunächst als Entwurf der Öffentlichkeit zur Stellungnahme vorgestellt. Einsprüche werden in einer Einspruchsberatung behandelt, danach erscheint die gültige Fassung.

DIN-VDE-Bestimmungen sind nach dem Energiewirtschaftsgesetz anerkannte Regeln der Technik. Wer von anerkannten Regeln der Technik abweicht, ist beweispflichtig, dass sein Vorgehen den allgemein anerkannten Regeln der Technik mindestens gleichwertig ist.

Anerkannte Regeln der Technik nennt man Dokumente, die von einer Mehrzahl von Fachleuten anerkannt werden, die von der Richtigkeit der Regeln überzeugt sind.

Dies hat große Bedeutung für die Beurteilung hinsichtlich strafrechtlicher und zivilrechtlicher Haftung erlangt, denn wer sich an die Regeln der Technik hält, muss sich nicht dem Vorwurf der Fahrlässigkeit aussetzen.

Zum Nachweis, dass die Kabel den DIN-VDE-Bestimmungen genügen, führen sie das VDE-Prüfzeichen. Dieser Sachverhalt wird auch als Zeichengenehmigung bezeichnet. Die Kennzeichnung erfolgt dann mit dem Kabel-Kennzeichen z.B. wie folgt:

< VDE> 0276 oder <VDE > 0276 in Längsschrift

Die Berechtigung zum Führen des gesetzlich geschützten VDE-Prüfzeichens erteilt auf Antrag des Kabelherstellers das VDE-Prüf- und Zertifizierungsinstitut (PZI) gemäß seiner Prüfordnung.

Kabelgarnituren werden nicht mit einem VDE-Zeichen versehen. Sie werden vom Hersteller oder auf Veranlassung des Herstellers oder Anwenders geprüft. Die Einhaltung der Normen (z.B. DIN VDE 0278) wird vom Hersteller dokumentiert.

Der Schwerpunkt der DIN-VDE-Normung auf dem Gebiet der Starkstromkabeltechnik lag in den letzten Jahren bei den VPE-isolierten Mittelspannungskabeln. Diese Normungsarbeit wurde wesentlich von den Anwendern beeinflusst, die ihre Betriebserfahrungen über den Arbeitsausschuss „Kabel“ der VDEW (Vereinigung Deutscher Elektrizitätswerke) einbrachten.

14.2.2 Unfallverhütungsvorschriften

Unfallverhütungsvorschriften (UVV) sind sicherheitstechnische Rechtsnormen [43]. Sie werden nach der Reichsversicherungsordnung von den Berufsgenossenschaften herausgegeben. Sie sind Mindestnormen für ein unfallfreies Errichten und Betreiben von Anlagen und regeln die vom Unternehmer zu treffenden Maßnahmen sowie das Verhalten der Versicherten. Die Überwachung der Einhaltung von UVV erfolgt durch Technische Aufsichtsbeamte der Berufsgenossenschaften. DIN VDE können in UVV mit berücksichtigt sein. Die Nichteinhaltung von UVV kann mit einer Geldbuße geahndet werden, auch wenn kein Schaden eingetreten ist.

Seit 1999 gelten die UVV – bekannter auch unter „VBG“ – in der Form nicht mehr. Es wurde eine komplette Neustrukturierung eingeführt. Hierzu kann man in einer sog. Transferliste die neue Nomenklatur des Regelwerkes einsehen. Im Internet ist diese Liste ebenfalls sehr gut einsehbar.

Es wird unterschieden in:

BGV = Berufsgenossenschaftlichen Vorschriften
Diese entsprechen im Wesentlichen den bisherigen VBG-Regeln und benennen die Schutzziele sowohl für Sachen als auch Menschen. Hierzu wurde eine Kategorisierung vorgenommen:

- A – Allgemeine Vorschriften, Betriebliche Arbeitsschutzorganisation
- B – Einwirkungen
- C – Betriebsart, Tätigkeiten
- D – Arbeitsplatz, Arbeitsverfahren

Diesen Buchstaben (Kategorien) werden laufende Nummern angehängt, so steht z.B. BGV A3 für *„Elektrische Anlagen und Betriebsmittel“* (Diese war bis 1999 bekannt unter VBG 4 und bis 2005 unter BGV A2.)

BGI = Berufsgenossenschaftliche Informationen
Sie enthalten spezielle Hinweise, im Wesentlichen Empfehlungen, die die praktische Anwendung in einem Sachgebiet oder zu einem Sachverhalt regeln. Diese werden von der Berufsgenossenschaft erarbeitet.

BGR = Berufsgenossenschaftliche Regeln
Sie setzen eine bestimmte BG-Vorschrift um, konkretisieren und erläutern diese. Sie enthalten selbst keine neuen Anforderungen, die über das hinausgehen, was in Arbeitsschutz- und BG-Vorschriften bereits steht. Bisher waren diese Regeln bekannt als Durchführungsanweisungen zu den VBG. In den BGR werden

zusätzliche Erfahrungen, z.B. Lösungsansätze, Erläuterungen, Bezüge zu sonstigen Arbeitsschutzvorschriften und -regeln sowie zu Normen, aufgenommen und zusammengestellt.

Bestimmte DIN-Normen und DIN-VDE-Bestimmungen (z.B. DIN 4124 „Leitungsgräben“, DIN VDE 0105 „Betrieb von Starkstromanlagen über 1 kV“) sind teilweise Bestandteil einer UVV und unterliegen somit deren strafrechtlicher Konsequenz gemäß StGB.

Im berufsgenossenschaftlichen Vorschriften- und Regelwerk gibt es noch eine weitere Art von Dokumenten, die sog. ZH 1-Schriften. Dieses wurde ebenfalls neu gegliedert. Im bisherigen ZH 1-Verzeichnis wurden Richtlinien, Sicherheitsregeln, BG-Regeln, Grundsätze, Merkblätter und andere berufsgenossenschaftliche Schriften für Sicherheit und Gesundheit bei der Arbeit, einschließlich häufig benötigter staatlicher Vorschriften und Regeln, aufgeführt. Es führt neben berufsgenossenschaftlichen Schriften auch einige staatliche Gesetze, Verordnungen und technische Regeln auf, die in der Praxis häufig nachgefragt werden. Es weist allerdings keine sachliche Sortierung auf und unterscheidet nicht nach berufsgenossenschaftlichem oder staatlichem Ursprung der Schriften.

14.2.3 Anwendernormen

Soweit für den Bereich der Kabeltechnik keine anwenderbezogenen DIN- oder DIN-VDE-Normen bestehen oder Anforderungen über die allgemeinen Normen hinausgehen, haben größere Anwender auch eigene Technische Standards oder Spezifikationen, Richtlinien oder Werknormen oder Betriebsanweisungen. Auch Fachverbände können eigene Normen haben.

14.2.4 Weitere Normen und Gesetze

Wie eingangs in diesem Kapitel erwähnt, hat sich die Internationalisierung der Normen und Gremienarbeit seit den neunziger Jahren stark beschleunigt. Es werden in den in Kapitel 15 gelisteten DIN-VDE-Normen bereits sehr viele mitgeltende Normen bzw. die internationalen Normen zu den in Deutschland gültigen Normen angegeben. An dieser Stelle sollen nur noch auszugsweise weitere gültige Normen, Gesetze und Richtlinien erwähnt werden. Es gilt immer der Grundsatz, bei der Planung und Projektierung die aktuell gültigen Normen und Gesetze zu berücksichtigen.

Die folgenden Beispiele, die keinen Anspruch auf Vollständigkeit erheben, sollen das breite Spektrum zu beachtender Normen und Gesetze verdeutlichen:

- BGI 536 (früher ZH 1/81) = Merkblatt: Gefahrstoffe; Gefährliche chemische Stoffe (M 051)
- ZH 1/455 = Verwendung von Flüssiggas (Ausgabe 1978), siehe auch BGV D34 (VBG 21)
- GefStoffV = Gefahrstoffverordnung
- ZTVA-StB89 = Zus. Technische Vertragsbedingungen und Richtlinien für Aufgrabungen in Verkehrsflächen der FGSV
- Merkblatt über Baumstandorte und unterirdische Ver- und Entsorgungsanlagen der FGSV
- StVO = Straßenverkehrsordnung
- RSA = Richtlinien für die Sicherung von Arbeitsstellen an Straßen
- BGB = Bürgerliches Gesetzbuch
- StGB = Strafgesetzbuch

Die Standards der ehemaligen DDR (TGL) sind seit dem 1. Oktober 1990 keine Rechtsvorschriften mehr. In allen Bundesländern gelten jetzt mit bestimmten Bedingungen und Übergangsfristen DIN- und DIN-VDE-Normen.

15 Ergebnis der Normung und Gremienarbeit

Im Folgenden werden die Ergebnisse der Normenarbeit in den Gremien in einigen wesentlichen Auszügen tabellarisch dargestellt. Weiterhin werden die wichtigsten Normen aufgelistet.

15.1 Begriffe

Voraussetzung für eine eindeutige Verständigung, auch im Hinblick auf den internationalen Handel sind allgemein verbindliche Begriffe. Für den Bereich Starkstromkabel und isolierte Starkstromleitungen wurden seit 1988 die Begriffe in DIN VDE 0289 festgelegt. Soweit diese Begriffe in DIN IEC 60050, 461 des Internationalen Elektrotechnischen Wörterbuches (IEV) enthalten sind, sind auch die englischen und französischen Benennungen aufgeführt. Die einzelnen DIN-VDE-Bestimmungen verweisen auf die Begriffe in DIN VDE 0289. Diese Bestimmung ist wie folgt unterteilt:

DIN VDE 0289
Teil 1 Allgemeine Begriffe
Teil 2 Aufbauelemente
Teil 3 Fertigungsvorgänge
Teil 4 Prüfungen und Messen
Teil 5 Längen
Teil 6 Zubehör, Garnituren
Teil 7 Verlegung und Montage
Teil 8 Strombelastbarkeit

Außer den genormten Begriffen haben sich im täglichen Sprachgebrauch weitere Begriffe ergeben.

15.2 Auszüge (Tabellen) aus DIN-VDE-Normen

Auf den folgenden Seiten sind Auszüge aus folgenden DIN-VDE-Normen wiedergegeben:

DIN VDE 0276-603, März 2010
Starkstromkabel –
Teil 603: Energieverteilungskabel mit Nennspannung 0,6/1 kV
Abschnitt 3-G: Kabel mit (Bauart 3G-1) oder ohne (Bauart 3G-2) konzentrischen Leiter

DIN VDE 0276-620, Mai 2009
Starkstromkabel –
Teil 620: Energieverteilungskabel mit extrudierter Isolierung für Nennspannungen von 3,6/6 (7,2) kV bis 20,8/36 (42) kV
Abschnitt 5-C: Kabel mit PE-Mantel (Bauart 5C-1) oder PVC-Mantel (Bauart 5C-2)

DIN VDE 0276-621, Mai 1997
Starkstromkabel –
Teil 621: Energieverteilungskabel mit getränkter Papierisolierung für Mittelspannung

DIN VDE 0276-1000, Juni 1995
Starkstromkabel –
Teil 1000: Strombelastbarkeit, Allgemeines, Umrechnungsfaktoren

Hinweis zu diesen Auszügen

Maßgebend für das Anwenden der Normen sind deren Fassungen mit dem neuesten Ausgabedatum, die bei der VDE VERLAG GMBH, Bismarckstr. 33, 10625 Berlin und der Beuth Verlag GmbH, Burggrafenstr. 6, 10787 Berlin erhältlich sind.

Tabelle 1 Kabel mit Aluminiumleitern ohne konzentrischen Leiter (Bauart 3G-2) und mit konzentrischem Leiter (Bauart 3G-1) [DIN VDE 0276-603 (3-G):2010-03]

1	2		3	4	
Anzahl der Adern Nennquerschnitt mm² Leiterform und -bauart	**Wanddicke der Isolierung**		**Wanddicke des Mantels**	**Außendurchmesser**	
	Nennwert mm	**Mindestwert mm**	**Nennwert mm**	**Mindestwert mm**	**Höchstwert mm**
Kabelbauart NAYY-O und NAYY-J: vieradrige Kabel					
4 x 25 RE	1,2	0,98	1,8	25	29
4 x 35 RE	1,2	0,98	1,8	27	31
4 x 50 RE	1,4	1,16	1,9	31	35
4 x 50 SE	1,4	1,16	1,9	28	33
4 x 70 SE	1,4	1,16	2,1	32	37
4 x 95 SE	1,6	1,34	2,2	36	41
4 x 120 SE	1,6	1,34	2,4	40	45
4 x 150 SE	1,8	1,52	2,5	43	48
4 x 185 SE	2,0	1,70	2,7	48	53
Kabelbauart NAYCWY: dreiadrige Kabel mit konzentrischem Leiter					
3 x 25 RE/25	1,2	0,98	1,8	25	29
3 x 35 RE/35	1,2	0,98	1,8	26	31
3 x 50 SE/50	1,4	1,16	1,9	26	32
3 x 70 SE/70	1,4	1,16	2,0	30	36
3 x 95 SE/95	1,6	1,34	2,2	34	41
3 x 120 SE/120	1,6	1,34	2,3	36	43
3 x 150 SE/150	1,8	1,52	2,4	40	47
3 x 185 SE/185	2,0	1,70	2,6	45	52

Tabelle 2 Belastbarkeit, Kabel in Erde (empfohlene Werte)
[DIN VDE 0276-603 (3-G):2010-03]

1	2	3	4	5	6	7	8	9	10	11
Isolierwerkstoff	PVC									
Zulässige Betriebstemperatur	70 °C									
Bauart-kurzzeichen*)	NYY			NYCWY; NYCY		NAYY			NAYCWY; NAYCY	
Anordnung	⊙ [1)]					⊙ [1)]				
Anzahl der belasteten Adern	1	3	3	3	3	1	3	3	3	3
Querschnitt in mm^2	Kupferleiter Bemessungsstrom in A					Aluminiumleiter Bemessungsstrom in A				
1,5	41	27	30	27	31	–	–	–	–	–
2,5	55	36	39	36	40	–	–	–	–	–
4	71	47	50	47	51	–	–	–	–	–
6	90	59	62	59	63	–	–	–	–	–
10	124	79	83	79	84	–	–	–	–	–
16	160	102	107	102	108	–	–	–	–	–
25	208	133	138	133	139	160	102	106	103	108
35	250	159	164	160	166	193	123	127	123	129
50	296	188	195	190	196	230	144	151	145	153
70	365	232	238	234	238	283	179	185	180	187
95	438	280	286	280	281	340	215	222	216	223
120	501	318	325	319	315	389	245	253	246	252
150	563	359	365	357	347	436	275	284	276	280
185	639	406	413	402	385	496	313	322	313	314
240	746	473	479	463	432	578	364	375	362	358
300	848	535	541	518	473	656	419	425	415	397
400	975	613	614	579	521	756	484	487	474	441
500	1 125	687	693	624	574	873	553	558	528	489
630	1 304	–	777	–	636	1 011	–	635	–	539
800	1 507	–	859	–	–	1 166	–	716	–	–
1 000	1 715	–	936	–	–	1 332	–	796	–	–

1) Bemessungsstrom in Gleichstromanlagen mit weit entferntem Rückleiter.

*) Die angegebenen Werte der Bemessungsströme gelten auch für entsprechende Kabelbauarten mit PE-Mantel.

Tabelle 3 Belastbarkeit, Kabel in Luft (empfohlene Werte) [DIN VDE 0276-603 (3-G):2010-03]

1	2	3	4	5	6	7	8	9	10	11
Isolierwerkstoff	PVC									
Zulässige Betriebstemperatur	70 °C									
Bauartkurzzeichen*)	NYY			NYCWY; NYCY		NAYY			NAYCWY; NAYCY	
Anordnung	[1]					[1]				
Anzahl der belasteten Adern	1	3	3	3	3	1	3	3	3	3
Querschnitt in mm²	Kupferleiter Bemessungsstrom in A					Aluminiumleiter Bemessungsstrom in A				
1,5	27	19,5	21	19,5	22	–	–	–	–	–
2,5	35	25	28	26	29	–	–	–	–	–
4	47	34	37	34	39	–	–	–	–	–
6	59	43	47	44	49	–	–	–	–	–
10	81	59	64	60	67	–	–	–	–	–
16	107	79	84	80	89	–	–	–	–	–
25	144	106	114	108	119	110	82	87	83	91
35	176	129	139	132	146	135	100	107	101	112
50	214	157	169	160	177	166	119	131	121	137
70	270	199	213	202	221	210	152	166	155	173
95	334	246	264	249	270	259	186	205	189	212
120	389	285	307	289	310	302	216	239	220	247
150	446	326	352	329	350	345	246	273	249	280
185	516	374	406	377	399	401	285	317	287	321
240	618	445	483	443	462	479	338	378	339	374
300	717	511	557	504	519	555	400	437	401	426
400	843	597	646	577	583	653	472	513	468	488
500	994	669	747	626	657	772	539	600	524	556
630	1 180	–	858	–	744	915	–	701	–	628
800	1 396	–	971	–	–	1 080	–	809	–	–
1 000	1 620	–	1 078	–	–	1 258	–	916	–	–

1) Bemessungsstrom in Gleichstromanlagen mit weit entferntem Rückleiter.

*) Die angegebenen Werte der Bemessungsströme gelten auch für entsprechende Kabelbauarten mit PE-Mantel.

Tabelle 4 Zulässige Kurzschlusstemperaturen und Bemessungs-Kurzzeitstromdichten [DIN VDE 0276-620 (5-C):2009-05]

1	2	3	4	5	6	7	8
Kabel mit	**Zulässige Kurzschluss-temperatur in °C**	**Leitertemperatur zu Beginn des Kurzschlusses in °C**					
		70	**60**	**50**	**40**	**30**	**20**
		Bemessungs-Kurzzeitstromdichte in A/mm² für eine Bemessungs-Kurzschlussdauer von 1 s					
Kupferleiter							
≤ 300 mm²	160	115	122	129	136	143	150
> 300 mm²	140	103	111	118	126	133	140
Aluminium-leiter							
≤ 300 mm²	160	76	81	85	90	95	99
> 300 mm²	140	68	73	78	83	88	93

Tabelle 5 Zulässige Kurzschlusstemperaturen und Bemessungs-Kurzzeitstromdichten [DIN VDE 0276-620 (5-C):2009-05]

1	2	3	4	5	6	7	8	9	10
Kabel mit	**Zulässige Kurzschluss-temperatur in °C**	**Leitertemperatur zu Beginn des Kurzschlusses in °C**							
		90	**80**	**70**	**60**	**50**	**40**	**30**	**20**
		Bemessungs-Kurzzeitstromdichte in A/mm² für eine Bemessungs-Kurzschlussdauer von 1 s							
Kupfer-leitern	250	143	149	154	159	165	170	176	181
Aluminium-leitern	250	94	98	102	105	109	113	116	120

Tabelle 6 Empfohlene Prüfungen nach der Verlegung, wenn gefordert [DIN VDE 0276-620 (5-C):2009-05]

Nr.	Prüfungen	Anforderungen	Prüfverfahren
1	Spannungsprüfung an der Isolierung [1), 2)]		
1.1	Prüfwechselspannung 45 Hz bis 65 Hz – Prüfpegel (Effektivwert) 2 U_0 – Prüfdauer 60 min alternativ:	Kein Durchschlag	
1.2	Prüfwechselspannung 0,1 Hz – Prüfpegel (Effektivwert) 3 U_0 – Prüfdauer 60 min	Kein Durchschlag	
2	Überprüfung der Unversehrtheit des Kunststoffaußenmantels an verlegten Kabeln	Es wird empfohlen, bei Verwendung von Gleichspannung bei PVC- oder PE-Mänteln eine Spannung von 3 kV bzw. 5 kV nicht zu überschreiten. Hinweise auf Beschädigungen des Mantels zeigen sich in der Regel innerhalb einer Minute.	

1) Die Prüfpegel und -zeiten gelten als Vorzugswerte und sind aufgrund von derzeit vorliegenden Labor- und Netzerfahrungen festgelegt worden.

2) Endet das Kabel in einem Transformator oder in einer gekapselten Schaltanlage, so erfordert diese Prüfung eine Vereinbarung des Auftraggebers mit den Herstellern des Transformators oder der Schaltanlage.

Tabelle 7 Kurzschlussbelastbarkeit der Schirme [DIN VDE 0276-620 (5-C):2009-05]

Die Kurzschlussbelastbarkeit ist für eine maximale Kurzschlussdauer von bis zu 5 s definiert. Für Kurzschlussdauern zwischen 0,1 s und 5 s sind die Kurzschlussbelastbarkeiten für die zwei Schirmquerschnitte im folgenden Bild angegeben.

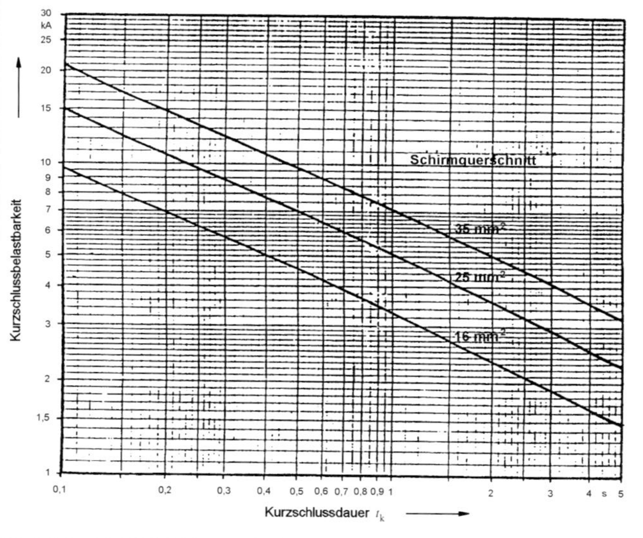

Tabelle 8 Belastbarkeit, Kabel in Erde, U_0/U = 6/10 kV [DIN VDE 0276-621:1997-05]

1	2	3	4	5	6	7	8	9
Isolierwerkstoff	Getränktes Papier							
Zulässige Betriebstempera-tur	70 °C							
Bauartkurzzeichen	NKY		NKLEY		NAKY		NAKLEY	
Anordnung								
Querschnitt in mm²	Kupferleiter Bemessungsstrom in A				Aluminiumleiter Bemessungsstrom in A			
25	140	160	139	158	108	124	108	124
35	167	191	166	188	129	148	129	147
50	197	226	196	220	153	175	153	173
70	241	275	240	264	188	214	187	209
95	289	328	286	310	224	256	223	247
120	329	371	324	345	256	291	254	278
150	369	414	361	377	287	325	283	306
185	417	465	405	414	325	366	320	340
240	483	534	465	461	378	423	369	383
300	544	595	515	495	427	474	413	418
400	617	668	574	535	489	537	467	461
500	695	741	631	569	558	606	524	500

Tabelle 9 Belastbarkeit, Kabel in Luft, U_0/U = 6/10 kV [DIN VDE 0276-621:1997-05]

1	2	3	4	5	6	7	8	9
Isolierwerkstoff	Getränktes Papier							
Zulässige Betriebstemperatur	70 °C							
Bauartkurzzeichen	NKY		NKLEY		NAKY		NAKLEY	
Anordnung								
Querschnitt in mm²	Kupferleiter Bemessungsstrom in A				Aluminiumleiter Bemessungsstrom in A			
25	124	145	124	144	96	112	96	112
35	151	176	150	175	117	137	117	136
50	181	213	181	210	141	165	141	164
70	228	267	226	261	177	208	176	205
95	279	327	276	315	216	254	215	248
120	322	378	318	360	251	295	249	286
150	368	431	361	402	286	336	283	322
185	423	494	413	452	330	387	325	366
240	501	584	484	517	392	459	384	425
300	577	666	549	566	453	527	438	473
400	668	767	626	626	529	614	507	534
500	770	874	705	679	619	711	583	592

Tabelle 10 Belastbarkeit, Kabel in Erde, U_0/U = 12/20 kV [DIN VDE 0276-621:1997-05]

1	2	3	4	5	6	7	8	9
Isolierwerkstoff	Getränktes Papier							
Zulässige Betriebstemperatur	65 °C							
Bauartkurzzeichen	NKY		NKLEY		NAKY		NAKLEY	
Anordnung								
Querschnitt in mm²	Kupferleiter Bemessungsstrom in A				Aluminiumleiter Bemessungsstrom in A			
25	137	150	137	148	106	117	106	116
35	164	182	163	178	127	141	127	139
50	194	216	193	211	150	168	150	166
70	237	266	234	254	184	207	183	202
95	284	317	280	298	220	247	219	238
120	323	359	317	332	251	281	248	268
150	362	400	353	362	282	314	277	294
185	409	450	396	398	319	355	313	327
240	474	516	452	443	371	409	361	369
300	534	575	501	476	419	458	403	403
400	605	644	557	516	480	520	455	445
500	682	714	610	550	548	585	508	484

Tabelle 11 Belastbarkeit, Kabel in Luft, U_0/U = 12/20 kV [DIN VDE 0276-621:1997-05]

1	2	3	4	5	6	7	8	9
Isolierwerkstoff	Getränktes Papier							
Zulässige Betriebstemperatur	65 °C							
Bauartkurzzeichen	NKY		NKLEY		NAKY		NAKLEY	
Anordnung								
Querschnitt in mm²	Kupferleiter Bemessungsstrom in A				Aluminiumleiter Bemessungsstrom in A			
25	118	134	118	133	92	104	92	104
35	143	163	143	161	111	126	111	125
50	172	196	171	193	133	152	133	151
70	215	245	213	238	167	191	166	188
95	262	299	260	287	204	233	202	227
120	303	346	299	327	236	270	234	261
150	345	393	338	365	268	307	265	293
185	396	450	385	409	309	353	304	332
240	468	529	450	467	366	417	357	384
300	537	604	509	513	421	479	407	429
400	621	692	579	568	492	556	470	484
500	715	787	649	617	573	642	537	537

Tabelle 12 Belastbarkeit, Kabel in Erde, U_0/U = 18/30 kV [DIN VDE 0276-621:1997-05]

1	2	3	4	5	6	7	8	9
Isolierwerkstoff	Getränktes Papier							
Zulässige Betriebstemperatur	65 °C							
Bauartkurzzeichen	NKY		NKLEY		NAKY		NAKLEY	
Anordnung	⊙⊙⊙	⊙ ⊙ ⊙	⊙⊙⊙	⊙ ⊙ ⊙	⊙⊙⊙	⊙ ⊙ ⊙	⊙⊙⊙	⊙ ⊙ ⊙
Querschnitt in mm²	Kupferleiter Bemessungsstrom in A				Aluminiumleiter Bemessungsstrom in A			
25	–	–	–	–	–	–	–	–
35	156	168	155	165	121	130	120	129
50	185	200	184	195	144	155	143	153
70	229	247	227	238	178	192	177	188
95	276	297	272	281	215	232	212	224
120	316	339	309	317	246	266	243	254
150	354	382	345	351	276	299	271	283
185	400	431	385	384	313	340	305	317
240	463	499	440	427	363	395	351	357
300	522	555	486	461	410	444	392	391
400	591	619	539	499	470	502	442	432
500	666	684	590	535	536	564	494	471

Tabelle 13 Belastbarkeit, Kabel in Luft, U_0/U = 18/30 kV [DIN VDE 0276-621:1997-05]

1	2	3	4	5	6	7	8	9
Isolierwerkstoff	Getränktes Papier							
Zulässige Betriebstemperatur	65 °C							
Bauartkurzzeichen	NKY		NKLEY		NAKY		NAKLEY	
Anordnung	⊙⊙⊙	⊙ ⊙ ⊙	⊙⊙⊙	⊙ ⊙ ⊙	⊙⊙⊙	⊙ ⊙ ⊙	⊙⊙⊙	⊙ ⊙ ⊙
Querschnitt in mm²	Kupferleiter Bemessungsstrom in A				Aluminiumleiter Bemessungsstrom in A			
25	–	–	–	–	–	–	–	–
35	134	149	133	147	104	116	104	115
50	160	179	160	176	124	139	124	138
70	200	224	198	217	155	174	155	171
95	244	273	241	261	189	213	188	207
120	281	315	276	297	219	246	216	237
150	319	357	312	332	248	279	245	266
185	366	408	355	371	286	321	280	301
240	432	480	414	423	338	379	329	348
300	495	546	467	266	388	433	375	390
400	572	623	529	515	453	501	431	439
500	658	706	594	563	527	577	492	490

Tabelle 14 Zulässige Kurzschlusstemperaturen und Bemessungs-Kurzzeitstromdichten [DIN VDE 0276-621:1997-05]

1	2	3	4	5	6	7	8	9
Kabel mit	**Zulässige Kurzschluss-temperatur in °C**	**Leitertemperatur zu Beginn des Kurzschlusses in ° C**						
		70	**65**	**60**	**50**	**40**	**30**	**20**
		Bemessungs-Kurzzeitstromdichte in A/mm² für eine Bemessungs-Kurzschlussdauer von 1 s						
Kupferleitern 6/10 kV und 12/20 kV	170	120	124	127	134	141	147	154
18/30 kV	150	–	–	117	124	131	138	145
Aluminiumleitern 6/10 kV und 12/20 kV	170	80	82	84	89	93	97	102
18/30 kV	150	–	–	77	82	87	91	96

Tabelle 15 Umrechnungsfaktoren f_1, Verlegung in Erde für alle Kabel (außer PVC-Kabel für 6/10 kV) [DIN VDE 0276-1000:1995-06]

1	2	3					4					5					6
Zulässige Betriebs-temperatur °C	Erdboden-temperatur °C	Spezifischer Erdbodenwärmewiderstand in K · m/W															
		0,7					1,0					1,5					2,5
		Belastungsgrad					Belastungsgrad					Belastungsgrad					Belastungsgrad
		0,50	0,60	0,70	0,85	1,00	0,50	0,60	0,70	0,85	1,00	0,50	0,60	0,70	0,85	1,00	0,5 bis 1,00
90	5	1,24	1,21	1,18	1,13	1,07	1,11	1,09	1,07	1,03	1,00	0,99	0,98	0,97	0,96	0,94	0,89
	10	1,23	1,19	1,16	1,11	1,05	1,09	1,07	1,05	1,01	0,98	0,97	0,96	0,95	0,93	0,91	0,86
	15	1,21	1,17	1,14	1,08	1,03	1,07	1,05	1,02	0,99	0,95	0,95	0,93	0,92	0,91	0,89	0,84
	20	1,19	1,15	1,12	1,06	1,00	1,05	1,02	1,00	0,96	0,93	0,92	0,91	0,90	0,88	0,86	0,81
	25	–	–	–	–	–	1,02	1,00	0,98	0,94	0,90	0,90	0,88	0,87	0,85	0,84	0,78
	30	–	–	–	–	–	–	–	0,95	0,91	0,88	0,87	0,86	0,84	0,83	0,81	0,75
	35	–	–	–	–	–	–	–	–	–	–	–	–	0,82	0,80	0,78	0,72
	40	–	–	–	–	–	–	–	–	–	–	–	–	–	–	–	0,68
80	5	1,27	1,23	1,20	1,14	1,08	1,12	1,10	1,07	1,04	1,00	0,99	0,98	0,97	0,95	0,93	0,88
	10	1,25	1,21	1,17	1,12	1,06	1,10	1,07	1,05	1,01	0,97	0,97	0,95	0,94	0,92	0,91	0,85
	15	1,23	1,19	1,15	1,09	1,03	1,07	1,05	1,03	0,99	0,95	0,94	0,93	0,92	0,90	0,88	0,82
	20	1,20	1,17	1,13	1,07	1,01	1,05	1,03	1,00	0,96	0,92	0,91	0,90	0,89	0,87	0,85	0,78
	25	–	–	–	–	–	1.03	1,00	0,97	0,93	0,89	0,88	0,87	0,86	0,84	0,82	0,75
	30	–	–	–	–	–	–	–	0,95	0,91	0,86	0,85	0,84	0,83	0,81	0,78	0,72
	35	–	–	–	–	–	–	–	–	–	–	–	–	0,80	0,77	0,75	0,68
	40	–	–	–	–	–	–	–	–	–	–	–	–	–	–	–	0,64
70	5	1,29	1,26	1,22	1,15	1,09	1,13	1,11	1,08	1,04	1,00	0,99	0,98	0,97	0,95	0,93	0,86
	10	1,27	1,23	1,19	1,13	1,06	1,11	1,08	1,06	1,01	0,97	0,96	0,95	0,94	0,92	0,89	0,83
	15	1,25	1,21	1,17	1,10	1,03	1,08	1,06	1,03	0,99	0,94	0,93	0,92	0,91	0,88	0,86	0,79
	20	1,23	1,18	1,14	1,08	1,01	1,06	1,03	1,00	0,96	0,91	0,90	0,89	0,87	0,85	0,83	0,76
	25	–	–	–	–	–	1,03	1,00	0,97	0,93	0,88	0,87	0,85	0,84	0,82	0,79	0,72
	30	–	–	–	–	–	–	–	0,94	0,89	0,85	0,84	0,82	0,80	0,78	0,76	0,68
	35	–	–	–	–	–	–	–	–	–	–	–	–	0,77	0,74	0,72	0,63
	40	–	–	–	–	–	–	–	–	–	–	–	–	–	–	–	0,59

(fortgesetzt)

Tabelle 15 Umrechnungsfaktoren f_1, Verlegung in Erde für alle Kabel (außer PVC-Kabel für 6/10 kV) (Fortsetzung) [DIN VDE 0276-1000:1995-06]

1	2	3					4					5					6
Zulässige Betriebs-temperatur °C	Erdboden-temperatur °C	Spezifischer Erdbodenwärmewiderstand in K · m/W															
		0,7					1,0					1,5					2,5
		Belastungsgrad					Belastungsgrad					Belastungsgrad					Belastungsgrad
		0,50	0,60	0,70	0,85	1,00	0,50	0,60	0,70	0,85	1,00	0,50	0,60	0,70	0,85	1,00	0,5 bis 1,00
65	5	1,31	1,27	1,23	1,16	1,09	1,14	1,11	1,09	1,04	1,00	0,99	0,98	0,96	0,94	0,92	0,85
	10	1,29	1,24	1,20	1,14	1,06	1,11	1,09	1,06	1,02	0,97	0,96	0,95	0,93	0,91	0,89	0,82
	15	1,26	1,22	1,18	1,11	1,04	1,09	1,06	1,03	0,98	0,94	0,93	0,91	0,90	0,88	0,85	0,78
	20	1,24	1,20	1,15	1,08	1,01	1,06	1,03	1,00	0,95	0,90	0,90	0,88	0,86	0,84	0,82	0,74
	25	–	–	–	–	–	1,03	1,00	0,97	0,92	0,87	0,86	0,84	0,83	0,80	0,78	0,70
	30	–	–	–	–	–	–	–	0,94	0,89	0,83	0,82	0,81	0,79	0,77	0,74	0,65
	35	–	–	–	–	–	–	–	–	–	–	–	–	0,75	0,72	0,70	0,60
	40	–	–	–	–	–	–	–	–	–	–	–	–	–	–	–	0,55
60	5	1,33	1,28	1,24	1,17	1,10	1,15	1,12	1,09	1,05	1,00	0,99	0,98	0,96	0,94	0,92	0,84
	10	1,30	1,26	1,21	1,14	1,07	1,12	1,09	1,06	1,02	0,97	0,96	0,94	0,93	0,90	0,88	0,80
	15	1,28	1,23	1,19	1,12	1,04	1,09	1,06	1,03	0,98	0,93	0,92	0,91	0,89	0,87	0,84	0,76
	20	1,25	1,21	1,16	1,09	1,01	1,06	1,03	1,00	0,95	0,90	0,89	0,87	0,86	0,83	0,80	0,72
	25	–	–	–	–	–	1,03	1,00	0,97	0,92	0,86	0,85	0,83	0,82	0,79	0,76	0,67
	30	–	–	–	–	–	–	–	0,93	0,88	0,82	0,81	0,79	0,78	0,75	0,72	0,62
	35	–	–	–	–	–	–	–	–	–	–	–	–	0,73	0,70	0,67	0,57
	40	–	–	–	–	–	–	–	–	–	–	–	–	–	–	–	0,51

Der Umrechnungsfaktor f_1 ist stets zusammen mit dem Umrechnungsfaktor f_2 nach Tabellen 6 bis 9 anzuwenden.

Tabelle 16 Umrechnungsfaktoren f_1, Verlegung in Erde, PVC-Kabel für 6/10 kV [DIN VDE 0276-1000:1995-06]

1	2	3	4	5					6					7					8
Anzahl			Erdboden-temperatur °C	Spezifischer Erdbodenwärmewiderstand in K · m/W															
				0,7					1,0					1,5					2,5
				Belastungsgrad					Belastungsgrad					Belastungsgrad					Belastungsgrad
Systeme		Kabel		0,50	0,60	0,70	0,85	1,00	0,50	0,60	0,70	0,85	1,00	0,50	0,60	0,70	0,85	1,00	0,5 bis 1,00
1	1	1	5	1,31	1,27	1,23	1,16	1,09	1,14	1,12	1,09	1,05	1,00	0,99	0,98	0,96	0,94	0,92	0,85
			10	1,29	1,25	1,21	1,14	1,07	1,12	1,09	1,06	1,02	0,97	0,96	0,95	0,93	0,91	0,89	0,81
			15	1,27	1,22	1,18	1,11	1,04	1,09	1,06	1,03	0,98	0,94	0,93	0,91	0,90	0,87	0,85	0,77
			20	1,24	1,20	1,15	1,08	1,01	1,06	1,03	1,00	0,95	0,90	0,89	0,88	0,86	0,84	0,81	0,73
			25	–	–	–	–	–	1,03	1,00	0,97	0,92	0,87	0,85	0,84	0,83	0,80	0,77	0,69
			30	–	–	–	–	–	–	–	0,94	0,89	0,83	0,82	0,80	0,79	0,76	0,73	0,64
			35	–	–	–	–	–	–	–	–	–	–	–	–	0,75	0,72	0,70	0,59
			40	–	–	–	–	–	–	–	–	–	–	–	–	–	–	–	0,54
4	3	3	5	1,29	1,24	1,20	1,13	1,06	1,11	1,08	1,05	1,01	0,96	0,95	0,94	0,93	0,90	0,88	0,81
			10	1,26	1,22	1,17	1,11	1,03	1,08	1,05	1,03	0,98	0,93	0,92	0,91	0,89	0,87	0,84	0,77
			15	1,24	1,19	1,15	1,08	1,00	1,05	1,03	0,99	0,95	0,90	0,89	0,87	0,86	0,83	0,81	0,73
			20	1,21	1,17	1,12	1,05	0,97	1,03	0,99	0,96	0,91	0,86	0,85	0,84	0,82	0,79	0,77	0,68
			25	–	–	–	–	–	0,99	0,96	0,93	0,88	0,83	0,82	0,80	0,78	0,76	0,73	0,64
			30	–	–	–	–	–	–	–	0,90	0,84	0,79	0,78	0,76	0,74	0,71	0,68	0,59
			35	–	–	–	–	–	–	–	–	–	–	–	–	0,70	0,67	0,64	0,53
			40	–	–	–	–	–	–	–	–	–	–	–	–	–	–	–	0,47
10	5	6	5	1,26	1,21	1,17	1,10	1,03	1,08	1,05	1,02	0,97	0,93	0,92	0,90	0,89	0,86	0,84	0,76
			10	1,23	1,19	1,14	1,07	1,00	1,05	1,02	0,99	0,94	0,89	0,88	0,87	0,85	0,83	0,80	0,72
			15	1,21	1,16	1,12	1,04	0,96	1,02	0,99	0,96	0,91	0,86	0,85	0,83	0,81	0,79	0,76	0,68
			20	1,18	1,14	1,09	1,01	0,93	0,99	0,96	0,93	0,87	0,82	0,81	0,79	0,77	0,75	0,72	0,63
			25	–	–	–	–	–	0,96	0,93	0,89	0,84	0,78	0,77	0,75	0,73	0,70	0,68	0,58
			30	–	–	–	–	–	–	–	0,86	0,80	0,74	0,73	0,71	0,69	0,66	0,63	0,52
			35	–	–	–	–	–	–	–	–	–	–	–	–	0,64	0,61	0,58	0,46
			40	–	–	–	–	–	–	–	–	–	–	–	–	–	–	–	0,38
–	8	10	5	1,23	1,19	1,14	1,07	0,99	1,05	1,02	0,99	0,94	0,89	0,88	0,86	0,85	0,82	0,80	0,72
			10	1,21	1,16	1,11	1,04	0,96	1,02	0,99	0,96	0,91	0,85	0,84	0,83	0,81	0,78	0,76	0,67
			15	1,18	1,13	1,09	1,01	0,93	0,99	0,96	0,92	0,87	0,82	0,81	0,79	0,77	0,74	0,72	0,63
			20	1,15	1,11	1,06	0,98	0,90	0,96	0,92	0,89	0,84	0,78	0,77	0,75	0,73	0,70	0,67	0,57
			25	–	–	–	–	–	0,92	0,89	0,85	0,80	0,74	0,73	0,71	0,69	0,66	0,63	0,52
			30	–	–	–	–	–	–	–	0,82	0,76	0,70	0,68	0,66	0,64	0,61	0,57	0,45
			35	–	–	–	–	–	–	–	–	–	–	–	–	0,60	0,56	0,52	0,38
			40	–	–	–	–	–	–	–	–	–	–	–	–	–	–	–	0,29
–	10	–	5	1,22	1,17	1,13	1,05	0,98	1,03	1,00	0,97	0,92	0,87	0,86	0,84	0,83	0,80	0,78	0,69
			10	1,19	1,15	1,10	1,02	0,94	1,00	0,97	0,94	0,89	0,83	0,82	0,81	0,79	0,76	0,73	0,65
			15	1,17	1,12	1,07	0,99	0,91	0,97	0,94	0,90	0,85	0,79	0,78	0,77	0,75	0,72	0,69	0,60
			20	1,14	1,09	1,04	0,96	0,88	0,94	0,90	0,87	0,81	0,76	0,74	0,73	0,71	0,68	0,65	0,54
			25	–	–	–	–	–	0,90	0,87	0,83	0,78	0,71	0,70	0,68	0,66	0,63	0,60	0,48
			30	–	–	–	–	–	–	–	0,79	0,73	0,67	0,66	0,63	0,61	0,58	0,54	0,41
			35	–	–	–	–	–	–	–	–	–	–	–	–	0,56	0,52	0,48	0,33
			40	–	–	–	–	–	–	–	–	–	–	–	–	–	–	–	0,22

Anordnung der Systeme in Spalte 1: 7cm; 25cm

Anordnung der Systeme in Spalte 2: 7cm

Anordnung der Kabel in Spalte 3: 7cm

Der Umrechnungsfaktor f_1 ist stets zusammen mit dem Umrechnungsfaktor f_2 nach Tabellen 6 bis 9 anzuwenden.

Tabelle 17 Umrechnungsfaktoren f_2, Verlegung in Erde, einadrige Kabel in Drehstromsystemen, gebündelte Anordnung, lichter Systemabstand 7 cm [DIN VDE 0276-1000:1995-06]

1	2	3					4					5					6				
Bauart	Anzahl Systeme	Spezifischer Erdbodenwärmewiderstand in K · m/W																			
		0,7					1,0					1,5					2,5				
VPE-Kabel 0,6/1 kV 6/10 kV 12/20 kV 18/30 kV		Belastungsgrad					Belastungsgrad					Belastungsgrad					Belastungsgrad				
		0,50	0,60	0,70	0,85	1,00	0,50	0,60	0,70	0,85	1,00	0,50	0,60	0,70	0,85	1,00	0,50	0,60	0,70	0,85	1,00
	1	1,09	1,04	0,99	0,93	0,87	1,11	1,05	1,00	0,93	0,87	1,13	1,07	1,01	0,94	0,87	1,17	1,09	1,03	0,94	0,87
	2	0,97	0,90	0,84	0,77	0,71	0,98	0,91	0,85	0,77	0,71	1,00	0,92	0,86	0,77	0,71	1,02	0,94	0,87	0,78	0,71
	3	0,88	0,80	0,74	0,67	0,61	0,89	0,82	0,75	0,67	0,61	0,90	0,82	0,76	0,68	0,61	0,92	0,83	0,76	0,68	0,61
	4	0,83	0,75	0,69	0,62	0,56	0,84	0,76	0,70	0,62	0,56	0,85	0,77	0,70	0,62	0,56	0,86	0,78	0,71	0,63	0,56
	5	0,79	0,71	0,65	0,58	0,52	0,80	0,72	0,66	0,58	0,52	0,80	0,73	0,66	0,58	0,52	0,82	0,73	0,67	0,59	0,52
	6	0,76	0,68	0,62	0,55	0,50	0,77	0,69	0,63	0,55	0,50	0,77	0,70	0,63	0,56	0,50	0,78	0,70	0,64	0,56	0,50
	8	0,72	0,64	0,58	0,51	0,46	0,72	0,65	0,59	0,52	0,46	0,73	0,65	0,59	0,52	0,46	0,74	0,66	0,59	0,52	0,46
	10	0,69	0,61	0,56	0,49	0,44	0,69	0,62	0,56	0,49	0,44	0,70	0,62	0,56	0,49	0,44	0,70	0,63	0,57	0,49	0,44
PVC-Kabel 0,6/1 kV 3,6/6 kV 6/10 kV		Belastungsgrad					Belastungsgrad					Belastungsgrad					Belastungsgrad				
		0,50	0,60	0,70	0,85	1,00	0,50	0,60	0,70	0,85	1,00	0,50	0,60	0,70	0,85	1,00	0,50	0,60	0,70	0,85	1,00
	1	1,01	1,02	0,99	0,93	0,87	1,04	1,05	1,00	0,93	0,87	1,07	1,06	1,01	0,94	0,87	1,11	1,08	1,01	0,94	0,87
	2	0,94	0,89	0,84	0,77	0,71	0,97	0,91	0,85	0,77	0,71	0,99	0,92	0,86	0,77	0,71	1,01	0,93	0,87	0,78	0,71
	3	0,86	0,79	0,74	0,67	0,61	0,89	0,81	0,75	0,67	0,61	0,90	0,83	0,76	0,68	0,61	0,91	0,83	0,77	0,68	0,61
	4	0,82	0,75	0,69	0,62	0,56	0,84	0,76	0,70	0,62	0,56	0,85	0,77	0,71	0,62	0,56	0,86	0,78	0,71	0,63	0,56
	5	0,78	0,71	0,65	0,58	0,52	0,80	0,72	0,66	0,58	0,52	0,80	0,73	0,66	0,58	0,52	0,81	0,73	0,67	0,59	0,52
	6	0,75	0,68	0,62	0,55	0,50	0,77	0,69	0,63	0,55	0,50	0,77	0,70	0,64	0,56	0,50	0,78	0,70	0,64	0,56	0,50
	8	0,71	0,64	0,58	0,51	0,46	0,72	0,65	0,59	0,52	0,46	0,73	0,65	0,59	0,52	0,46	0,73	0,66	0,60	0,52	0,46
	10	0,68	0,61	0,55	0,49	0,44	0,69	0,62	0,56	0,49	0,44	0,69	0,62	0,56	0,49	0,44	0,70	0,63	0,57	0,49	0,44
Masse-Kabel 0,6/1 kV 3,6/6 kV 6/10 kV 12/20 kV 18/30 kV		Belastungsgrad					Belastungsgrad					Belastungsgrad					Belastungsgrad				
		0,50	0,60	0,70	0,85	1,00	0,50	0,60	0,70	0,85	1,00	0,50	0,60	0,70	0,85	1,00	0,50	0,60	0,70	0,85	1,00
	1	0,94	0,95	0,97	0,93	0,87	0,99	0,99	1,00	0,93	0,87	1,06	1,04	1,01	0,94	0,87	1,15	1,08	1,02	0,94	0,87
	2	0,88	0,88	0,84	0,77	0,71	0,93	0,91	0,85	0,77	0,71	0,97	0,92	0,86	0,77	0,71	1,01	0,93	0,87	0,78	0,71
	3	0,84	0,79	0,74	0,67	0,61	0,87	0,81	0,75	0,67	0,61	0,90	0,82	0,76	0,68	0,61	0,91	0,83	0,76	0,68	0,61
	4	0,82	0,74	0,69	0,62	0,56	0,84	0,76	0,70	0,62	0,56	0,85	0,77	0,71	0,62	0,56	0,86	0,78	0,71	0,63	0,56
	5	0,78	0,70	0,65	0,58	0,52	0,79	0,72	0,65	0,58	0,52	0,80	0,73	0,66	0,58	0,52	0,81	0,73	0,67	0,59	0,52
	6	0,75	0,68	0,62	0,55	0,50	0,76	0,69	0,63	0,55	0,50	0,77	0,70	0,63	0,56	0,50	0,78	0,70	0,64	0,56	0,50
	8	0,71	0,64	0,58	0,51	0,46	0,72	0,64	0,58	0,52	0,46	0,72	0,65	0,59	0,52	0,46	0,73	0,66	0,59	0,52	0,46
	10	0,68	0,61	0,55	0,49	0,44	0,69	0,61	0,56	0,49	0,44	0,69	0,62	0,56	0,49	0,44	0,70	0,62	0,56	0,49	0,44

Der Umrechnungsfaktor f_2 ist stets zusammen mit dem Umrechnungsfaktor f_1 nach Tabelle 4 oder 5 anzuwenden.

Tabelle 18 Umrechnungsfaktoren f_2, Verlegung in Erde, einadrige Kabel in Drehstromsystemen, gebündelte Anordnung, lichter Systemabstand 25 cm [DIN VDE 0276-1000:1995-06]

1	2	3					4					5					6				
Bauart	Anzahl Systeme	Spezifischer Erdbodenwärmewiderstand in K · m/W																			
		0,7					1,0					1,5					2,5				
VPE-Kabel 0,6/1 kV 6/10 kV 12/20 kV 18/30 kV		Belastungsgrad					Belastungsgrad					Belastungsgrad					Belastungsgrad				
		0,50	0,60	0,70	0,85	1,00	0,50	0,60	0,70	0,85	1,00	0,50	0,60	0,70	0,85	1,00	0,50	0,60	0,70	0,85	1,00
	1	1,09	1,04	0,99	0,93	0,87	1,11	1,05	1,00	0,93	0,87	1,13	1,07	1,01	0,94	0,87	1,17	1,09	1,03	0,94	0,87
	2	1,01	0,94	0,89	0,82	0,75	1,02	0,95	0,89	0,82	0,75	1,04	0,97	0,90	0,82	0,75	1,06	0,98	0,91	0,83	0,75
	3	0,94	0,87	0,81	0,74	0,67	0,95	0,88	0,82	0,74	0,67	0,97	0,89	0,82	0,74	0,67	0,99	0,90	0,83	0,74	0,67
	4	0,91	0,84	0,78	0,70	0,64	0,92	0,84	0,78	0,70	0,64	0,93	0,85	0,79	0,70	0,64	0,95	0,86	0,79	0,71	0,64
	5	0,88	0,80	0,74	0,67	0,60	0,89	0,81	0,75	0,67	0,60	0,90	0,82	0,75	0,67	0,60	0,91	0,83	0,76	0,67	0,60
	6	0,86	0,79	0,72	0,65	0,59	0,87	0,79	0,73	0,65	0,59	0,88	0,80	0,73	0,65	0,59	0,89	0,81	0,74	0,65	0,59
	8	0,83	0,76	0,70	0,62	0,56	0,84	0,76	0,70	0,62	0,56	0,85	0,77	0,70	0,62	0,56	0,86	0,78	0,71	0,62	0,56
	10	0,81	0,74	0,68	0,60	0,54	0,82	0,74	0,68	0,60	0,54	0,83	0,75	0,68	0,61	0,54	0,84	0,76	0,69	0,61	0,54
PVC-Kabel 0,6/1 kV 3,6/6 kV 6/10 kV		Belastungsgrad					Belastungsgrad					Belastungsgrad					Belastungsgrad				
		0,50	0,60	0,70	0,85	1,00	0,50	0,60	0,70	0,85	1,00	0,50	0,60	0,70	0,85	1,00	0,50	0,60	0,70	0,85	1,00
	1	1,01	1,02	0,99	0,93	0,87	1,04	1,05	1,00	0,93	0,87	1,07	1,06	1,01	0,94	0,87	1,11	1,08	1,01	0,94	0,87
	2	0,97	0,95	0,89	0,82	0,75	1,00	0,96	0,90	0,82	0,75	1,03	0,97	0,91	0,82	0,75	1,06	0,98	0,92	0,83	0,75
	3	0,94	0,88	0,82	0,74	0,67	0,97	0,88	0,82	0,74	0,67	0,97	0,89	0,83	0,74	0,67	0,98	0,90	0,84	0,74	0,67
	4	0,91	0,84	0,78	0,70	0,64	0,92	0,85	0,79	0,70	0,64	0,93	0,86	0,79	0,70	0,64	0,95	0,87	0,80	0,71	0,64
	5	0,88	0,81	0,75	0,67	0,60	0,89	0,82	0,76	0,67	0,60	0,90	0,82	0,76	0,67	0,60	0,91	0,83	0,77	0,67	0,60
	6	0,86	0,79	0,73	0,65	0,59	0,87	0,80	0,74	0,65	0,59	0,88	0,81	0,74	0,65	0,59	0,89	0,81	0,75	0,65	0,59
	8	0,83	0,76	0,70	0,62	0,56	0,84	0,77	0,71	0,62	0,56	0,85	0,78	0,71	0,62	0,56	0,86	0,78	0,72	0,62	0,56
	10	0,82	0,75	0,69	0,60	0,54	0,82	0,75	0,69	0,60	0,54	0,83	0,76	0,69	0,61	0,54	0,84	0,76	0,70	0,61	0,54
Masse-Kabel 0,6/1 kV 3,6/6 kV 6/10 kV 12/20 kV 18/30 kV		Belastungsgrad					Belastungsgrad					Belastungsgrad					Belastungsgrad				
		0,50	0,60	0,70	0,85	1,00	0,50	0,60	0,70	0,85	1,00	0,50	0,60	0,70	0,85	1,00	0,50	0,60	0,70	0,85	1,00
	1	0,94	0,95	0,97	0,93	0,87	0,99	0,99	1,00	0,93	0,87	1,06	1,04	1,01	0,94	0,87	1,15	1,08	1,02	0,94	0,87
	2	0,90	0,91	0,88	0,82	0,75	0,95	0,94	0,89	0,82	0,75	1,00	0,96	0,89	0,82	0,75	1,05	0,97	0,90	0,83	0,75
	3	0,87	0,86	0,80	0,74	0,67	0,91	0,87	0,81	0,74	0,67	0,95	0,88	0,81	0,74	0,67	0,97	0,89	0,82	0,74	0,67
	4	0,86	0,82	0,76	0,70	0,64	0,89	0,83	0,77	0,70	0,64	0,91	0,83	0,77	0,70	0,64	0,92	0,84	0,78	0,71	0,64
	5	0,84	0,79	0,73	0,67	0,60	0,86	0,79	0,73	0,67	0,60	0,87	0,80	0,73	0,67	0,60	0,89	0,81	0,74	0,67	0,60
	6	0,83	0,77	0,71	0,65	0,59	0,84	0,77	0,71	0,65	0,59	0,85	0,78	0,71	0,65	0,59	0,86	0,78	0,72	0,65	0,59
	8	0,80	0,73	0,67	0,62	0,56	0,81	0,74	0,68	0,62	0,56	0,82	0,74	0,68	0,62	0,56	0,83	0,75	0,68	0,62	0,56
	10	0,78	0,71	0,65	0,60	0,54	0,79	0,71	0,65	0,60	0,54	0,80	0,72	0,66	0,61	0,54	0,81	0,73	0,66	0,61	0,54
Der Umrechnungsfaktor f_2 ist stets zusammen mit dem Umrechnungsfaktor f_1 nach Tabelle 4 oder 5 anzuwenden.																					

Tabelle 19 Umrechnungsfaktoren f_2, Verlegung in Erde, einadrige Kabel in Drehstromsystemen, Anordnung nebeneinander, lichter Abstand 7 cm [DIN VDE 0276-1000:1995-06]

1	2	3					4					5					6				
Bauart	Anzahl Systeme	Spezifischer Erdbodenwärmewiderstand in K · m/W																			
		0,7					1,0					1,5					2,5				
VPE-Kabel 0,6/1 kV 6/10 kV 12/20 kV 18/30 kV		Belastungsgrad					Belastungsgrad					Belastungsgrad					Belastungsgrad				
		0,50	0,60	0,70	0,85	1,00	0,50	0,60	0,70	0,85	1,00	0,50	0,60	0,70	0,85	1,00	0,50	0,60	0,70	0,85	1,00
	1	1,08	1,05	0,99	0,91	0,85	1,13	1,07	1,00	0,92	0,85	1,18	1,09	1,01	0,92	0,85	1,19	1,11	1,03	0,93	0,85
	2	1,01	0,93	0,86	0,77	0,71	1,03	0,94	0,87	0,78	0,71	1,05	0,95	0,88	0,78	0,71	1,06	0,96	0,88	0,79	0,71
	3	0,92	0,84	0,77	0,69	0,62	0,93	0,85	0,77	0,69	0,62	0,95	0,86	0,78	0,69	0,62	0,96	0,86	0,79	0,69	0,62
	4	0,88	0,80	0,73	0,65	0,58	0,89	0,80	0,73	0,65	0,58	0,90	0,81	0,74	0,65	0,58	0,91	0,82	0,74	0,65	0,58
	5	0,84	0,76	0,69	0,61	0,55	0,85	0,77	0,70	0,61	0,55	0,87	0,78	0,70	0,62	0,55	0,87	0,78	0,71	0,62	0,55
	6	0,82	0,74	0,67	0,59	0,53	0,83	0,75	0,68	0,60	0,53	0,84	0,75	0,68	0,60	0,53	0,85	0,76	0,69	0,60	0,53
	8	0,79	0,71	0,64	0,57	0,51	0,80	0,71	0,65	0,57	0,51	0,81	0,72	0,65	0,57	0,51	0,81	0,72	0,65	0,57	0,51
	10	0,77	0,69	0,62	0,55	0,49	0,78	0,69	0,63	0,55	0,49	0,78	0,70	0,63	0,55	0,49	0,79	0,70	0,63	0,55	0,49
PVC-Kabel 0,6/1 kV 3,6/6 kV 6/10 kV		Belastungsgrad					Belastungsgrad					Belastungsgrad					Belastungsgrad				
		0,50	0,60	0,70	0,85	1,00	0,50	0,60	0,70	0,85	1,00	0,50	0,60	0,70	0,85	1,00	0,50	0,60	0,70	0,85	1,00
	1	0,96	0,97	0,98	0,91	0,85	1,01	1,01	1,00	0,92	0,85	1,07	1,05	1,01	0,92	0,85	1,16	1,10	1,02	0,93	0,85
	2	0,92	0,89	0,86	0,77	0,71	0,96	0,94	0,87	0,78	0,71	1,00	0,95	0,88	0,78	0,71	1,05	0,97	0,89	0,79	0,71
	3	0,88	0,84	0,77	0,69	0,62	0,91	0,85	0,78	0,69	0,62	0,95	0,86	0,79	0,69	0,62	0,96	0,87	0,79	0,69	0,62
	4	0,86	0,80	0,73	0,65	0,58	0,89	0,81	0,74	0,65	0,58	0,90	0,82	0,74	0,65	0,58	0,91	0,82	0,75	0,65	0,58
	5	0,84	0,76	0,70	0,61	0,55	0,85	0,77	0,70	0,61	0,55	0,87	0,78	0,71	0,62	0,55	0,87	0,79	0,71	0,62	0,55
	6	0,82	0,74	0,68	0,59	0,53	0,83	0,75	0,68	0,60	0,53	0,83	0,76	0,69	0,60	0,53	0,85	0,76	0,69	0,60	0,53
	8	0,79	0,71	0,65	0,57	0,51	0,80	0,72	0,65	0,57	0,51	0,81	0,72	0,65	0,57	0,51	0,81	0,73	0,66	0,57	0,51
	10	0,77	0,69	0,63	0,55	0,49	0,78	0,70	0,63	0,55	0,49	0,79	0,70	0,63	0,55	0,49	0,79	0,71	0,64	0,55	0,49
Masse-Kabel 0,6/1 kV 3,6/6 kV 6/10 kV 12/10 kV 18/30 kV		Belastungsgrad					Belastungsgrad					Belastungsgrad					Belastungsgrad				
		0,50	0,60	0,70	0,85	1,00	0,50	0,60	0,70	0,85	1,00	0,50	0,60	0,70	0,85	1,00	0,50	0,60	0,70	0,85	1,00
	1	0,93	0,94	0,95	0,91	0,85	1,00	1,00	1,00	0,92	0,85	1,09	1,06	1,01	0,92	0,85	1,19	1,10	1,03	0,93	0,85
	2	0,89	0,89	0,86	0,77	0,71	0,95	0,93	0,87	0,78	0,71	1,01	0,95	0,88	0,78	0,71	1,05	0,97	0,89	0,79	0,71
	3	0,86	0,84	0,77	0,69	0,62	0,90	0,85	0,78	0,69	0,62	0,95	0,86	0,79	0,69	0,62	0,96	0,87	0,79	0,69	0,62
	4	0,84	0,80	0,73	0,65	0,58	0,88	0,81	0,74	0,65	0,58	0,91	0,82	0,74	0,65	0,58	0,91	0,82	0,75	0,65	0,58
	5	0,82	0,77	0,70	0,61	0,55	0,86	0,77	0,70	0,61	0,55	0,87	0,78	0,71	0,62	0,55	0,87	0,79	0,71	0,62	0,55
	6	0,81	0,74	0,68	0,59	0,53	0,83	0,75	0,68	0,60	0,53	0,85	0,76	0,69	0,60	0,53	0,85	0,76	0,69	0,60	0,53
	8	0,78	0,71	0,65	0,57	0,51	0,80	0,72	0,65	0,57	0,51	0,81	0,73	0,66	0,57	0,51	0,82	0,73	0,66	0,57	0,51
	10	0,77	0,69	0,63	0,55	0,49	0,78	0,70	0,63	0,55	0,49	0,79	0,70	0,64	0,55	0,49	0,79	0,71	0,64	0,55	0,49

Der Umrechnungsfaktor f_2 ist stets zusammen mit dem Umrechnungsfaktor f_1 nach Tabelle 4 oder 5 anzuwenden.

Tabelle 20 Umrechnungsfaktoren f_2, Verlegung in Erde, dreiadrige, belastete Kabel in Drehstromsystemen, lichter Abstand 7 cm [DIN VDE 0276-1000:1995-06]

1	2	3					4					5					6				
Bauart	Anzahl Systeme	Spezifischer Erdbodenwärmewiderstand in K · m/W																			
		0,7					1,0					1,5					2,5				
VPE-Kabel[1]) 0,6/1 kV 6/10 kV		Belastungsgrad					Belastungsgrad					Belastungsgrad					Belastungsgrad				
		0,50	0,60	0,70	0,85	1,00	0,50	0,60	0,70	0,85	1,00	0,50	0,60	0,70	0,85	1,00	0,50	0,60	0,70	0,85	1,00
	1	1,02	1,03	0,99	0,94	0,89	1,06	1,05	1,00	0,94	0,89	1,09	1,06	1,01	0,94	0,89	1,11	1,07	1,02	0,95	0,89
PVC-Kabel[1]) 0,6/1 kV mit $S_n \geq 35$ mm²	2	0,95	0,89	0,84	0,77	0,72	0,98	0,91	0,85	0,78	0,72	0,99	0,92	0,86	0,78	0,72	1,01	0,94	0,87	0,79	0,72
	3	0,86	0,80	0,74	0,68	0,62	0,89	0,81	0,75	0,68	0,62	0,90	0,83	0,77	0,69	0,62	0,92	0,84	0,77	0,69	0,62
	4	0,82	0,75	0,69	0,63	0,57	0,84	0,76	0,70	0,63	0,57	0,85	0,78	0,71	0,63	0,57	0,86	0,78	0,72	0,64	0,57
	5	0,78	0,71	0,65	0,59	0,53	0,80	0,72	0,66	0,59	0,53	0,81	0,73	0,67	0,59	0,53	0,82	0,74	0,67	0,60	0,53
	6	0,75	0,68	0,63	0,56	0,51	0,77	0,69	0,63	0,56	0,51	0,78	0,70	0,64	0,57	0,51	0,79	0,71	0,65	0,57	0,51
	8	0,71	0,64	0,59	0,52	0,47	0,72	0,65	0,59	0,52	0,47	0,73	0,66	0,60	0,52	0,47	0,74	0,66	0,60	0,53	0,47
	10	0,68	0,61	0,56	0,49	0,44	0,69	0,62	0,56	0,50	0,44	0,70	0,63	0,57	0,50	0,44	0,71	0,63	0,57	0,50	0,44
PVC-Kabel[1]) 0,6/1 kV mit $S_n < 35$ mm²		Belastungsgrad					Belastungsgrad					Belastungsgrad					Belastungsgrad				
		0,50	0,60	0,70	0,85	1,00	0,50	0,60	0,70	0,85	1,00	0,50	0,60	0,70	0,85	1,00	0,50	0,60	0,70	0,85	1,00
	1	0,91	0,92	0,94	0,94	0,89	0,98	0,99	1,00	0,94	0,89	1,04	1,03	1,01	0,94	0,89	1,13	1,07	1,02	0,95	0,89
3,6/6 kV	2	0,86	0,87	0,85	0,77	0,72	0,91	0,90	0,86	0,78	0,72	0,97	0,93	0,87	0,78	0,72	1,01	0,94	0,88	0,79	0,72
	3	0,82	0,80	0,75	0,68	0,62	0,86	0,82	0,76	0,68	0,62	0,91	0,84	0,77	0,69	0,62	0,92	0,84	0,78	0,69	0,62
	4	0,80	0,76	0,70	0,63	0,57	0,84	0,77	0,71	0,63	0,57	0,86	0,78	0,72	0,63	0,57	0,87	0,79	0,73	0,64	0,57
	5	0,78	0,72	0,66	0,59	0,53	0,81	0,73	0,67	0,59	0,53	0,81	0,74	0,68	0,59	0,53	0,82	0,75	0,68	0,60	0,53
	6	0,76	0,69	0,64	0,56	0,51	0,77	0,70	0,64	0,56	0,51	0,78	0,71	0,65	0,57	0,51	0,79	0,72	0,65	0,57	0,51
	8	0,72	0,65	0,59	0,52	0,47	0,73	0,66	0,60	0,52	0,47	0,74	0,67	0,61	0,52	0,47	0,75	0,67	0,61	0,53	0,47
	10	0,69	0,62	0,57	0,49	0,44	0,70	0,63	0,57	0,50	0,44	0,71	0,64	0,58	0,50	0,44	0,71	0,64	0,58	0,50	0,44
Masse-Kabel Gürtelkabel 0,6/1 kV 3,6/6 kV		Belastungsgrad					Belastungsgrad					Belastungsgrad					Belastungsgrad				
		0,50	0,60	0,70	0,85	1,00	0,50	0,60	0,70	0,85	1,00	0,50	0,60	0,70	0,85	1,00	0,50	0,60	0,70	0,85	1,00
	1	0,94	0,95	0,97	0,94	0,89	1,00	1,00	1,00	0,94	0,89	1,06	1,05	1,01	0,94	0,89	1,13	1,07	1,02	0,95	0,89
Dreimantel-kabel 3,6/6 kV 6/10 kV	2	0,89	0,89	0,85	0,77	0,72	0,94	0,92	0,86	0,78	0,72	0,99	0,93	0,87	0,78	0,72	1,01	0,94	0,88	0,79	0,72
	3	0,84	0,81	0,76	0,68	0,62	0,89	0,83	0,77	0,68	0,62	0,91	0,84	0,78	0,69	0,62	0,92	0,85	0,79	0,69	0,62
	4	0,82	0,77	0,71	0,63	0,57	0,85	0,78	0,72	0,63	0,57	0,86	0,79	0,73	0,63	0,57	0,87	0,80	0,73	0,64	0,57
	5	0,80	0,73	0,67	0,59	0,53	0,81	0,74	0,68	0,59	0,53	0,82	0,75	0,69	0,59	0,53	0,83	0,76	0,69	0,60	0,53
	6	0,77	0,70	0,65	0,56	0,51	0,79	0,71	0,65	0,56	0,51	0,79	0,72	0,66	0,57	0,51	0,80	0,73	0,66	0,57	0,51
	8	0,73	0,66	0,61	0,52	0,47	0,74	0,67	0,61	0,52	0,47	0,75	0,68	0,62	0,52	0,47	0,75	0,68	0,62	0,53	0,47
	10	0,70	0,63	0,58	0,49	0,44	0,71	0,64	0,58	0,50	0,44	0,72	0,65	0,59	0,50	0,44	0,72	0,65	0,59	0,50	0,44
PVC-Kabel 6/10 kV		Belastungsgrad					Belastungsgrad					Belastungsgrad					Belastungsgrad				
Masse-Kabel Gürtelkabel 6/10 kV		0,50	0,60	0,70	0,85	1,00	0,50	0,60	0,70	0,85	1,00	0,50	0,60	0,70	0,85	1,00	0,50	0,60	0,70	0,85	1,00
	1	0,90	0,91	0,93	0,96	0,91	0,98	0,99	1,00	0,96	0,91	1,05	1,04	1,03	0,97	0,91	1,14	1,09	1,04	0,97	0,91
	2	0,85	0,85	0,85	0,81	0,76	0,93	0,92	0,89	0,82	0,76	0,98	0,95	0,90	0,82	0,76	1,03	0,96	0,90	0,82	0,76
H-Kabel 6/10 kV 12/20 kV 18/30 kV	3	0,80	0,79	0,78	0,72	0,66	0,87	0,86	0,80	0,72	0,66	0,93	0,86	0,80	0,73	0,66	0,95	0,87	0,81	0,73	0,66
	4	0,77	0,77	0,74	0,67	0,61	0,85	0,81	0,75	0,67	0,61	0,89	0,82	0,75	0,68	0,61	0,90	0,82	0,76	0,68	0,61
Dreimantel-kabel 12/20 kV 18/30 kV	5	0,75	0,75	0,70	0,63	0,57	0,84	0,77	0,71	0,63	0,57	0,85	0,77	0,71	0,63	0,57	0,86	0,78	0,72	0,64	0,57
	6	0,74	0,73	0,67	0,60	0,55	0,81	0,74	0,68	0,60	0,55	0,82	0,74	0,68	0,61	0,55	0,83	0,75	0,69	0,61	0,55
	8	0,73	0,69	0,63	0,56	0,51	0,77	0,70	0,64	0,56	0,51	0,77	0,70	0,64	0,57	0,51	0,78	0,71	0,64	0,57	0,51
	10	0,71	0,66	0,60	0,53	0,48	0,74	0,67	0,61	0,54	0,48	0,74	0,67	0,61	0,54	0,48	0,75	0,67	0,61	0,54	0,48

1) In Gleichstromsystemen gelten diese Faktoren auch für einadrige Kabel für 0,6/1 kV.

Der Umrechnungsfaktor f_2 ist stets zusammen mit dem Umrechnungsfaktor f_1 nach Tabelle 4 oder 5 anzuwenden.

Tabelle 21 Umrechnungsfaktoren für Häufung in Luft[1]), einadrige Kabel in Drehstromsystemen [DIN VDE 0276-1000:1995-06]

1		2	3	4	5
Verlegeanordnung Ebene Verlegung Zwischenraum = Kabeldurchmesser *d*		Anzahl der Wannen/ Pritschen übereinander	Anzahl der Systeme[2]) nebeneinander		
			1	2	3
Auf dem Boden liegend	d, d; a; a ≥ 20 mm	1	0,92	0,89	0,88
Ungelochte Kabelwannen[3])	d, d; ≥300mm; a; a ≥ 20 mm	1	0,92	0,89	0,88
		2	0,87	0,84	0,83
		3	0,84	0,82	0,81
		6	0,82	0,80	0,79
Gelochte Kabelwannen[3])	d, d; ≥300mm; a; a ≥ 20 mm	1	1,0	0,93	0,90
		2	0,97	0,89	0,85
		3	0,96	0,88	0,82
		6	0,94	0,85	0,80
Kabelpritschen[4]) (Kabelroste)	d, d; ≥300mm; a; a ≥ 20 mm	1	1,00	0,97	0,96
		2	0,97	0,94	0,93
		3	0,96	0,93	0,92
		6	0,94	0,91	0,90
Auf Gerüsten oder an der Wand oder auf gelochten Kabelwannen in senkrechter Anordnung	d, d; ≥225mm	Anzahl der Wannen nebeneinander	Anzahl der Systeme übereinander		
			1	2	3
		1	0,94	0,91	0,89
		2	0,94	0,90	0,86

1) Wird in engen Räumen oder bei großer Häufung die Lufttemperatur durch die Verlustwärme der Kabel erhöht, so sind zusätzlich die Umrechnungsfaktoren für abweichende Lufttemperaturen in Tabelle 12 anzuwenden (siehe 5.3.2.3).

2) Faktoren nach DIN VDE 0255 (VDE 0255):1972-11.

3) Eine Kabelwanne ist eine fortlaufende Tragplatte mit hochgezogenen Seitenteilen, aber ohne Abdeckung. Eine Kabelwanne wird als gelocht angesehen, wenn die Lochung mindestens 30 % der Gesamtfläche beträgt.

4) Eine Kabelpritsche ist eine Tragkonstruktion, bei der die Auflagefläche nicht mehr als 10 % der Gesamtfläche dieser Konstruktion beträgt.

Bei ebener Verlegung von Kabeln mit Metallmantel oder -schirm wirken bei vergrößertem Abstand der verringerten gegenseitigen Erwärmung die vermehrten Mantel- oder Schirmverluste entgegen. Daher können hier Angaben über reduktionsfreie Anordnungen nicht gemacht werden.

(fortgesetzt)

Tabelle 21 Umrechnungsfaktoren für Häufung in Luft[1]), einadrige Kabel in Drehstromsystemen (Fortsetzung) [DIN VDE 0276-1000:1995-06]

6		7	8	9	10
Verlegeanordnung Gebündelte Verlegung Zwischenraum = 2 d		Anzahl der Wannen/ Pritschen übereinander	Anzahl der Systeme nebeneinander[2])		
			1	2	3
Auf dem Boden liegend	2d 2d a ≥ 20 mm	1	0,98	0,96	0,94
Ungelochte Kabelwannen[3])	2d 2d ≥300mm a ≥ 20 mm	1	0,98	0,96	0,94
		2	0,95	0,91	0,87
		3	0,94	0,90	0,85
		6	0,93	0,88	0,82
Gelochte Kabelwannen[3])	2d 2d ≥300mm a ≥ 20 mm	1	1,0	0,98	0,96
		2	0,97	0,93	0,89
		3	0,96	0,92	0,85
		6	0,95	0,90	0,83
Kabelpritschen[4]) (Kabelroste)	2d 2d ≥300mm a ≥ 20 mm	1	1,00	1,00	1,00
		2	0,97	0,95	0,93
		3	0,96	0,94	0,90
		6	0,95	0,93	0,87
Auf Gerüsten oder an der Wand oder auf gelochten Kabelwannen in senkrechter Anordnung	2d ≥225mm	Anzahl der Wannen nebeneinander	Anzahl der Systeme übereinander		
			1	2	3
		1	1,0	0,91	0,89
		2	1,0	0,90	0,86

1) Wird in engen Räumen oder bei großer Häufung die Lufttemperatur durch die Verlustwärme der Kabel erhöht, so sind zusätzlich die Umrechnungsfaktoren für abweichende Lufttemperaturen in Tabelle 12 anzuwenden (siehe 5.3.2.3).

2) Faktoren nach CENELEC-Report R064.001 zu HD 384.5.523:1991.

3) Eine Kabelwanne ist eine fortlaufende Tragplatte mit hochgezogenen Seitenteilen, aber ohne Abdeckung. Eine Kabelwanne wird als gelocht angesehen, wenn die Lochung mindestens 30 % der Gesamtfläche beträgt.

4) Eine Kabelpritsche ist eine Tragkonstruktion, bei der die Auflagefläche nicht mehr als 10 % der Gesamtfläche dieser Konstruktion beträgt.

Bei gebündelter Verlegung ist keine Belastbarkeitsreduktion erforderlich, wenn der Zwischenraum benachbarter Systeme mindestens gleich dem vierfachen Kabeldurchmesser ist, sofern die Umgebungstemperatur durch die Verlustwärme nicht ansteigt (siehe Fußnote 1).

Tabelle 22 Umrechnungsfaktoren für Häufung in Luft[1]), mehradrige Kabel und einadrige Gleichstromkabel [DIN VDE 0276-1000:1995-06]

1		2	3	4	5	6	7
Verlegeanordnung Zwischenraum = Kabeldurchmesser *d*		Anzahl der Wannen/ Pritschen übereinander	Anzahl der Kabel nebeneinander[4])				
			1	2	3	4	6
Auf dem Boden liegend	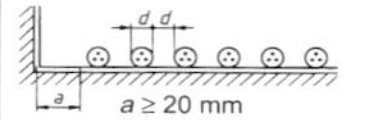 d d a ≥ 20 mm	1	0,97	0,96	0,94	0,93	0,90
Ungelochte Kabelwannen[2])	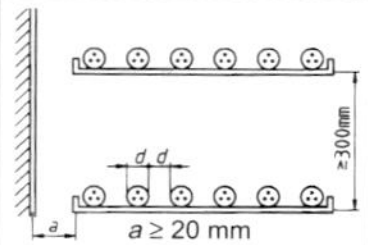 ≥300mm d d a ≥ 20 mm	1	0,97	0,96	0,94	0,93	0,90
		2	0,97	0,95	0,92	0,90	0,86
		3	0,97	0,94	0,91	0,89	0,84
		6	0,97	0,93	0,90	0,88	0,83
Gelochte Kabelwannen[2])	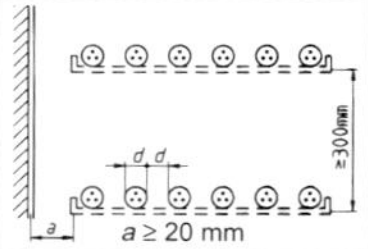 ≥300mm d d a ≥ 20 mm	1	1,0	1,0	0,98	0,95	0,91
		2	1,0	0,99	0,96	0,92	0,87
		3	1,0	0,98	0,95	0,91	0,85
		6	1,0	0,97	0,94	0,90	0,84
Kabelpritschen[3]) (Kabelroste)	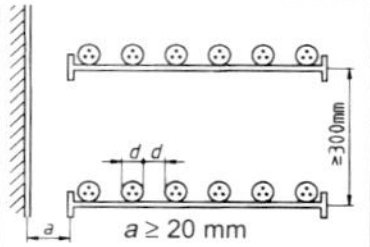 ≥300mm d d a ≥ 20 mm	1	1,0	1,0	1,0	1,0	1,0
		2	1,0	0,99	0,98	0,97	0,96
		3	1,0	0,98	0,97	0,96	0,93
		6	1,0	0,97	0,96	0,94	0,91
Auf Gerüsten oder an der Wand oder auf gelochten Kabelwannen in senkrechter Anordnung	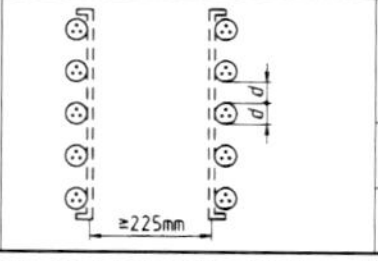 d d ≥225mm	Anzahl der Wannen nebeneinander	Anzahl der Kabel übereinander				
			1	2	3	4	6
		1	1,0	0,91	0,89	0,88	0,87
		2	1,0	0,91	0,88	0,87	0,85

1) Wird in engen Räumen oder bei großer Häufung die Lufttemperatur durch die Verlustwärme der Kabel erhöht, so sind zusätzlich die Umrechnungsfaktoren für abweichende Lufttemperaturen in Tabelle 12 anzuwenden (siehe 5.3.2.3).

2) Eine Kabelwanne ist eine fortlaufende Tragplatte mit hochgezogenen Seitenteilen, aber ohne Abdeckung. Eine Kabelwanne wird als gelocht angesehen, wenn die Lochung mindestens 30 % der Gesamtfläche beträgt.

3) Eine Kabelpritsche ist eine Tragkonstruktion, bei der die Auflagefläche nicht mehr als 10 % der Gesamtfläche dieser Konstruktion beträgt.

4) Faktoren nach CENELEC-Report R064.001 zu HD 384.5.523:1991.

Keine Belastbarkeitsreduktion ist erforderlich, wenn der horizontale oder vertikale Zwischenraum benachbarter Kabel mindestens gleich dem zweifachen Kabeldurchmesser ist, sofern die Umgebungstemperatur durch die Verlustwärme nicht ansteigt (siehe Fußnote 1).

(fortgesetzt)

Tabelle 22 Umrechnungsfaktoren für Häufung in Luft[1]), mehradrige Kabel und einadrige Gleichstromkabel (Fortsetzung) [DIN VDE 0276-1000:1995-06]

8		9	10	11	12	13	14	15
Verlegeanordnung Gegenseitige Berührung		Anzahl der Wannen/ Pritschen übereinander	Anzahl der Kabel nebeneinander[4])					
			1	2	3	4	6	9
Auf dem Boden liegend	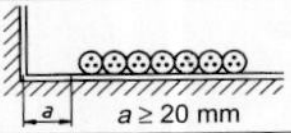 a ≥ 20 mm	1	0,97	0,85	0,78	0,75	0,71	0,68
Ungelochte Kabelwannen[2])	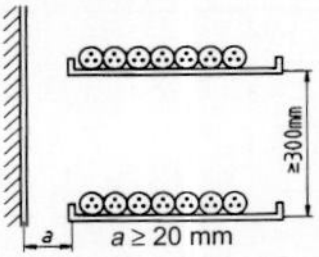 ≥300mm a ≥ 20 mm	1	0,97	0,85	0,78	0,75	0,71	0,68
		2	0,97	0,84	0,76	0,73	0,68	0,63
		3	0,97	0,83	0,75	0,72	0,66	0,61
		6	0,97	0,81	0,73	0,69	0,63	0,58
Gelochte Kabelwannen[2])	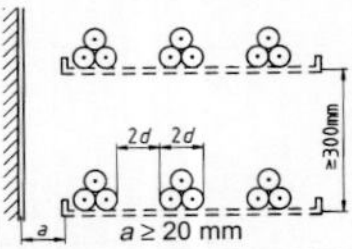 2d 2d ≥300mm a ≥ 20 mm	1	1,0	0,88	0,82	0,79	0,76	0,73
		2	1,0	0,87	0,80	0,77	0,73	0,68
		3	1,0	0,86	0,79	0,76	0,71	0,66
		6	1,0	0,84	0,77	0,73	0,68	0,64
Kabelpritschen[3]) (Kabelroste)	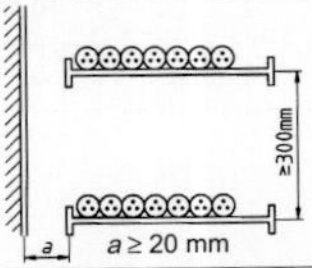 ≥300mm a ≥ 20 mm	1	1,0	0,87	0,82	0,80	0,79	0,78
		2	1,0	0,86	0,80	0,78	0,76	0,73
		3	1,0	0,85	0,79	0,76	0,73	0,70
		6	1,0	0,83	0,76	0,73	0,69	0,66
Gelochte Kabelwannen Senkrechte Anordnung	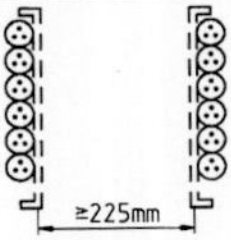 ≥225mm	Anzahl der Wannen nebeneinander	Anzahl der Kabel übereinander					
			1	2	3	4	6	9
		1	1,0	0,88	0,82	0,78	0,73	0,72
		2	1,0	0,88	0,81	0,76	0,71	0,70
Auf Gerüsten oder an der Wand angeordnet			Anzahl der Kabel übereinander					
			1	2	3	4	6	9
			0,95	0,78	0,73	0,72	0,68	0,66

1) Wird in engen Räumen oder bei großer Häufung die Lufttemperatur durch die Verlustwärme der Kabel erhöht, so sind zusätzlich die Umrechnungsfaktoren für abweichende Lufttemperaturen in Tabelle 12 anzuwenden (siehe 5.3.2.3).

2) Eine Kabelwanne ist eine fortlaufende Tragplatte mit hochgezogenen Seitenteilen, aber ohne Abdeckung. Eine Kabelwanne wird als gelocht angesehen, wenn die Lochung mindestens 30 % der Gesamtfläche beträgt.

3) Eine Kabelpritsche ist eine Tragkonstruktion, bei der die Auflagefläche nicht mehr als 10 % der Gesamtfläche dieser Konstruktion beträgt.

4) Faktoren nach CENELEC-Report R064.001 zu HD 384.5.523:1991.

Keine Belastbarkeitsreduktion ist erforderlich, wenn der horizontale oder vertikale Zwischenraum benachbarter Kabel mindestens gleich dem zweifachen Kabeldurchmesser ist, sofern die Umgebungstemperatur durch die Verlustwärme nicht ansteigt (siehe Fußnote 1).

Tabelle 23 Umrechnungsfaktoren für abweichende Lufttemperaturen [DIN VDE 0276-1000:1995-06]

1	2	3	4	5	6	7	8	9	10
Zulässige Betriebstemperatur	Lufttemperatur in °C								
°C	10	15	20	25	30	35	40	45	50
90	1,15	1,12	1,08	1,04	1,00	0,96	0,91	0,87	0,82
80	1,18	1,14	1,10	1,05	1,00	0,95	0,89	0,84	0,77
70	1,22	1,17	1,12	1,06	1,00	0,94	0,87	0,79	0,71
65	1,25	1,20	1,13	1,07	1,00	0,93	0,85	0,76	0,65
60	1,29	1,22	1,15	1,08	1,00	0,91	0,82	0,71	0,58

15.3 Wesentliche DIN-VDE-Normen zu Kabel und Garnituren

DIN VDE	Freier Kurztext
0100 ff.	Errichten von Starkstromanlagen bis 1000 V
0101	Errichten von Starkstromanlagen über 1000 V
0103	Verfahren zur Berechnung von Kurzschlussströmen
0105 ff.	Betrieb von elektrischen Anlagen
0110 ff.	Isolationskoordination in der Niederspannung
0111 ff.	Isolationskoordination größer 1 kV
0141	Erdungen für spezielle Anlagen über 1 kV
0150	Schutz gegen Korrosion durch Streuströme aus Gleichstromanlagen
0207	Isolier- und Mantelmischungen, welche in VDE 0276 ff. nicht enthalten sind
0220-3	Einzel- und Mehrfachkabelklemmen mit Isolierteilen bis 1000 V
0220-100	Press- und Schraubverbinder für Kabel bis 36 kV, Prüfverfahren und Anforderungen
0228 ff.	Maßnahmen bei Beeinflussung von Fernmeldeanlagen durch Starkstromanlagen
0265	1 kV Kabel mit PVC-Isolierung und Bleimantel
0266	1 kV Halogenfreie Kabel
0271	1 kV PVC-Kabel, die nicht in VDE 0276-603 beschrieben sind
0276-603	1 kV Kabel mit PVC- und VPE-Isolierung
0276-605	1 kV Kabel-Prüfverfahren
0276-605/A1	> 1 kV Kabel-Prüfverfahren (Mittelspannung)
0276-620	> 1 kV Kabel-Prüfverfahren (Mittelspannung bis 36 kV)
0276-632	110 kV VPE-Kabel und Garnituren
0276-633	400 kV papierisolierte Kabel und Garnituren
0276-634	110 kV Gasinnendruckkabel und Garnituren
0276-635	110 kV Gasaußendruckkabel und Garnituren
0289 ff.	Begriffe für Starkstromkabel
0293	Aderkennzeichnung

DIN VDE	Freier Kurztext
0295	Leiter für Kabel und Leitungen
0299	Rechenverfahren zur Ermittlung von Wanddicken für Isolierung und Schutzhüllen
0278-393	< 1 kV Prüfverfahren und Prüfanforderungen für Kabelgarnituren
0278-442	> 1 kV bis 36 kV Prüfverfahren für Kabelgarnituren
0278-629.1	> 1 kV bis 36 kV Prüfanforderungen für kunststoffisolierte Kabelgarnituren
0278-629.2	> 1 kV bis 36 kV Prüfanforderungen für papierisolierte Kabelgarnituren
0278-631.1	Fingerprint- und Typprüfungen für Reaktionsharzmassen
0278-631.2	Fingerprint- und Typprüfungen für wärmeschrumpfende Komponenten < 1 kV
0278-631.3	Fingerprint- und Typprüfungen für wärmeschrumpfende Komponenten > 1 kV
0278-631.4	Fingerprint- und Typprüfungen für kaltschrumpfende Komponenten
0472 ff.	Prüfverfahren für Kabel, welche in VDE 0276 nicht beschrieben sind
0660 ff.	Niederspannungs-Schaltgeräte und Schaltanlagen, hier für Anschlüsse Kabel
0660-500	Prüfverfahren für Kabelverteilerschränke
0660-505	Prüfverfahren für Hausanschlusskästen
0671 ff.	Hochspannungs-Schaltgeräte und Schaltanlagen, hier für Anschlüsse Kabel
0680 ff.	Körperschutzmittel für Arbeiten unter Spannung (AuS) bis 1000 V
0681	Geräte zum Betätigen, Prüfen, Abschranken für AuS über 1 kV
0682	Arbeiten unter Spannung
0845 ff.	Schutz von Fernmeldeanlagen gegen Überspannungen

15.4 Weitere DIN-Normen zu Kabel und Garnituren

DIN	Freier Kurztext
323	Normzahlen und Normreihen (Rundungsregeln)
820	Erstellung von DIN-Normen
1998	Unterbringung von Leitungen und Anlagen in öffentlichen Flächen, Richtlinien für Planung
4124	Baugruben und Gräben
8061	Rohre aus weichmacherfreiem PVC, Anforderungen
8062	Rohre aus PVC hart, Maße
18012	Hausanschlussräume, Planungsgrundlagen
18920	Vegetationstechnik im Landschaftsbau; Schutz von Bäumen, Pflanzenbeständen und Vegetationsflächen bei Baumaßnahmen
43627	Hausanschlusskasten (HAK)
43629	Kabelverteilerschrank (KVS)
46391 ff.	Spulen für die Lieferung von Kabeln
47600	Metallgehäuse für 10 kV Teil 1: Schutzmuffen Teil 2: Innenmuffen (nicht bei Niederspannung) Teil 3: Zuordnung zu papierisolierten Kabeln Teil 4: Innerer Aufbau für papierisolierte Kabel Teil 5: Montageanweisung für papierisolierte Kabel Teil 6: Zuordnung zu kunststoffisolierten Kabeln Teil 7: Innerer Aufbau für kunststoffisolierte Kabel
47606	Bis 30 kV für Dreimantel- und H-Kabel

16 Quellen und Literaturangaben

[1] Paul, H.-U.: Freileitung und Kabel in der Energieversorgung. 71. Kabelseminar der Leibniz Universität Hannover, 19./20. Februar 2008

[2] Rittinghaus, D.: Freileitungen und Kabel. 72. Kabelseminar der Leibniz Universität Hannover, 14./15. Oktober 2008

[3] Wanser, G; Wiznerowicz, F.; Kuhnert, E.: Eigenschaften von Energiekabeln und deren Messung. 2. Auflage 1997, VWEW-Verlag, Frankfurt a. M.

[4] Strahringer, W.: Zauberwelt der Normzahlen, VWEW-Verlag, Frankfurt a. M.

[5] Kabelhandbuch 7. Auflage 2007. VWEW-Verlag, Frankfurt a. M.

[6] Heinhold, L.; Stubbe, R.: Kabel und Leitungen für Starkstrom. Publicis MCD Verlag, München 1999

[7] Henningsen, C. G.; Polster, K.: Hoch- und Höchstspannungskabel für die Großstadtversorgung. 71. Kabelseminar der Leibniz Universität Hannover, 19./20. Februar 2008

[8] Klockhaus, H.; Merschel, F.; Wanser, G.: Abschluss- und Verbindungstechnik bei Starkstromkabeln. 2. Auflage 1995, VWEW-Verlag, Frankfurt a. M.

[9] Piepho, M.: Elektroisolierstoffe für Nieder- und Mittelspannungsmuffen. Elektrizitätswirtschaft, Jg. 89 (1990), Heft 26, S. 1513 … 1519

[10] Piepho, M.: Sicherheitsaspekte zur Gießharzverarbeitung in Kabelgarnituren. Elektrizitätswirtschaft, Jg. 91 (1992), Heft 26, S. 1760 … 1761

[11] Merschel, F.: Garnituren für Nieder- und Mittelspannungskabel. Ein Rückblick auf die Hannover Messe Industrie. Elektrizitätswirtschaft, Jg. 91 (1992), Heft 14, S. 916 … 920

[12] Merks, J.: Abschluß- und Verbindungstechnik kunststoffisolierter Mittelspannungskabel, Teil 3: Endverschlüsse, Kabelsteckteile und Kabelsteckadapter. EVU-Betriebspraxis 12/93

[13] Ruete, R.: EPDM für Energiekabel-Garnituren. Elektrizitätswirtschaft, Jg. 77 (1978), Heft 8, S. 287 … 292

[14] Czernek, G.: Macht nicht nur Druck – Kontaktschrauben auf dem Weg zur Multifunktionalität. Elektrotechnik 74. Jg., Heft 5, 13. Mai 1992 (Sonderdruck)

[15] Riedel, H.; Wagner, P.; Biewald, H.: Leiteranschluß- und -verbindungstechnik in Kabelanlagen der ostdeutschen EVU. Elektrizitätswirtschaft, Jg. 92 (1993), Heft 21, S. 1277 … 1281 (Vortrag auf der VDEW-Kabeltagung am 21./22.10.1993 in Hannover)

[16] Wimmer, H.: Umweltverträglichkeit von Kabelanlagen einschließlich Recycling. 74. Kabelseminar der Leibniz Universität Hannover, 13./14. Oktober 2009

[17] Merkblatt Nr. 939, Forschungsgesellschaft für Straße und Verkehrswesen (FGSV), Köln

[18] VDEW, VGB: Auftragsvergabe der EVU – Erläuterungen für die Ausschreibungspraxis im EG-Binnenmarkt. VWEW-Verlag, Frankfurt am Main (1995)

[19] RAL Deutsches Institut für Gütesicherung und Kennzeichnung e.V. (Hrsg.): Kabelleitungstiefbau, Gütesicherung RAL-GZ 962. Beuth-Verlag, Berlin, Ausgabe Januar 2000

[20] Forschungsgesellschaft für Straßen- und Verkehrswesen e. V.: Allgemeine Technische Bestimmungen für die Benutzung von Straßen durch Leitungen und Telekommunikationslinien (ATB-BeStra). FGSV Verlag, Köln, Ausgabe November 2006

[21] Bach, R.; Craatz, P.; Kalkner, W.; Krefter, K.-H.; Oldehoff, H.; Ritter, G.: Spannungsprüfungen zur Beurteilung von Mittelspannungskabelanlagen. Elektrizitätswirtschaft, Jg. 92 (1993), Heft 17/18, S. 1068 … 1074

[22] Krefter, K.-H.: Erfahrungen mit Prüfverfahren für Kunststoffkabel in Mittelspannungsnetzen. Elektrizitätswirtschaft, Jg. 92 (1993), Heft 21, S. 1248 … 1255

[23] Borneburg, D.; Diefenbach, I.; Merschel, F.; Kliesch, M.; Keller, M.; Rittinghaus, D.: Vergleich verfügbarer Messverfahren zur Überprüfung der Einschaltbereitschaft von VPE-MS-Kabeln. ew, Jg. 106 (2007), Heft 4, S. 20 … 26

[24] Klimke, K.; Güttler, H.; Cichowski, R. R. (Hrsg.): Anlagentechnik für elektrische Verteilungsnetze. Bd. 7: Fehlerortung. VDEW-Verlag, 1997.

[25] Norm DIN 57100 VDE 0100 Mai 1973. Bestimmung für die Errichtung von Starkstromanlagen mit Nennspannungen bis 1000 V

[26] König, D.; Rao, Y. N.: Teilentladungen in Betriebsmitteln der Energietechnik, VDE-Verlag, 1993

[27] Schufft, W.; Hauschild, W.; Schierig, S.: Vor-Ort-Prüfung und Diagnose mit Wechselspannung variabler Frequenz an Mittelspannungskabeln, Fachkongress Netzbetrieb, Kabeltagung 2001 in Nürnberg

[28] Lemke, E.; Gulski, E.; Hauschild, W.; Malewski, R.; Mohaupt, P.; Muhr, M.; Rickmann, J.; Strehl, T.; Wester, F. J.: Practical Aspects of the Detection and Location of Partial Discharges in Power Cables, Cigre Brochure, 2006

[29] DIN EN 60270, Hochspannungs-Prüftechnik, Teilentladungsmessungen, (IEC 60270:2000) Deutsche Fassung EN 60270, 2001, VDE Verlag GmbH Berlin

[30] Steenis, F.; van der Wielen, P.: Permanentüberwachung von Kabeln. Elektrizitätswirtschaft Jg. 105 (2006), Heft 6, S. 61–63

[31] Gulski, E.; Wester, F. J.; Quak, B.; Smit, J. j.; de Vries, F.; Mayoral, M. B.: Datamining for Decision Support of CBM of Power Cables, 17th International Conference on Electricity Distribution, CIRED, Barcelona 2003

[32] DIN VDE 0276-620, Starkstromkabel, Teil 620: Energieverteilungskabel mit extrudierter Isolierung für Nennspannungen U_0/U 3,6/6 kV bis 20,8/36 kV, Deutsche Fassung HD 620 S1 Teile 1, 3C, 4C, 5C und 6C, VDE Verlag GmbH Berlin

[33] DIN VDE 0276-621, Starkstromkabel, Teil 621: Energieverteilungskabel mit getränkter Papierisolierung für Mittelspannung, Deutsche Fassung HD 621 S1:1996 Teile 1, 2, 3C und 4C, VDE Verlag GmbH Berlin

[34] Steinbrink, D.: Zerstörungsfreie IRC-Analyse: Lebensdauer-Monitoring an Energiekabeln und anderen Polymersystemen, Dissertation, Shaker Verlag 1998

[35] Weck, K.-H.: Stufentest zur Ermittlung des Isolationszustands betrieblich vorbeanspruchter PE- und VPE-Mittelspannungskabel. Elektrizitätswirtschaft 88 (1989), H. 8, S. 470–473.

[36] Brandes, F.: Praktische Untersuchung zur Erweiterung der IRC-Analyse auf PILC-Mittelspannungskabel, Diplomarbeit an der Bergischen Universität Wuppertal und der RWE-Eurotest, 2006 (unveröffentlicht)

[37] Patsch, R.; Kouzmine, O.: Rückkehrspannungsmessungen zur Charakterisierung des Zustandes von Öl-Papier-Isolierungen, Beitrag zum 2. Regensburger Trafosymposium am 4.–5.11.2004

[38] Patsch, R.; Kouzmine, O.: Analyse und Auswahl von Meß- und Diagnoseparametern bei Rückkehrspannungsmessungen an Mittelspannungskabeln mit unterschiedlichen Isolierungen, ETG Fachtagung ‚Diagnostik elektrischer Betriebsmittel' Köln 9.–10.3.2004, S. 227–32.

[39] Werelius, P.; Tharning, P.; Eriksson, R.; Holmgren, B.; Gafvert, U.: Dielectric spectroscopy for diagnosis of water tree deterioration in XLPE cables, IEEE Transactions on Electrical Insulation, Vol. 8, Issue 1, Mar 2001, p. 27–42

[40] Kuschel, M.; Kalkner, W.: Time And Frequency Domain Based Non-Destructive Diagnosis In Comparison To Destructive Diagnosis Of Service-Aged PE/XLPE Insulated Cables, 5th Jicable, June 1999, paper C.10.7

[41] Pöhler, S.: Gasisolierte Übertragungsleitungen (GIL) für unterirdischen Energietransport. ZVEI 2002, „Life needs Power", Hannover, 18.04.2002

[42] Kindersberger, J.: Gasisolierter Rohrleiter (GIL) für Hochspannungsübertragungen. IEEE Joint IAS/PELS/IES and PES German Chapter Meeting Goldisthal, 14.10.2005

[43] VDI-Technologiezentrum Physikalische Technologien (Hrsg.): Anwendung von Hochtemperatur-Supraleitern in der Elektroenergietechnik. Bericht, Juli 1994

[44] Consentec: Strukturelle Entwicklungskonzepte für großstädtische und großindustrielle elektrische Verteilungsnetze mit hoher dezentraler Einspeisung. Bericht, September 2006

[45] Noe, M.; Kudymow, A.; Fink, S.; Elschner, S.; Breuer, F.; Bock, J.; Walter, H.; Kleimaier, M.; Weck, K.-H.; Neumann, C.; Merschel, F.; Heyder, B.; Schwing, U.; Frohne, C.; Schippl, K.; Stemmle, M.: Conceptual design of a 110 kV resistive superconducting fault current limiter using MCP-BSCCO 2212 bulk material. Applied Superconductivity Conference ASC2006, Seattle, August 2006

[46] Oswald, B. R.; Gockenbach, E.: Gleichstrom-Seekabel. 73. Kabelseminar der Leibniz Universität Hannover, 17./18. Februar 2009

[47] Gleichstromkabel durch die Ostsee. Stromthemen (1996), Heft 8, S. 2

[48] Kaltenborn, U.: Anlagen der Hochspannungs-Gleichstrom-Übertragung. Seminar „Hoch- und Mittelspannungschaltgeräte und -anlagen", RWTH Aachen 22./23.06.2009

[49] Cichowski, R. R.: Anwenderorientierte Qualitätssicherung, VDE Verlag, 1992

17 Stichwortverzeichnis

Nexans
Gemeinsam
an einem Standort
die sichersten Verbindungen
schaffen
Euromold
GPH